제 7 판

MECHA-
TRONICS

Mechatronics를 위한

기초전기 전자공학

진 상 호 저

D.B.Info

머리말

필자는 기계설계공학을 전공하고 현장에서 자동화기계 설계·개발연구에 근무할 때 항상 느낀 바가 있다. 그것은 기계설계를 해본 경험이 있는 사람이라면 한 번쯤 생각해 보았을 것으로 짐작이 간다.

전기전자에 관하여 조금이라도 이해가 되면 제어를 고려한 기계설계를 하여 원만한 기계동작이 될 것이라는 생각을 해 보았을 것이다. 그 이유는 원 설계자가 생각하고 있는 기계동작이 나오지 않을 때 기계설계자와 콘트롤러 설계자 사이에 의견차이가 있을 수 있기 때문이다. 그래서 필자는 메카트로닉스를 배우기 위해 7년의 정든 회사를 그만두고 일본에 유학한 것이 1985년의 초봄이었다.

필자의 경험으로는 기계공학은 가공하는 것을 직접 확인이 가능하며 정밀도도 측정·확인할 수가 있어 이해가 쉬웠지만, 전기전자는 눈에 보이지 않아 몇 번이고 미세한 감전과 회로 파손의 연속과정에서만 배울 수 있어서 힘이 들었다.

현재의 고도화 산업에서 전기전자가 이용되지 않는 곳은 없을 만큼 공학자에게는 필수적인 학문이라고 할 수 있다.

이 책은 기계계열에서 기계공학을 공부하는 학생이나 기계산업 현장에서 근무하고 있는 기계기술자가 메카트로닉스의 일부분인 전기전자의 기초를 이해하는데 도움이 되도록 기계공학의 입장에서 기본적으로 꼭 알아야 할 부분을 집필하였다. 그 구성은 다음과 같다.

전기회로의 기본적인 사항에 관계되는 것으로

제1장 직류회로
제2장 전기와 자기
제3장 교류회로
제4장 3상교류

에 대해 설명하였으며, 전자의 기본으로 반도체 소자들의 종류와 특성에 관하여 설명을 한

제5장 반도체 소자

가 있다. 그리고 전기전자회로의 기본으로

제6장　전원회로

에서는 앞장에서 배운 반도체를 사용하여 전기전자회로를 설명함으로써 그 특성과 동작을 좀 더 쉽게 이해가 되도록 하였다. 제7장에서는 메카트로닉스에서 중요한 부분인 액츄레이터를 구동하는 드라이브와 인터페이스에 가장 많이 사용되고 있는 반도체 소자중에 트랜지스터와 Op앰프를 사용한

제7장　증폭회로

에 관하여 설명하였다. 이 장을 잘 이해하여 두면 회로설계와 해석에 많은 도움이 되며 응용이 가능하다. 제8, 9장은 응용편으로 현재 산업 현장에서 메카트로닉스를 실제로 제어하는데 필수적인

제8장　시퀀스 회로
제9장　PLC

에 관하여 알기 쉽도록 상세하게 설명하였다. 귀국 후 3년간의 강의 노트를 정리한 것이어서 미흡한 점이 발견되면 계속 수정보완하겠다.

기계공학을 하는 학생이나 현장의 기계기술자가 이 책을 읽고나서 전기전자를 이해하는 데 조금이라도 도움이 되었으면 하는 것이 필자의 바램이다.

끝으로 본서가 나올 수 있도록 수고를 해 주신 복두출판사 사장님 이하 여러분께 깊은 감사를 표하는 바이다.

저자 씀

CONTENTS

CHAPTER 1 직류회로 · 9

CHAPTER 2 전기와 자기 · 34

CHAPTER 3 교류 회로 · 53

CHAPTER 4 3상 교류 · 83

CHAPTER 5 반도체 소자 · 103

CHAPTER 6 전원 회로 · 127

CHAPTER 7 증폭 회로 · 141

CHAPTER 8 시퀀스 회로 · 197

CHAPTER 9 PLC · 241

Chapter 1

직류회로

직류를 흐르게 하는 전원으로서는 휴대가 간편하고 가지고 다니기 쉬운 건전지가 있다. 건전지는 현재 일상 생활에서 없어서는 안될 필수 품목이다. 예를 들면 카셋트 라디오, 전기 면도기, 노트북 컴퓨터 등 소형 전기 기구에 널리 사용되고 있다. 건전지와 같이 직류를 흐르게 하는 전원에 연결되어 있는 전기회로를 직류회로라 한다.

전기회로는 직류회로 뿐만 아니라 다른 전기회로를 배울 때, 그리고 여러 가지의 전기현상을 이해할 때도 기본이 되므로 직류회로에 관하여 충분히 배워둘 필요가 있다. 이 장에서는 직류회로의 전압, 전류, 저항, 전위, 키르히호프의 법칙 그리고 전기를 이용한 열 에너지 등에 관하여 알아보기로 하자.

1.1 전기회로

전기회로의 한 예로서 전구의 회로에 관하여 살펴보고 전압과 전류 및 그 단위에 관하여 살펴본다.

1.1.1 전압과 전류

그림 1.1과 같이 전지의 양극에 접속한 전구가 점등되는 것은 전류(electric current)가 흐르기 때문이다. 전류가 흐르는 것은 양극간의 전기적인 높고 낮은 차 때문이라고 생각할 수 있다. 이 전기적인 높이를 전위(electric Potential), 전위의 차를 전위차(Potentlal diflerence) 또는 전압(Voltage)이라고 한다. 건전지의 양극(+극)의 전위는 음극(-극)보다 높고 전류는 양극에서 음극으로 흐른다.

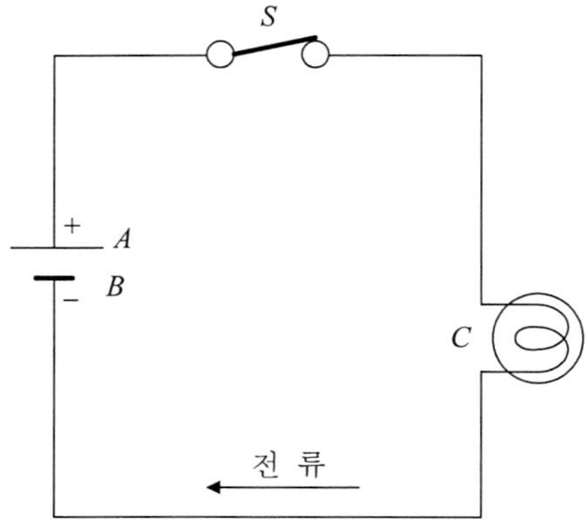

그림 1.1 전압과 전류

전지 내부에서는 화학작용에 의하여 전압을 발생시켜 양극간의 전위차를 발생시켜 연속적으로 전류를 흘리게 하는 원동력이 되는 전압을 **기전력**(electromotive force)이라 한다. 기전력을 발생시켜 전류를 공급하는 장치를 **전원**(Power Source)이라 한다. 전류가 흐르는 통로를 **전기회로** 또는 **회로**(circuit), 전류를 흐르게 하기 위하여 사용된 전선을 **도체**(conductor)라 하며 전류가 흘러 전구를 점등하는 것을 **부하**(load)라 한다.

1.1.2 직류와 교류

전지에서 흐르는 전류는 흐르는 방향이 시간적으로 일정하다. 이와 같은 전류를 직류(direct current, 기호 DC)라 하고, 전류의 방향과 크기가 시간적으로 변화하는 전류를 교류(alternating current, 기호 AC)라 한다.

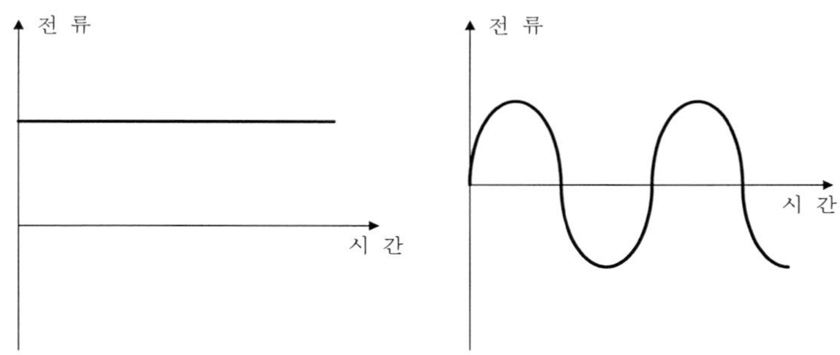

(a) 직류　　　(b) 교류

그림 1.2 직류와 교류

1.1.3 전류 전압의 단위

길이(length)·질량(mass)·시간(time)의 양은 각각 미터(단위기호 m), 킬로그램(단위기호 kg), 초(단위기호 s)라는 단위가 있다. 이것들은 양의 크기를 표현하는 것으로 예를 들면 2[m], 3[kg], 4[s]로 표시하며, 크기에는 기호를 사용하여 l [m], m[kg], t[s]로 표현하기도 한다. 전류와 전압의 양에 관하여서도 같은 방법을 생각할 수 있다.

어떤 도체의 단면을 1[s] 동안에 흐르는 전기의 양을 전류의 크기 또는 전류라 한다. 단위는 **암페어**(ampere, 단위기호 A)라 하고, 전기량에는 **쿨롱**(coulomb, 단위기호 C)이라고 하는 단위를 사용하며, 매초 1[A]의 전류에 의하여 이동하는 전기량의 크기를 1[C]이라 한다.

전압의 단위는 볼트(volt, 단위기호 V)를 사용한다. 전류 및 전압의 크기는 2[A], 3[A] 또는 기호를 사용하여 I[A], V[V]로 표현한다.

전류·전압의 크기는 단위 [A], [V]로 표현하지만 양이 너무 크거나 또는 너무 작은 경우에는 단위에 접두어 킬로(k), 밀리(m), 마이크로(μ) 등의 기호를 붙여서 표현하기도 한다. k는 1000배, m은 10^{-3}배, μ는 10^{-6}배를 의미한다. 많이 사용되는 전류와 전압의 단위를 표 1.1에 나타낸다.

표 1.1 전류와 전압의 단위

양	단 위	단위기호	단위의 관계
전류	암페어 밀리암페어 마이크로암페어	A mA μA	$1[\text{mA}] = \frac{1}{1000}[\text{A}] = 10^{-3}[\text{A}]$ $1[\mu\text{A}] = \frac{1}{1000000}[\text{A}] = 10^{-6}[\text{A}]$
전압	킬로볼트 볼트 밀리볼트 마이크로볼트	kV V mV μV	$1[\text{kV}] = 1000[\text{V}] = 10^{3}[\text{V}]$ $1[\text{mV}] = \frac{1}{1000}[\text{V}] = 10^{-3}[\text{V}]$ $1[\mu\text{V}] = \frac{1}{1000000}[\text{V}] = 10^{-6}[\text{V}]$

1.1.4 전기저항

도체에 전류가 흐르는 것을 방해하는 성질을 **전기저항** 또는 **저항**(resistance)이라 한다. 단위는 **오옴**(ohm, 단위기호 Ω)을 사용한다. 일반적으로 도체의 저항은 재질에 따라 다르며 같은 재질에서는 길이에 비례하며 단면적에 반비례한다. 길이 ℓ[m], 단면적 S[m^2]의 도체의 저항 R[Ω]은 식(1.1)과 같이 표현된다.

$$R = \rho \frac{\ell}{S} \tag{1.1}$$

여기서 ρ는 비례정수이며 단면적 1[m^2], 길이 1[m]의 도체의 저항에 상당하며 재질과 온도에 결정되는 물질의 특유의 값이다. 이것을 그 물질의 **저항율**(resistivity) 또는 **고유저항**이라 한다. 그리고 저항율의 역수 $\sigma = 1/\rho$을 **도전율**(conductivity)이라 한다.

고유저항이 낮은 금속으로는 은[Ag], 동[Cu] 등이 있으며 높은 금속은 니크롬 등이 있다.

각종 전기저항의 보조단위로서는 표 1.2와 같이 사용된다.

표 1.2 보조단위

기호	명칭	양	기호	명칭	양
G	기가	10^9	m	밀리	10^{-3}
M	메가	10^6	μ	마이크로	10^{-6}
k	킬로	10^3	n	나노	10^{-9}
c	센티	10^{-2}	p	피코	10^{-12}

예) 1[A]＝1000[mA]＝10^6[μA], 1[kV]＝1000[V]
1[Ω]＝10^6[μΩ], 1[kΩ]＝10^3[Ω], 1[MΩ]＝10^6[Ω]

1.2 오옴의 법칙

그림 1.1의 전기회로에서 전원의 전압을 높이면 전구의 밝기가 전압에 비례하여 밝기가 밝아진다. 그래서 전압과 전류의 크기 사이에는 일정한 관계가 있다. 여기서는 이 전류와 전압과의 관계에 관하여 알아본다.

1.2.1 전압과 전류의 크기

전압의 크기는 **전압계**(voltmenter)를 그림 1.3(a)와 같이 연결하여 측정한다. 이 그림은 전지의 전압을 측정하는 예이다. 사용하는 전압계는 0[V]에서 5[V]까지의 전압을 측정할 수 있는 것으로 현재의 바늘이 3에 정지하여 있으므로 전원의 전압이 3[V]임을 의미한다.

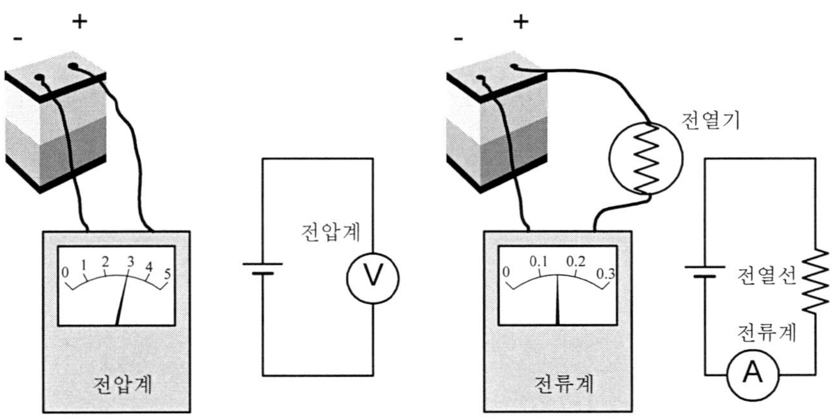

(a) 전압의 측정　　(b) 전류의 측정

그림 1.3 전압·전류의 측정

전류의 크기는 **전류계**(ammeter)를 그림(b)와 같이 연결하여 측정한다. 이 그림의 전류계는 0[A]에서 0.3[A]까지의 전류를 측정할 수 있는 것으로 현재 회로에 흐르고 있는 전류는 0.15[A]임을 나타내고 있다.

1.2.2 전압과 전류의 관계

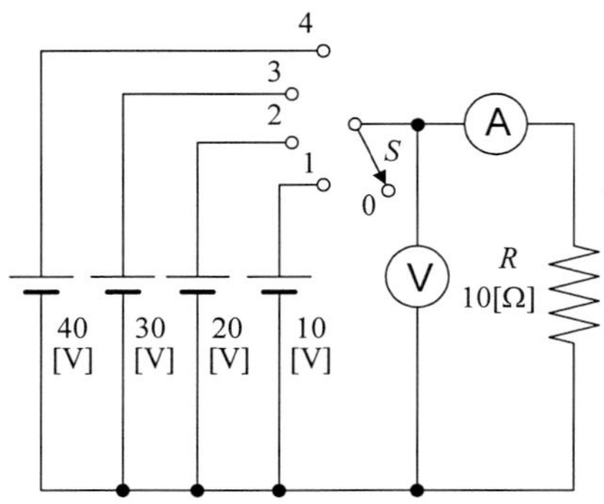

(a) 측정회로

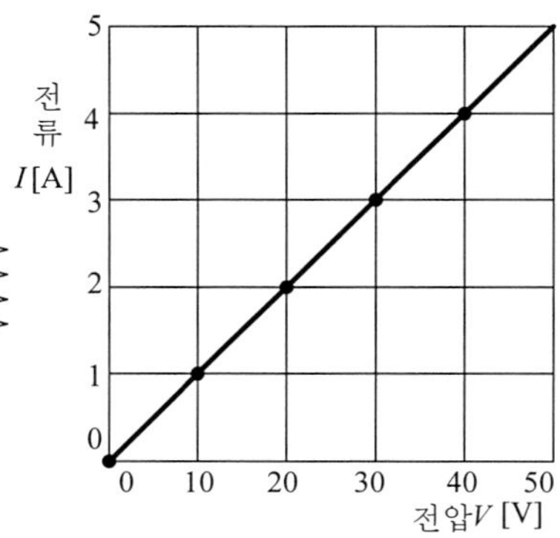

(b) 전압과 전류의 관계

그림 1.4 오옴의 법칙

그림 1.4와 같이 여러 가지의 크기가 다른 전압을 가진 전원과 스위치 S, 전압계 V, 전류계 A, 저항(부하) R을 접속하여 저항에 가해진 전압과 저항에 흐르는 전류와의 관계를 조사하여 보자.

스위치를 0, 1, ⋯, 4의 순서로 변환시켜 저항에 가하는 전압을 0, 10, ⋯, 40[V]로 단계적으로 변화시켜 각각의 전류를 측정하여 전압과 전류의 관계를 그래프로 나타내면 그림(b)와 같이 된다. 이 그래프에서 전압을 0[V]에서 40[V]까지 증가시키면 전류는 0[A]에서 4[A]까지 증가되는 것을 알 수 있다. 이 결과에서 전압과 전류의 비를 조사하여 보면, 전압이 10[V]일 경우 전류는 1[A]이며, 비는

$$\frac{10[\mathrm{V}]}{1[\mathrm{A}]} = 10\frac{[\mathrm{V}]}{[\mathrm{A}]}$$

이다. 또 40[V]일 경우는 4[A]이며 비는

$$\frac{40[\mathrm{V}]}{4[\mathrm{A}]} = 10\frac{[\mathrm{V}]}{[\mathrm{A}]}$$

이다. 이와 같이 전압과 전류의 비는 전압의 크기에 관계없이 일정하다는 것을 증명한다.

이 전압과 전류의 비를 부하의 **전기저항**(electric resistance) 또는 **저항**이라 한다. 전기저항의 단위는 **오옴**(ohm, 단위기호 Ω)이 사용되며 그 크기를 R(Ω)과 같이 표현한다.

1[Ω]이라는 것은 1[V]의 전압을 가할 때 1[A]의 전류가 흐르는 전기저항이다. 따라서 그림 1.4(a) 회로의 전기저항값은 10[Ω]이다. 전기 저항의 단위를 표 1.3에 나타낸다.

표 1.3 전기저항의 단위

단 위	단위기호	단위의 관계
오옴	Ω	
킬로오옴	kΩ	1[kΩ]=1000[Ω]=10^3[Ω]
메가오옴	MΩ	1[MΩ]=1000000[Ω]=10^6[Ω]

1.2.3 오옴의 법칙

그림 1.4(b)에서 알 수 있는 것과 같이 일반적으로 전류 I[A]는 전압 V[V]에 비례하며 다음과 같은 관계를 갖는다.

$$I[\mathrm{A}] = \frac{V[\mathrm{V}]}{R[\Omega]} \tag{1.2}$$

$$V[\mathrm{V}] = I[\mathrm{A}] \cdot R[\Omega] \tag{1.3}$$

$$R[\Omega] = \frac{V[\mathrm{V}]}{I[\mathrm{A}]} \tag{1.4}$$

여기서 R[Ω]는 전기저항이다. 식(1.2), (1.3), (1.4)의 관계는 1826년에 독일의 물리학자 오옴(Georg Simon Ohm, 1787~1854)에 의해서 실험적으로 증명되어 그의 이름을 따서 오옴의 법칙(Ohm's law)이라고 한다. 이 식은 전기 이론 중에서 가장 중요한 공식이다.

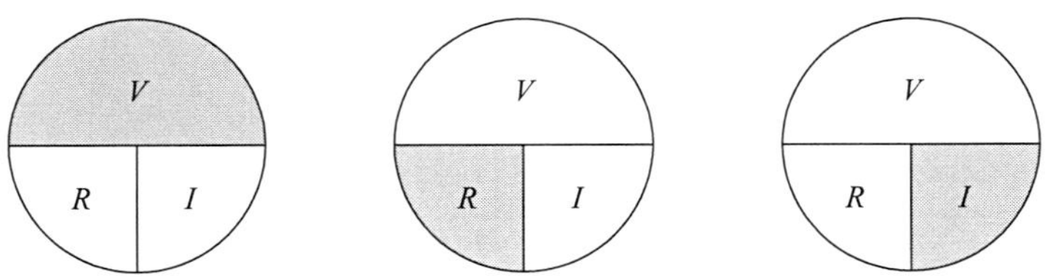

$V = R \cdot I$ $\qquad R = \frac{V}{I}$ $\qquad I = \frac{V}{R}$

그림 1.5 오옴의 공식

전압, 전류, 저항 중에서 2개의 값을 알면 1개의 값을 구할 수 있다. 그림 1.5를 이용하면 1개의 미지수 값을 간단히 구할 수 있다. 그림에서 상하는 나눗셈으로 위는 분자, 아래는 분모 그리고 아래 부분은 곱셈으로 한다. 구하는 미지수 부분을 그림과 같이 손가락으로 가려서 구할 수 있다.

1.3 저항의 접속

전기회로를 조립할 때 부하로서 저항을 1개만 사용할 경우도 있지만 일반적으로 몇 개의 저항을 접속시켜 사용하는 경우가 많다. 저항의 접속 방법은 직렬 접속과 병렬 접속 그리고 그것을 혼합한 직병렬 접속이 있다. 여기서는 이것들의 접속 방법 및 그 회로의 전압과 전류의 관계를 알아본다.

1.3.1 직렬 접속과 병렬 접속

2개의 저항을 전원에 접속하는 방법으로 그림 1.6(a), (b)와 같이 2가지 방법을 생각할 수 있다. 그림 (a)는 전원에서 흘러나오는 전류는 2개의 저항을 순서대로 통과하여 전원에 되돌아간다. 이와 같은 접속방법을 **직렬 접속**(series connection)이라 한다.

그림 (b)는 2개의 저항에 같은 크기의 전압이 걸려 있으며 전원에서 전류는 2개의 저항에 분리되어 흐른 후 다시 합하여 전원에 되돌아간다. 이와 같은 저항의 접속을 **병렬 접속**(parallel connection)이라 한다.

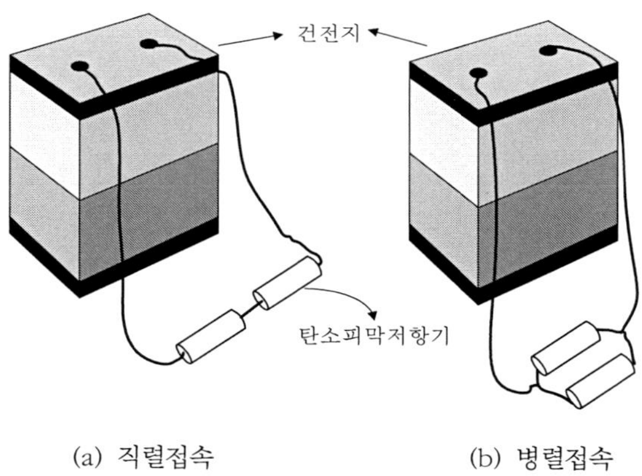

그림 1.6 저항의 직렬 접속과 병렬 접속

1.3.2 직렬 접속 회로

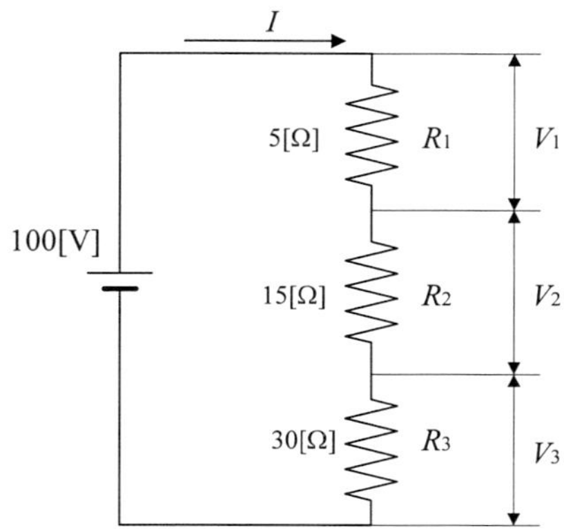

합성저항 R

$R = R_1 + R_2 + R_3[\Omega]$

그림 1.7 저항의 직렬 접속 회로

그림 1.7은 저항 R_1, R_2, $R_3[\Omega]$을 직렬로 접속한 회로이다. 여기서 직렬로 접속한 3개의 저항에 전원전압 V[V]를 가할 경우의 전류 및 각 저항에 걸리는 전압에 대하여 알아보자.

이 회로에 흐르는 전류를 I[A]로 가정하면, 이 전류는 저항 R_1, R_2, $R_3[\Omega]$에 흐른다. 이때에 각 저항의 양단에 걸리는 전압을 V_1, V_2, V_3[V]라 하면 오옴의 법칙에 의하여

$$
\begin{aligned}
V_1 &= R_1 I \\
V_2 &= R_2 I \\
V_3 &= R_3 I
\end{aligned}
\tag{1.5}
$$

와 같이 되어 각 전압 V_1, V_2, V_3[V]의 합은 전원전압 V[V]이므로

$$V = V_1 + V_2 + V_3 \tag{1.6}$$

과 같은 식이 성립된다. 식(1.5)와 식(1.6)에 의하여

$$
\begin{aligned}
V &= R_1 I + R_2 I + R_3 I \\
&= (R_1 + R_2 + R_3) I
\end{aligned}
$$

와 같이 되며 다음과 같은 식을 얻을 수 있다.

$$I = \frac{V}{R_1 + R_2 + R_3} \tag{1.7}$$

즉, 식(1.7)을 변형하여

$$\frac{V}{I} = R_1 + R_2 + R_3 = R \tag{1.8}$$

과 같은 식을 얻을 수 있다. 여기서 R은 각 저항의 합으로 이 회로의 **합성저항**이라 한다.

다음은 전압 V_1[V]를 구하여 보자. 먼저 V_1을 구하여 보면

$$V_1 = R_1 I = R_1 \frac{V}{R} = \frac{R_1}{R} V \tag{1.9}$$

와 같이 된다. 같은 방법으로 V_2, V_3를 구하여 보면

$$V_2 = \frac{R_2}{R} V \tag{1.10}$$

$$V_3 = \frac{R_3}{R} V \tag{1.11}$$

와 같이 된다.

예제 1.1 그림 1.7의 회로에서 전류 I를 구하시오.

[풀이] $V = 100$[V], $R_1 = 5[\Omega]$, $R_2 = 15[\Omega]$, $R_3 = 30[\Omega]$이므로

$$I = \frac{V}{R_1 + R_2 + R_3} = \frac{100}{5 + 15 + 30} = 2[\text{A}]$$

■

예제 1.2 그림 1.7 회로에서 전체저항 R과 V_1, V_2, V_3에 걸리는 전압을 계산하시오.

[풀이] $R = R_1 + R_2 + R_3 = 5 + 15 + 30 = 50[\Omega]$

$$V_1 = \frac{R_1}{R} V = \frac{5}{50} \times 100 = 10[\text{V}]$$

$$V_2 = \frac{R_2}{R}V = \frac{15}{50} \times 100 = 30[\mathrm{V}]$$

$$V_3 = \frac{R_3}{R}V = \frac{30}{50} \times 100 = 60[\mathrm{V}]$$

■

1.3.3 병렬 접속 회로

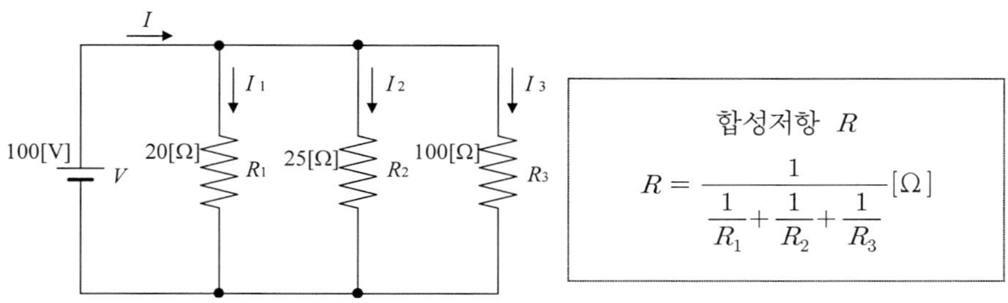

그림 1.8 저항의 병렬 접속 회로

그림 1.8은 저항 R_1, R_2, $R_3[\Omega]$을 병렬로 접속한 회로이다. 이 회로의 각 저항에 흐르는 전류 및 전원에서 흐르는 전체 전류와 합성저항에 대하여 알아보자.

그림 1.8에서 각 저항에는 같은 전원전압 V[V]가 걸려있으므로 저항 R_1, R_2, $R_3[\Omega]$에 흐르는 전류 I_1, I_2, I_3[A]는 오옴의 법칙에 의하여

$$I_1 = \frac{V}{R_1}, \quad I_2 = \frac{V}{R_2}, \quad I_3 = \frac{V}{R_3} \tag{1.12}$$

가 된다. 회로 전체에 흐르는 전류 I[A]는 I_1, I_2, I_3의 합이므로

$$I = I_1 + I_2 + I_3 \tag{1.13}$$

과 같이 된다. 식(1.13)에 식(1.12)를 대입하면

$$I = \frac{V}{R_1} + \frac{V}{R_2} + \frac{V}{R_3} = \left(\frac{1}{R_1} + \frac{1}{R_2} + \frac{1}{R_3}\right)V \tag{1.14}$$

와 같이 된다. 식(1.14)를 변형하면

$$\frac{V}{I} = \frac{1}{\frac{1}{R_1} + \frac{1}{R_2} + \frac{1}{R_3}} = R \qquad (1.15)$$

과 같이 된다. 여기서 R[Ω]은 회로 전체에 걸리는 전압 V[V]와 회로의 전체 전류 I[A]의 비이며 병렬접속 회로의 **합성저항**이라 한다. 2개의 저항을 병렬로 접속한 합성저항은

$$R = \frac{1}{\frac{1}{R_1} + \frac{1}{R_2}} = \frac{1}{\frac{R_1 + R_2}{R_1 \cdot R_2}} = \frac{R_1 \cdot R_2}{R_1 + R_2} \quad \frac{\text{곱}}{\text{합}} \qquad (1.16)$$

으로 된다.

예제 1.3 그림 1.8의 회로에서 합성저항 R[Ω]을 구하시오.

[풀이] $$R = \frac{1}{\frac{1}{R_1} + \frac{1}{R_2} + \frac{1}{R_3}} = \frac{1}{\frac{1}{20} + \frac{1}{25} + \frac{1}{100}} = \frac{100}{10} = 10[\Omega]$$

■

1.3.4 직병렬 접속 회로

그림 1.9의 (a)와 같이 저항 R_1, R_2, R_3[Ω]를 직렬 접속과 병렬 접속으로 접속되어 있는 회로를 **직병렬 접속 회로**라 한다.

이와 같은 직병렬 접속 회로에서 각부의 전압·전류는 앞에서 배운 직렬 접속 회로와 병렬 접속 회로의 계산방법을 응용해서 구할 수 있다. 같은 방법으로 1.9(b)의 회로는 1.9(c)의 회로와 같은 등가회로를 생각하면 간단한 회로가 되어 이해하기가 쉽다.

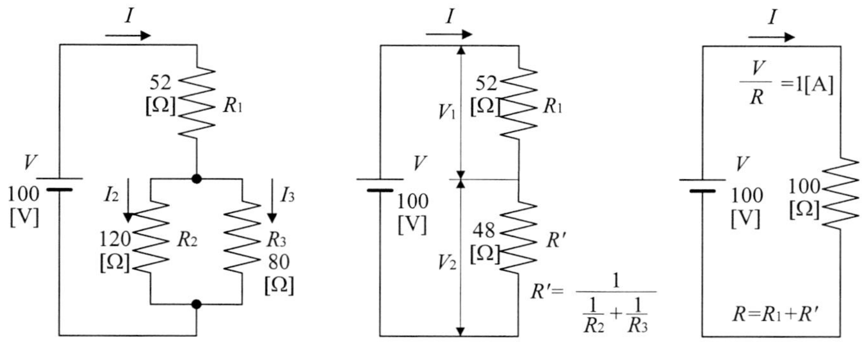

(a) 회로 (b) 등가회로(1) (c) 등가회로(2)

그림 1.9 저항의 직병렬 회로의 계산방법

예제 1.4 그림 1.9(a) 회로의 전류 I_1, I_2, I_3를 구하시오.

[풀이] 저항 R_2, R_3의 병렬 접속 회로의 합성저항 R'는

$$R' = \frac{R_2 \cdot R_3}{R_2 + R_3} = \frac{120 \times 80}{120 + 80} = 48[\Omega]$$

따라서 그림 (b)와 같은 등가회로를 얻을 수 있다. 같은 방법으로 회로의 합성저항 $R = R_1 + R' = 52 + 48 = 100[\Omega]$이 된다. 그러므로 (b)의 회로는 다시 (c)와 같은 등가회로로 생각하면 간단히 오옴의 법칙에 의하여 회로 전체에 흐르는 전류 I는

$$I = \frac{V}{R} = \frac{100}{100} = 1[\mathrm{A}]$$

가 된다. 따라서 $V_1 = R_1 I = 52[\mathrm{V}]$, $V_2 = R' I = 48[\mathrm{V}]$이므로

$$I_2 = \frac{V_2}{R_2} = 0.4[\mathrm{A}]$$

$$I_3 = \frac{V_2}{R_3} = \frac{48}{80} = 0.6[\mathrm{A}]$$

가 된다. ■

1.4 전위와 전위의 평형

전기 회로에 전압이 걸려있는데 전기회로의 두 점 사이의 전압이 0[V]로 될 때가 있다. 이러한 경우 「두 점의 전위는 같다」 라고 한다. 여기서는 전위·전위차에 대해서 알아보며 전위의 평형에 대하여 알아보도록 한다.

1.4.1 전위와 전위차

그림 1.10(a)와 같이 2개 이상의 전지를 접속할 때 전지의 한쪽은 (+)극, 다른 한쪽은 (-)극에 접속하는 것을 전지의 **직렬 접속**이라 한다. 그림(b)는 이것을 기호로 나타낸 것이다. 예를 들어 단자 1을 기준으로 해서 단자 2와 1 사이, 3과 1 사이, 4와 1 사이의 전압을 살펴보면 그림(c)와 같이 각각 +15[V], +3[V], +4.5[V]가 되는 것을 알 수 있다. 여기서 기준단자 1을 0[V], 단자 2를 +1.5[V], 단자 3을 +3[V], 단자 4를 +4.5[V]라고 하는 것과 같이 기준단자 1과 비교하여 각 점의 전압을 그 기준에 대하여 **전위**(electric Potemtial)라 한다.

지구는 큰 도체라서 큰 전류가 지구 속으로 흘러 들어가도 그 전위는 변화가 없다. 그래서 지구의 전위를 전위의 기준(영 전위)으로 선택하는 것이 보통이다. 그림 1.10(a)는 대지에 **접지**(ground)하고 있다.

그림 1.10(d)와 같이 전지가 접지되어 있을 때, 단자 2, 3, 4, 7, 8의 전위는 정(+)이며, 단자 5의 전위는 영 전위보다 낮으므로 부(-)의 전위라 한다. 두 단자 사이의 전위의 차를 **전위차**(potential difference)라 한다.

두 단자의 전위를 알면 그 사이의 전위차를 구할 수 있다. 예를 들어 단자 8과 3 사이의 전위차는 $V_{83} = V_8 - V_3 = 4.5 - 3 = 1.5[\mathrm{V}]$이며, 단자 2와 5 사이의 전위차는 $V_{25} = V_2 - V_5 = 1.5 - (-1.5) = 3[\mathrm{V}]$가 된다. 단자 2와 7사이의 전위차는 0[V]이므로 「같은 전위이다」 라고 한다.

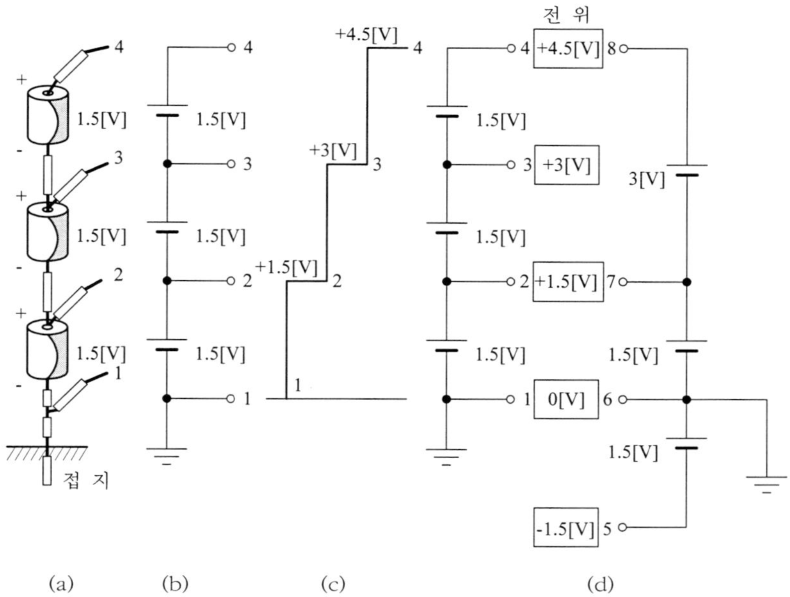

그림 1.10 전지의 직렬 접속과 전위

1.4.2 전압강하에 의한 전위차

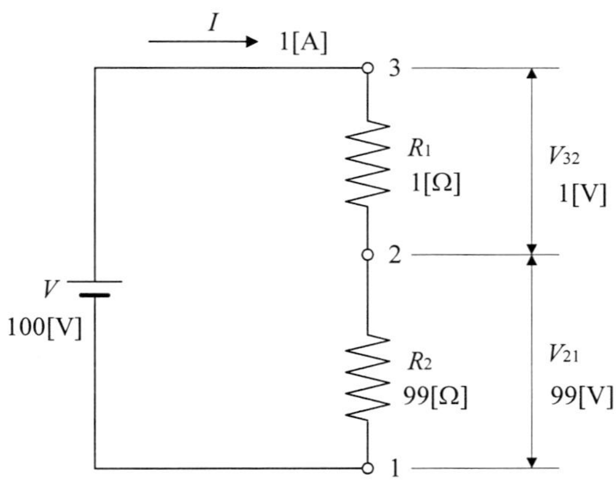

그림 1.11 전압강하

그림 1.11의 회로에서 전류는 전지의 (+)극에서 흘러나와 저항을 통과한 후 (-)극에 들어간다. 즉 전위가 높은 곳에서 낮은 곳으로 흐른다.

회로에서 $V_{21} = 99[\text{V}]$인 것은 전원의 전압 $V = 100[\text{V}]$, $1[\text{A}]$의 전류가 저항 $R_1 = 1[\Omega]$에 흘렀기 때문에 전압이 $1[\text{V}]$ 강하하였다고 할 수 있다. 일반적으로 $I[\text{A}]$의 전류가 흐를 때 저항 $R[\Omega]$의 **전압강하**는 $RI[\text{V}]$로 표현된다.

1.4.3 평형회로의 성질

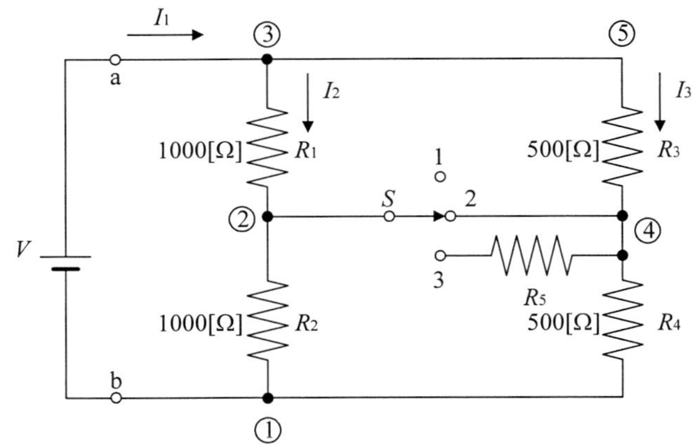

그림 1.12 평형회로

그림 1.12의 단자 ②, ④ 사이의 전위차 V_{24}[V]는

$$V_{24} = \left(\frac{R_2}{R_1 + R_2} - \frac{R_4}{R_3 + R_4} \right) V \tag{1.17}$$

와 같이 된다. 그러므로 $\frac{R_2}{R_1 + R_2}$와 $\frac{R_4}{R_3 + R_4}$가 같지 않을 경우 단자 ②와 ④ 사이에 전위차가 생겨 단자 ②와 ④를 접속하면 전류는 흐른다. 만약 같은 전위이면 ②와 ④ 사이를 접속하여도 전류는 흐르지 않는다. 단자 ②와 ④를 접속하는 것은 다리를 연결하는 것과 같은 모양으로 보이므로 **브리지 회로**(bridge circuit)라 한다.

단자 ②와 ④의 전위가 같을 때

$$\frac{R_2}{R_1 + R_2} = \frac{R_4}{R_3 + R_4}$$

$$R_2 = (R_3 + R_4) = R_4(R_1 + R_2)$$

즉,

$$R_1 R_4 = R_2 R_3 \tag{1.18}$$

과 같이 된다.

식(1.18)을 **브리지 평균조건**이라 한다.

예제 1.5 그림 1.13의 회로에서 $R_1 = R_2 = 20[\text{k}\Omega]$, $R_3 = 10[\text{k}\Omega]$일 때 합성저항 R', 전류 I 및 각 저항의 전압강하 V_1, V_2, V_3를 구하시오.

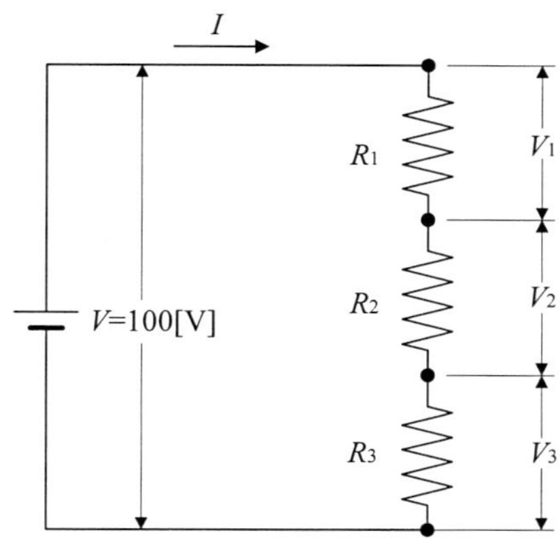

그림 1.13

[풀이] 합성저항 $R' = R_1 + R_2 + R_3 = 50[\text{k}\Omega]$

전류 $I = \dfrac{V}{R'} = \dfrac{100}{50 \times 10^3} = 2[\text{mA}]$

전압강하 $V_1 = V_2 = 20 \times 10^3 \times 2 \times 10^{-3} = 40[\text{V}]$

$V_3 = 10 \times 10^3 \times 2 \times 10^{-3} = 20[\text{V}]$

■

1.5 키르히호프의 법칙

전원이 2개 이상의 약간 복잡한 회로를 해석하는데는 키르히호프(Kirchhoff)의 법칙을 이용하여 방정식을 세워서 풀면 편리하게 해석할 수 있다.

1.5.1 키르히호프의 제1법칙(전류의 법칙)

그림 1.14의 (a)와 같이 저항 R_1, R_2, $R_3[\Omega]$이 전원 V[V]에 병렬로 접속되어 있을 경우, 전원에서 각 저항에 흐르는 전류는

$$I = I_1 + I_2 + I_3 \tag{1.19}$$

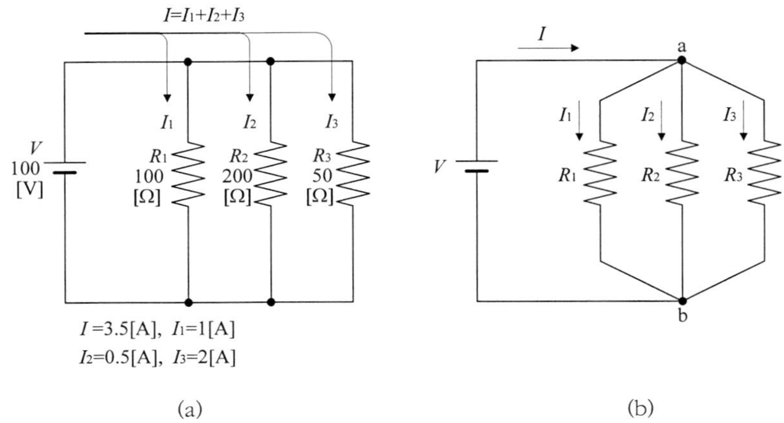

그림 1.14 접속점에 들어오는 전류와 나가는 전류

이 된다. 식(1.19)를 변형하면

$$I+(-I_1)+(-I_2)+(-I_3)=0 \tag{1.20}$$

이 되며 식(1.20)을 정리하여 보면

$$\sum I=0 \tag{1.21}$$

이 된다. 그림 1.14(a)를 (b)와 같이 바꿔 생각할 수 있다. 이 그림에서 접속점 a를 주시하여 보면 I[A]는 접속점 a에 유입되는 전류(+)이며, I_1, I_2, I_3[A]는 유출되는 전류(-)이다.

> □ 키르히호프의 제1법칙
>
> 접속점에 유입되는 전류의 합은 접속점에서 유출되는 전류의 합과 같다.

1.5.2 키르히호프의 제2법칙(전압의 법칙)

그림 1.15(a)와 같은 회로가 있다. 이 회로의 V_1, V_2[V]의 전원은 그림 1.15(b)와 같이 $V=V_1+V_2$[V]의 한 개의 전원과 같은 동작을 한다. R_1, R_2, R_3[Ω]의 합성저항은 $R=R_1+R_2+R_3$[Ω]이며, 흐르는 전류는 $I=V/R$[A]이다.

그림 1.15(c)의 접속점 c와 a 사이의 전원전압 V[V]는 각 전원전압의 합 V_1+V_2[V]와 같다. 그리고 각 저항 R_1, R_2, R_3[Ω]에 흐르는 전류는 어느 점이든 I[A]이므로 d와 g 사이의

전압은 각 저항의 전압 강하의 합 $R_1I + R_2I + R_3I$[V]이며 이것은 c와 a 사이의 전원전압과 같다. 이상의 설명을 식으로 표현하면

$$V_1 + V_2 = R_1I + R_2I + R_3I \tag{1.22}$$

$$\sum V = \sum RI \tag{1.23}$$

와 같다.

□ 키르히호프의 제2법칙

전원전압의 합은 전압강하의 합과 같다.

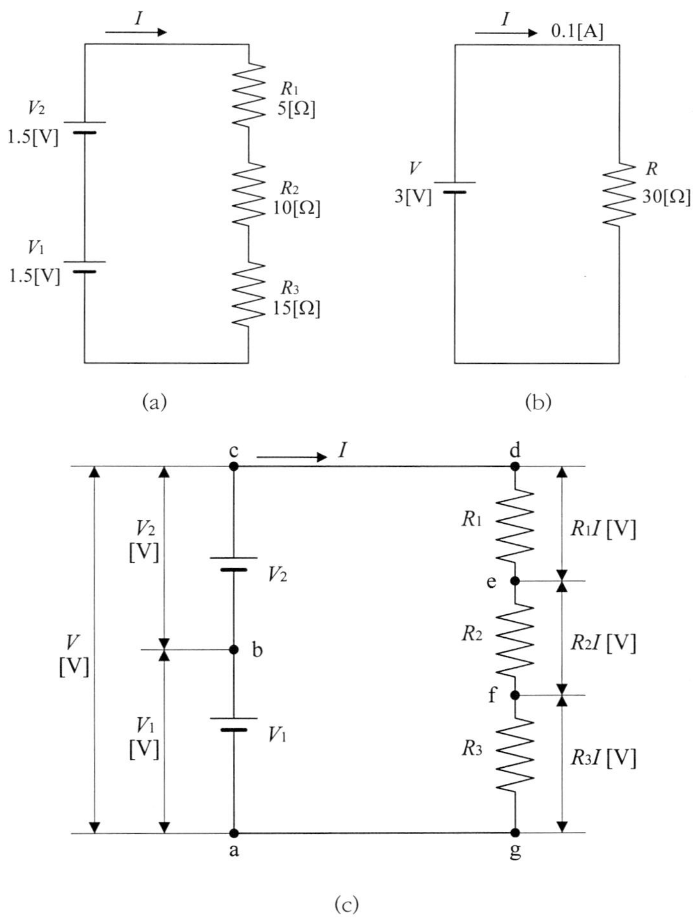

그림 1.15 전원전압의 합과 전압강하의 합

예제 1.6 그림 1.16의 회로에서 각 부에 흐르는 전류는 전류의 방향이 그림과 같을 때 I_1, I_2, I_3를 구하시오.

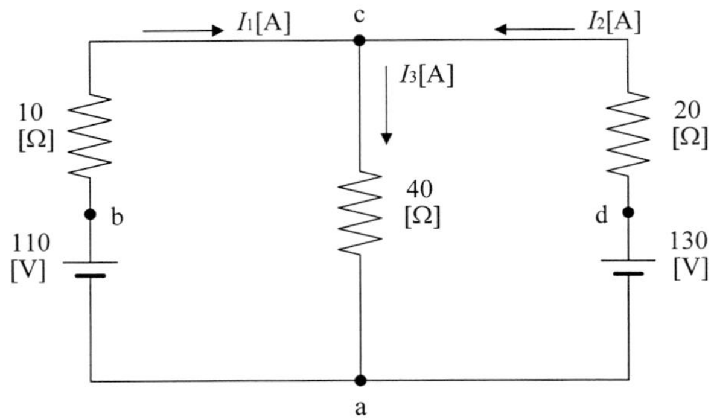

그림 1.16

[풀이] $I_1 + I_2 = I_3$ ①

좌측 전원을 중심으로 점 a → b → c → a는 제2법칙

$$110 = 10I_1 + 40I_3 \quad ②$$

우측 전원을 중심으로 a → d → c → a는 제2법칙

$$130 = 20I_2 + 40I_3 \quad ③$$

식①을 ②, ③에 대입하여 I_3을 제거하면

$$110 = 50I_1 + 40I_2 \quad ②'$$
$$130 = 40I_1 + 60I_2 \quad ③'$$

식②'와 식③'에서 I_2를 제거하면

$$I_1 = 1[A]$$

I_1의 값을 ②'에 대입하면

$$I_2 = 1.5[A]$$

I_1, I_2의 값을 식①에 대입하면

$$I_3 = 2.5[A]$$ ■

1.6 전력과 열 에너지

저항에 전압을 걸어 전류를 흘려 보내면 열을 발생한다. 이 열 에너지는 용해·건조·금속의 열처리 등에 폭넓게 이용되고 있다.

1.6.1 전류의 발열작용

그림 1.17의 회로에서 저항 $R[\Omega]$에 전압 $V[\mathrm{V}]$를 가하여 전류 $I[\mathrm{A}]$가 t초 동안 흐르면 발생한는 **열 에너지**(heat energy) $H[\mathrm{J}]$는

$$H = I^2Rt \tag{1.24}$$

와 같이 된다. 이것을 **주울의 법칙**(Joule's law)이라 한다.

열량의 단위로서는 주울[J] 외에 칼로리[cal]라는 단위가 있는데 이것은 물 1[g]을 1[℃] 높이는데 필요한 열량으로, 주울과의 사이에는 1[cal]≒4.2[J]이므로 1[J]≒0.24[cal]가 된다. 따라서 H[cal]는

$$H = 0.24I^2Rt \tag{1.25}$$

가 된다.

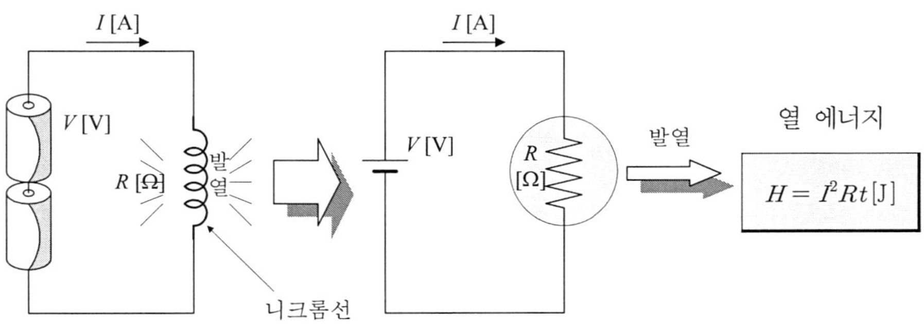

그림 1.17 저항에 의하여 발생하는 열 에너지

1.6.2 전력량

식(1.24)에서 저항 $R[\Omega]$에 전류 $I[\mathrm{A}]$가 t초 동안 흐를 때 $H = I^2Rt[\mathrm{J}]$의 열 에너지가 발생한다. $I^2Rt[\mathrm{J}]$의 크기만 전기의 일을 한 것이다. 이것을 **전력량**이라 한다. 저항에 소비되는 전력량 $W[\mathrm{J}]$은

$$W = I^2Rt = VIt \tag{1.26}$$

가 된다.

1.6.3 전력

전기가 하는 일의 크기는 시간의 경과에 비례하지만 이 경우 전기가 1초 동안에 하는 일의 크기를 **전력**(electric power)이라 한다. 단위는 **와트**(watt, 단위기호 w)가 사용되며 크기를 P[W]로 표현하면

$$P = \frac{W}{t} = I^2R = VI \tag{1.27}$$

가 된다. 표 1.4에 전력과 전력량의 단위를 나타낸다.

표 1.4 전력과 전력량의 단위

양	단위	단위기호	단위의 관계
전 력	밀리와트 와트 킬로와트	mW W kW	$1[\mathrm{mW}] = \frac{1}{1000}[\mathrm{W}] = 10^{-3}[\mathrm{W}]$ $1[\mathrm{kW}] = 1000[\mathrm{W}] = 10^3[\mathrm{W}]$
전력량	주울 와트초 와트시 킬로와트시	J W·s W·h kW·h	$1[\mathrm{W \cdot s}] = 1[\mathrm{J}]$ $1[\mathrm{W \cdot h}] = 3600[\mathrm{W \cdot s}]$ $1[\mathrm{kW \cdot h}] = 1000 \times 3600[\mathrm{W \cdot s}]$

1.6.4 허용전류

식(1.27)의 저항 $R[\Omega]$은 저항체에 발생한 주울열에 의하여 온도가 상승한다. 전력이 크면 클수록 또 저항체의 표면적이 작을수록 온도상승은 높아 저항체의 표면 피막이 타거나 단락된다. 그래서 저항체에는 어느 정도의 전류가 흐르면 좋을까를 나타낼 수 있다. 이것을 저항체의 **허용전류**라 한다. 식(1.27)에 의하여 허용전류 I[A]는

$$I = \sqrt{\frac{P}{R}} \tag{1.28}$$

가 된다.

예제 1.7 20[℃]의 물이 1.2[ℓ]가 있다. 이 물의 온도를 500[W]의 전기모터를 사용하여 60[℃]까지 올리는데 필요로 하는 시간을 구하시오.

[풀이] 물 1.2[ℓ]를 20[℃]에서 60[℃]로 올리는데 필요한 열량 H_1[cal]은

$$H_1 = 1200 \times 40 = 48000[\mathrm{cal}]$$

500[W] 전기포터가 1초 동안 발생하는 열량 H_2[cal/s]는

$$H_2 = 0.24 \times 500 \times 1 = 120[\mathrm{cal/s}]$$

따라서 20[℃]의 물을 60[℃]로 올리는데 필요로 하는 시간 t [s]는

$$t = \frac{H_1[\mathrm{cal}]}{H_2[\mathrm{cal/s}]} = \frac{48000[\mathrm{cal}]}{120[\mathrm{cal/s}]} = 400[\mathrm{s}]$$

■

Chapter 01 연습문제

01 그림 1.18에서 전류가 화살표와 같을 때 각부 I_1, I_2, I_3에 흐르는 전류를 구하시오.

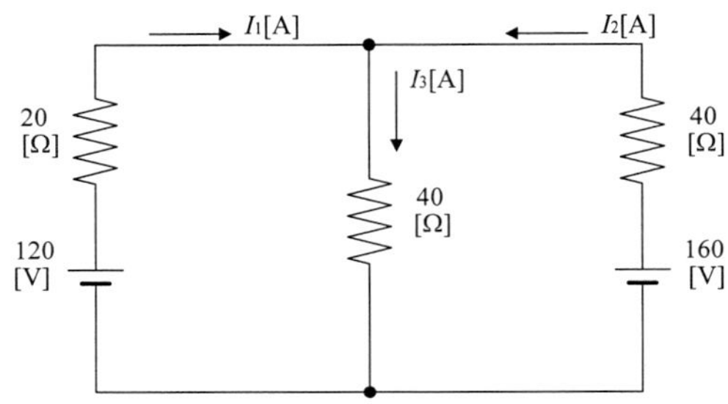

그림 1.18

02 그림 1.19에서 전류가 화살표와 같을 때 각부 I_1, I_2, I_3에 흐르는 전류를 구하시오.

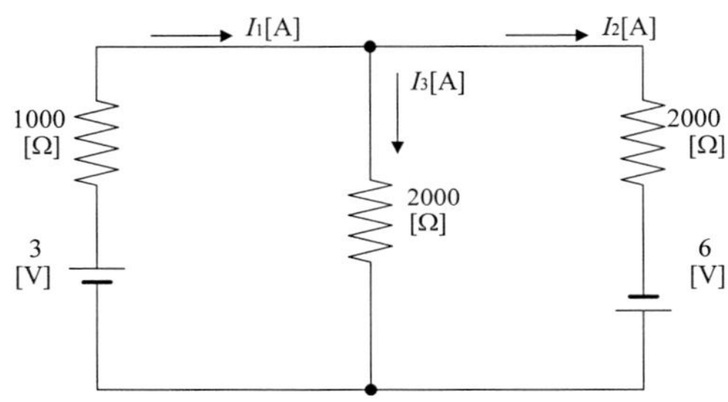

그림 1.19

03 그림 1.9에서 $R_1 = 50[\Omega]$, $R_2 = R_3 = 100[\Omega]$일 때 회로에 흐르는 전류 I를 구하시오.

04 그림 1.20에서 전류 I_1, I_2, I_3를 구하시오.

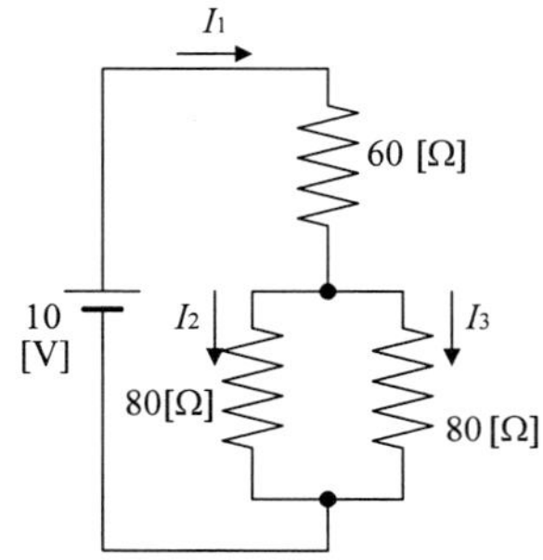

그림 1.20

05 그림 1.21에서 a, b 사이의 합성저항 및 전류 I를 구하시오.

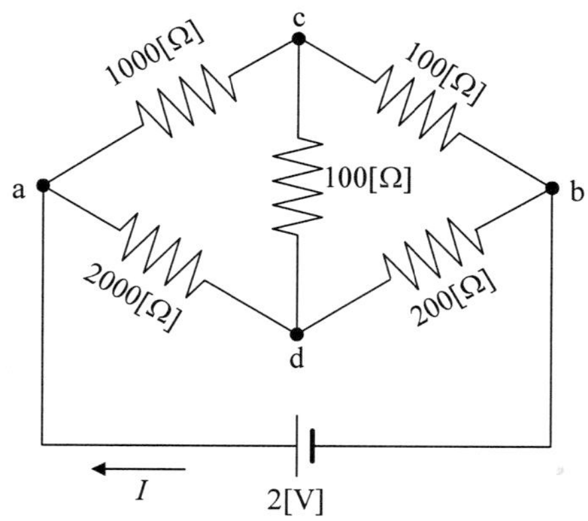

그림 1.21

06 그림 1.22에서 c, d 사이의 전압은 a, b 사이 전압의 얼마일까?

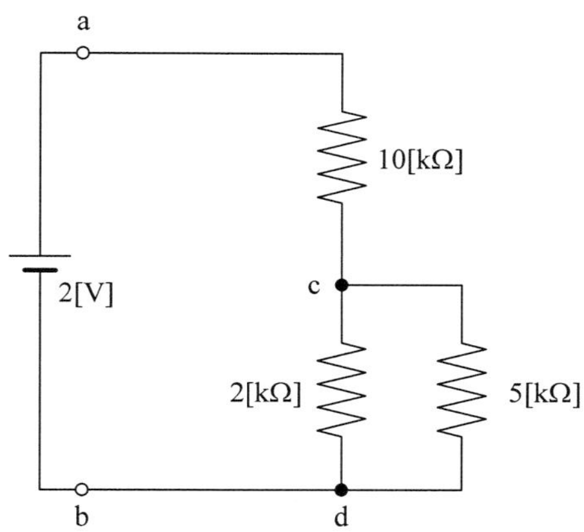

그림 1.22

07 그림 1.23의 회로에서 다음에 관하여 구하시오

(1) 저항 10[Ω]의 전압 강하는?

(2) 저항 40[Ω]의 전압 강하는?

(3) 전압 V는?

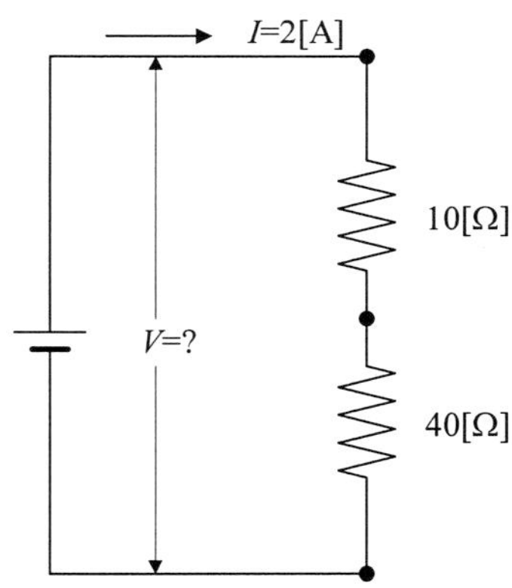

그림 1.23

08 그림 1.24에서 단자 a, b 사이의 합성저항 R'는 얼마인가?
그리고 전류 I_1, I_2 및 단자 c, d 사이의 전압 V_{cd}를 구하시오.

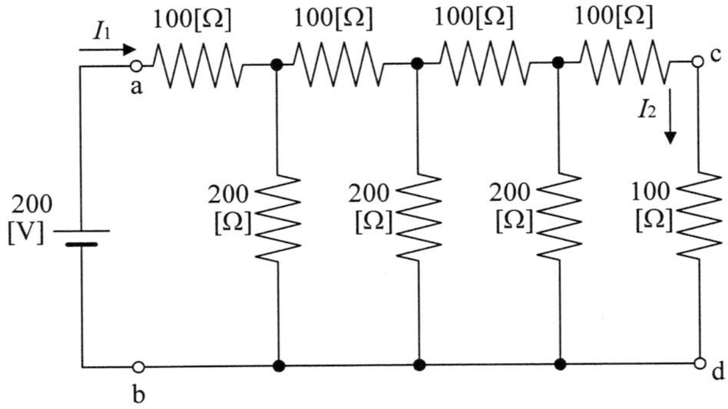

그림 1.24

09 어떤 전기난로에 200[V]의 전압을 인가하였을 때 2[kW]의 전력을 소비하였다. 이 전기난로에 흐르고 있는 전류 I 및 저항 R을 구하시오.

10 저항 20[Ω]의 전기포터가 있다. 이 전열기에 100[V]의 전압을 가할 때 다음에 대하여 구하시오.

(1) 저항에 흐르는 전류 I는 몇 암페어인가?
(2) 소비 전력은 몇 와트인가?
(3) 20분간 전류를 흘려보냈을 때 발생하는 열 에너지는?

11 600[W] 전열기를 10시간 사용하였을 때 전력량을 J 및 kW·h로 구하시오.

Chapter 2

전기와 자기

도체에 전류가 흐르면 그 주위에는 자기가 발생한다. 그리고 자기가 있는 공간에 전류가 흐르고 있는 도체가 있으면 그 도체에는 힘이 발생한다. 이 힘을 이용한 것이 모터이며 지하철 및 전기 세탁기 등에 사용하고 있는 모터는 이 원리를 이용한 것이다.

자기가 있는 공간에 도체가 운동하면 도체에는 전압이 발생한다. 발전소의 발전기는 이 운동을 이용한 것이다. 또 전선을 감은 코일 속에 자기가 변화하면 코일에는 전압이 발생한다. 이 원리를 이용한 것이 변압기이다.

이 장에서는 전기와 자기 그리고 캐패시터에 관하여 알아보기로 하자.

2.1 자기

2.1.1 자기와 자극

자석(magnet)이 철을 부착 또는 남북을 가리키는 원인이 되는 것을 **자기**(magnetic)라 한다. 자기의 양을 **자기량** 또는 **자하**(magnetic charge)라 하며 정, 부의 2종류가 있다.

자하가 집중하여 있는 자석의 양단 가까이를 **자극**이라 하며 북쪽을 가리키며 정의 자하를 가진 자극을 N극(북극), 남쪽을 가리키며 부의 자하를 가진 자극을 S극(남극)이라 한다.

자석은 같은 극끼리는 반발하고, 다른 극끼리는 끌어당긴다. 이 힘을 **자력**(magnetic force)이라 한다. 그림 2.1은 자극과 자력을 나타낸다.

진공 중 1[m]의 거리에 전하가 같은 두 개의 자극 사이에 당기는 힘이 6.33×10^4[N]일 때 각 자극의 크기 또는 자하의 단위로서 1**웨버**(weber, 단위기호 Wb)라 한다.

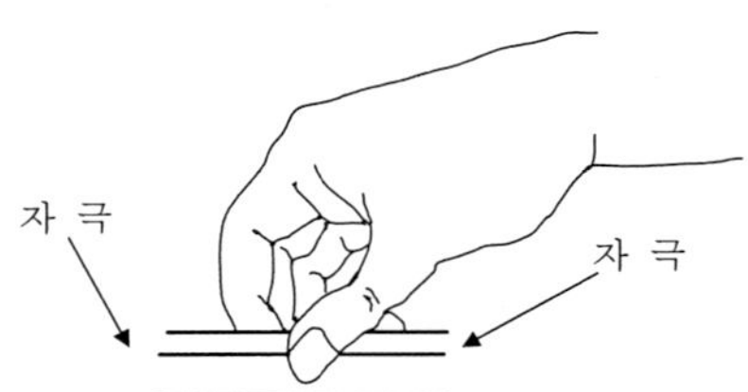

(a) 자극

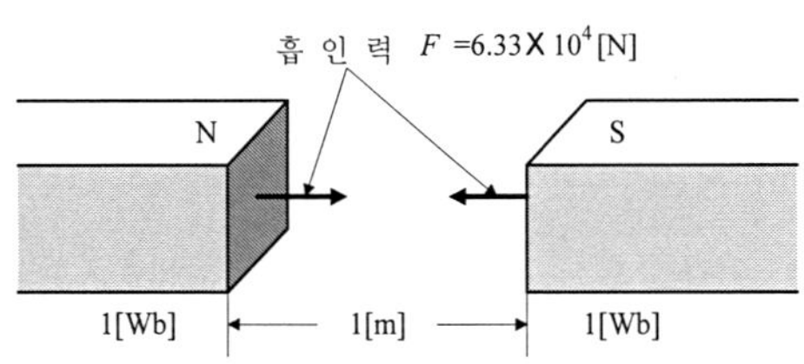

(b) 자력

그림 2.1 자극과 자력

2.1.2 쿨롬의 법칙

자하 m_1[Wb], m_2[Wb]를 가진 두 개의 자극 사이에 생기는 자력 F[N]는

$$F = \frac{1}{4\pi\mu} \cdot \frac{m_1 m_2}{r^2} = 6.33 \times 10^4 \frac{m_1 m_2}{\mu_r\, r^2} \tag{2.1}$$

와 같다. 이것을 **쿨롬법칙**(coulomb's law)이라 한다.

여기서 r[m]은 두 극 사이의 거리, μ는 **투자율**(permeability)이라 하며 진공의 투자율 μ_0 ($4\pi \times 10^{-7}$[H/m])와 **비투자율**(relative permeability) μ_r(진공의 경우 $\mu_r = 1$이며 공기 중에서는 $\mu_r \fallingdotseq 1$)과의 사이에는 $\mu = \mu_0 \cdot \mu_r$의 관계가 있다.

예제 2.1 자극의 힘이 $m_1 = 4 \times 10^{-5}$[Wb], $m_2 = 6 \times 10^{-3}$[Wb], 양 극간의 거리가 $r = 10$ [cm]일 때 양 극 사이에 발생하는 자력 F를 구하시오.

[풀이] $$F = 6.33 \times 10^4 \frac{4 \times 10^{-5} \times 6 \times 10^{-3}}{(10^{-1})^2} = 1.52\text{[N]}$$

■

2.1.3 자계와 자력선

자력이 작용하는 공간을 **자계**(magnetic field)라 한다. 자계의 세기는 1[Wb]의 자극에 1[N]의 힘이 동작하는 자계의 세기를 단위로 하며 이것을 암페어/미터(단위기호 A/m)라 한다.

그림 2.2(a)와 같이 단위정극은 자석의 N극에서 반발되어 S극에 흡인될 때까지 그려진 궤적을 **자력선**(magnetic line of force)이라 하며, N극에서 나와서 S극에 들어가는 분포를 그림(b)에 나타낸다.

자력선은 다음과 같은 성질이 있다.

1) 자력선은 N극에서 나와 S극으로 들어간다. (그림 2.2(a))
2) 자력선은 당겨진 고무와 같이 그 자신은 신축하려고 하는 성질이 있으며, 같은 방향으로 통하고 있는 자력선(N, N 및 S, S)은 서로 반발하는 성질이 있다. (그림 2.2(b))

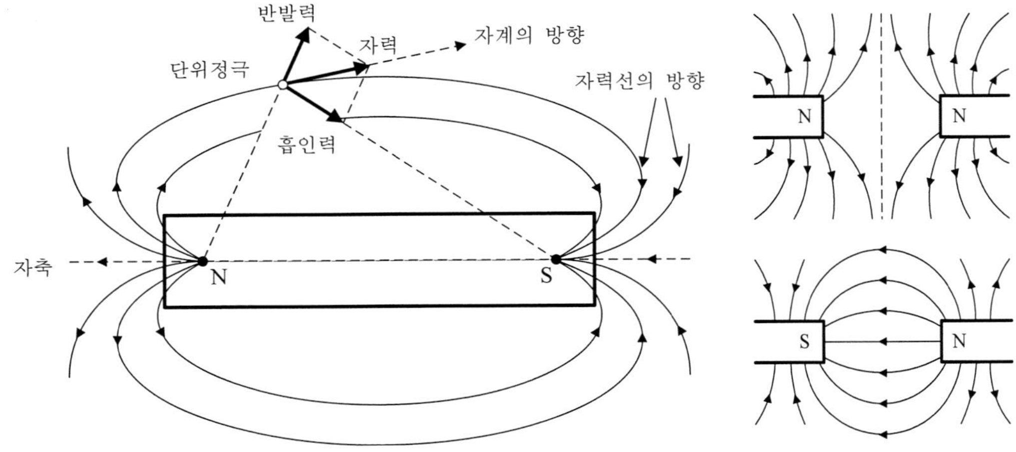

(a) 자력선 (b) 자력선의 분포

그림 2.2 자력선과 그의 분포

1[Wb]의 자극에서는 진공 중에 $1/\mu_0$선, 비투자율 μ_r의 물질에서는 $1/(\mu_0\mu_r)$선의 자력선이 나오지만 같은 자극에서 나오는 자력선의 수는 매질에 의하여 다르다. 자력선 $1/\mu$선을 한 선의 **자속**(magnetic fluy)이라 한다. 따라서 m[Wb]의 자속에서는 주위의 매질에 관계없이 m선의 자속이 나오는 것을 결정하여 자속의 방향과 직각인 1[m^2]를 통과하는 자속의 수를 **자속밀도**라 한다. 자속밀도의 단위는 **테스라**(tesla, 단위기호 T)이다.

자계 내에 있는 물체가 자기를 띠는 현상을 **자기유도**(magnetic induction)라 하며, 이 물체는 자화되었다고 한다.

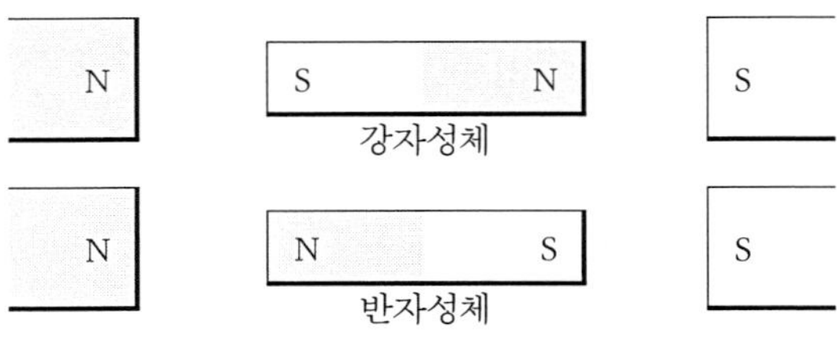

그림 2.3 강자성체와 반자성체

물질 중에서 그림 2.3과 같이 자극에 가까이 있는 쪽이 다른 극, 멀리 있는 쪽이 같은 극으로 되는 강한 자석에 자화되는 것을 **강자성체**라 하며, 이것과 같은 현상으로 약하게 자화되는 것을 **상자성체**라 한다. 반대 방향에 약하게 자화되는 것을 **반자성체**라 한다. 표 2.1은 각 자성체의 분류를 나타낸다.

표 2.1 자성체의 분류

강자성체	철, 코발트, 니켈, 망간 등
상자성체	알루미늄, 주석, 백금 등
반자성체	금, 은, 동, 아연, 수은, 탄소 등

2.2 전류의 자기작용

그림 2.4와 같이 전류가 흐르고 있을 때 주위에 자력선, 즉 자계를 만드는 일을 **전류의 자기작용**이라 한다. 긴 직선 상태의 도체에 흐르는 전류 I[A]가 만드는 자계 H[A/m]는 흐르는 전류에서의 거리 r[m]이라고 하면

$$H = \frac{I}{2\pi r} \tag{2.2}$$

가 된다. 원형 코일 및 솔레노이드에 감긴 권수 N일 경우 이것에 흐르는 자계 H[A/m]는 흐르는 전류 I[A]와의 곱 NI에 비례한다.

$$H = \frac{NI}{2\pi r} \tag{2.3}$$

전류에 의하여 생기는 자력선의 방향은 오른나사를 전류의 방향으로 하여 체결시킬 경우, 나사를 회전시키는 방향과 같다. 이 관계를 **암페어의 오른나사의 법칙**(Ampere's right-handed crew rule)이라 한다.

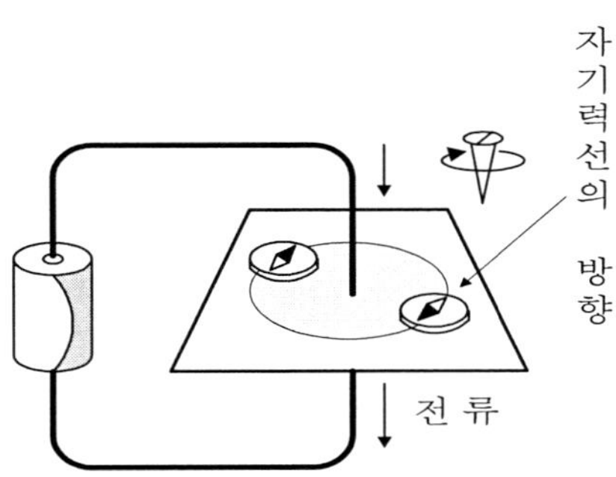

그림 2.4 전류의 자기작용

전류의 방향을 나타내는 방법은 그림 2.5와 같이 책의 면을 기준으로 하여 책의 면에서 위쪽으로 흐르는 전류는 기호 ⊙를 사용하고 반대로 책의 면 쪽으로 흐르는 전류의 기호는 ⊗를 사용한다.

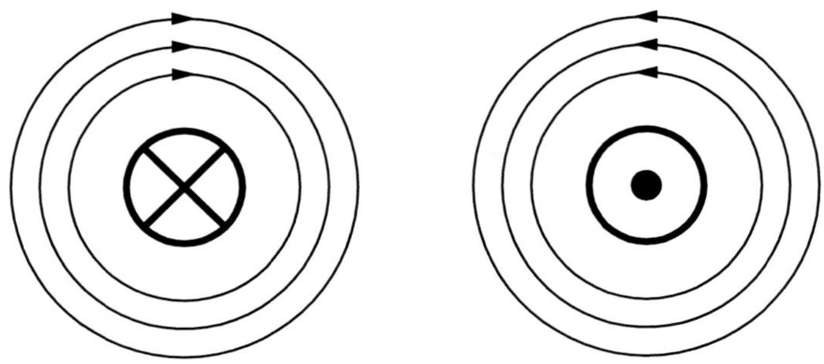

그림 2.5 전류의 방향

전류가 흐르는 솔레노이드의 내부에 철심을 넣으면 철심은 자화되어 그 자속이 솔레노이드의 자속과 합하여 강한 자석이 된다. 이것을 **전자석**이라 한다. 철심에 생기는 자속은 솔레노이드의 권수 N과 흐르는 전류 I[A]와의 곱 $N \cdot I$에 비례한다. $N \cdot I$는 자력을 발생시키는 능력을 나타내는 것으로 **기자력**(magnetomotive force)이라 한다. 단위는 암페어(A)를 사용한다.

예제 2.2 솔레노이드에 감긴 코일의 평균 반경 $r = 100$[cm], 권수$= 100$회인 원형코일에 3.14[A]의 전류가 흐르고 있을 때 발생하는 자계 H를 구하시오.

[풀이] $$H = \frac{NI}{2\pi r} = \frac{100 \times 3.14}{2 \times \pi \times 0.1} = 500[\text{A/m}]$$

■

2.3 전자력

그림 2.6(a)와 같이 자계 내에 전류가 흐르고 있는 도체를 두면 도체는 힘 F를 받는다. 이 힘을 **전자력**(electromagnetic force)이라 한다. 이것은 자계의 자력선과 전류에 의한 자력선과의 합성 자력선이 그림 (b)와 같이 되며, 도체를 들어올리기 때문이다.

자속밀도 B[T]의 평등자계의 속에 그림 (c)와 같이 자계 내의 길이가 ℓ[m]인 도체를 자계와 직각의 방향에서 θ정도 경사지게 놓고, 여기에 I[A]의 전류를 흘렀을 때 이 전류에 동작하는 전자력 F[N]는

$$F = BI\ell\cos\theta \tag{2.4}$$

가 된다.

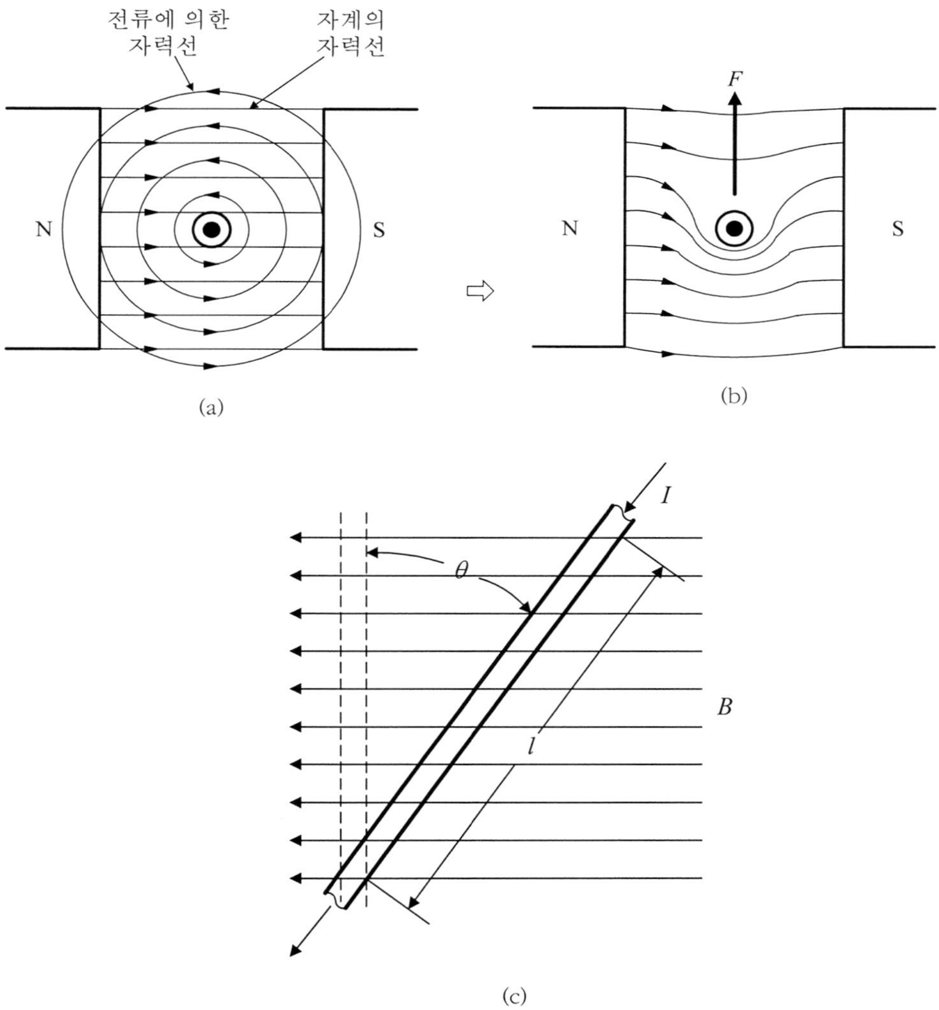

그림 2.6 전자력

전자력의 방향은 그림 2.7과 같이 **플레밍의 왼손법칙**(Fleming's left-hand rule)에 의하여 엄지손가락의 방향이 된다. 왼손의 엄지손가락, 집게손가락, 장지를 서로 직각으로 하여 집게손

가락의 방향을 자속, 장지의 방향을 전류로 잡으면 전자력은 엄지손가락의 방향이 된다.

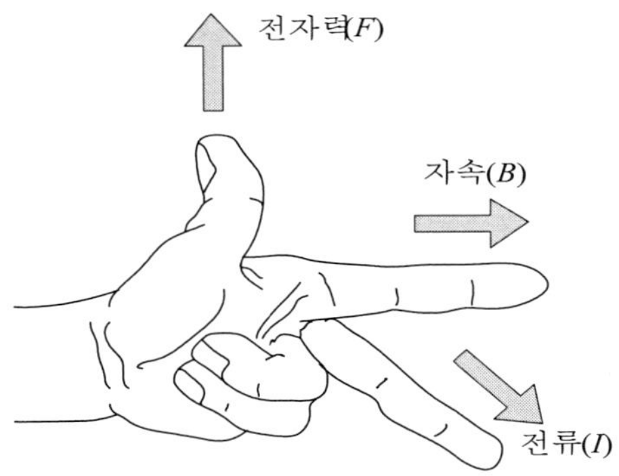

그림 2.7 플레밍의 왼손법칙

예제 2.3 그림 2.6(c)에서 자속밀도 B가 $0.8[\mathrm{Wb/m^2}]$인 자계에 길이가 $0.5[\mathrm{m}]$의 도체를 자계 방향의 45°로 설치하고 여기에 $10[\mathrm{A}]$의 전류를 흘려보내면 도체에 발생하는 전자력은?

[풀이]

$$F = BI\ell\cos\theta$$

$$= 0.8 \times 10 \times 0.5 \times \cos 45°$$

$$\fallingdotseq 2.83[\mathrm{N}]$$

■

2.4 전자유도

2.4.1 전자유도

그림 2.8과 같이 자석을 코일에 가까이하여 자속수를 변화시키며, 도선을 움직여서 자속을 끊을 경우에는 끊긴 동안만 기전력이 유도된다. 이와 같은 현상을 **전자유도**(electro- magnetic induction)라 한다. 유도되는 기전력을 유도기전력, 흐르는 전류를 **유도전류**라 한다.

유도기전력의 크기는 자속 변화의 빠르기와 코일의 권수의 곱에 비례한다(그림 2.8(a)). 권수 N의 코일을 관통하고 있는 자속이 $\Delta t[\mathrm{S}]$ 동안에 $\Delta\phi[\mathrm{Wb}]$ 변화하였다고 하면 유도기전력 $e[\mathrm{V}]$의 크기는

$$e = N\frac{\Delta\phi}{\Delta t} \tag{2.5}$$

가 된다. 유도기전력의 방향은 **렌쯔의 법칙**(Lenz's law)에 의하여 자속이 감소할 때는 증가쪽, 증가할 때는 감소시키는 것과 같이 전류가 흐르는 방향에 발생한다.

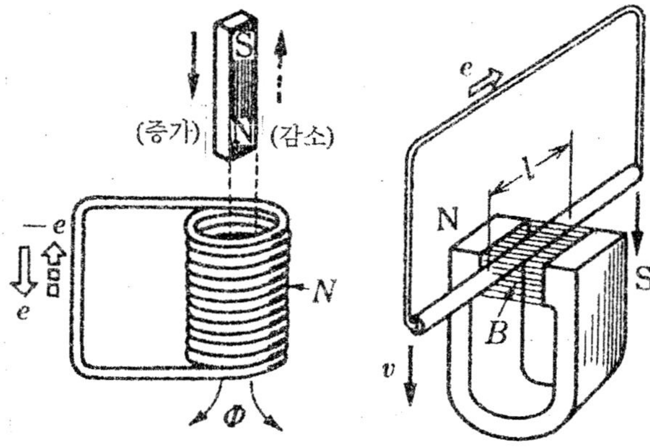

(a) (b)

그림 2.8 전자유도

유도기전력의 크기는 도선이 자속을 끊는 속도와 자속 밀도의 곱에 비례한다(그림 2.8(b)). 자속밀도 B[T]의 평등자계에 직각으로 놓은 유효 부분의 길이가 ℓ[m]인 한 선의 도선이 v[m/s]의 속도로 자속을 직각으로 끊을 경우의 유도기전력 e[V]는

$$e = B\ell v \tag{2.6}$$

가 된다. 여기서 전단의 방향이 자계와 직각의 방향에서 θ의 경사각으로 되어 있다면 유도기전력 e[V]는

$$e = B\ell v\cos\theta \tag{2.7}$$

가 된다. 유도기전력의 방향은 그림 2.9와 같이 플레밍의 오른손법칙(Fleming's right-hand)에 따른다. 그림과 같이 오른손의 엄지손가락, 집게손가락과 장지를 각각 직각이 되게 굽힌다. 그리고 자력선의 방향으로 집게손가락을, 도선의 운동 방향으로 엄지손가락을 가리키도록 하면 기전력의 방향은 장지의 방향이 된다. 이 방법은 극히 편리하며 또 대단히 중요한 법칙이므로 앞에서 설명한 플레밍의 왼손법칙과 더불어 잘 이해하지 않으면 안된다.

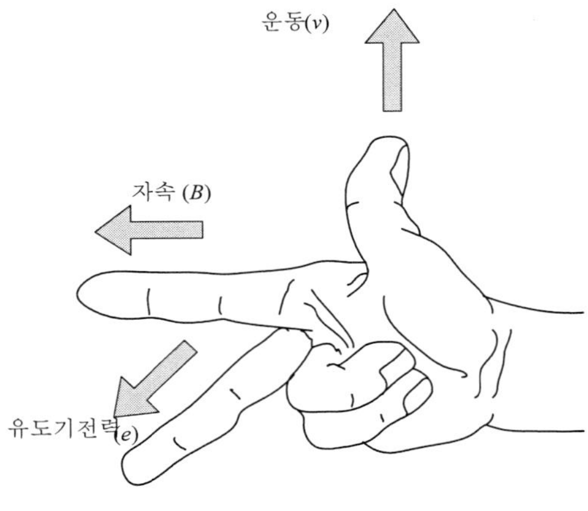

그림 2.9 플레밍의 오른손법칙

2.4.2 자기유도와 상호유도

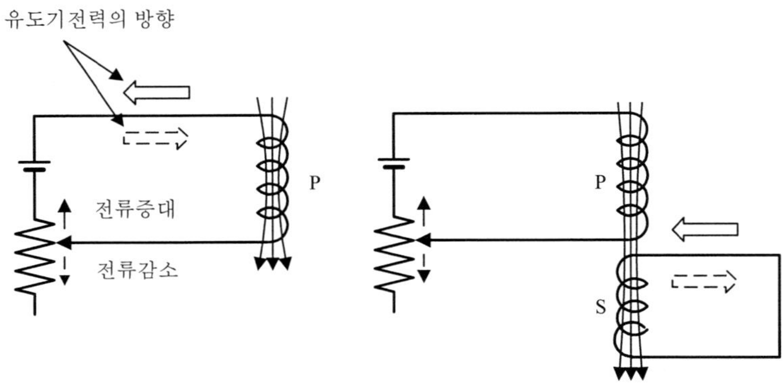

(a) 자기유도 (b) 상호유도

그림 2.10 자기유도와 상호유도

그림 2.10과 같이 코일 P에 흐르는 전류를 증가 또는 감소하면 코일 속의 자속이 변화하므로 코일의 자신(a) 또는 가까이 있는 코일 S(b)의 속에 유도기전력이 발생한다. 유도기전력이 코일 자신에 발생하는 경우를 **자기유도**(self-induction)라 하며, 상대편 코일에 발생하는 경우를 **상호유도**(mutual induction)이라 한다. 변압기는 상호유도의 원리를 응용한 것이다. 유도기전력의 크기는 자속이 변화하는 시간적 비율, 즉 전류의 변화율에 비례한다. Δt[S] 동안에 ΔI[A] 변화했다고 하면 기전력 e[V]의 크기는

$$e = -L\frac{\Delta I}{\Delta t} \tag{2.8}$$

가 된다. 여기서 L은 **자기 인덕턴스**라고 하며 단위는 **헨리**[H]를 사용한다. −는 자속의 변화를 방해하는 방향을 의미한다.

예제 2.4 원형 코일에 흐르는 전류가 1[ms] 사이에 0.5[A] 변화하였을 때 2[V]의 전압이 발생하였다면 자기 인덕턴스 L은 얼마일까?

[풀이] $$L = \frac{e}{\frac{\Delta I}{\Delta t}} = \frac{2}{\frac{0.5}{1 \times 10^{-3}}} = 4 \times 10^{-3}[\text{H}] = 4[\text{mH}]$$

■

2.5 캐패시터

2.5.1 정전용량

그림 2.11(a)와 같이 도체에 전하를 부여하면 (b)의 용기에 물을 넣는 것과 같이 된다. 즉 많은 전하를 부여하면 수면이 올라가는 것과 같이 전위도 올라간다. 이 때에 동일 전위로 하기 위해서는 많은 전하를 필요로 하는 도체(용기)는 전하의 수용능력이 크다고 생각하여 이것을 **정전용량**(electrostatic capacity)이 크다고 한다.

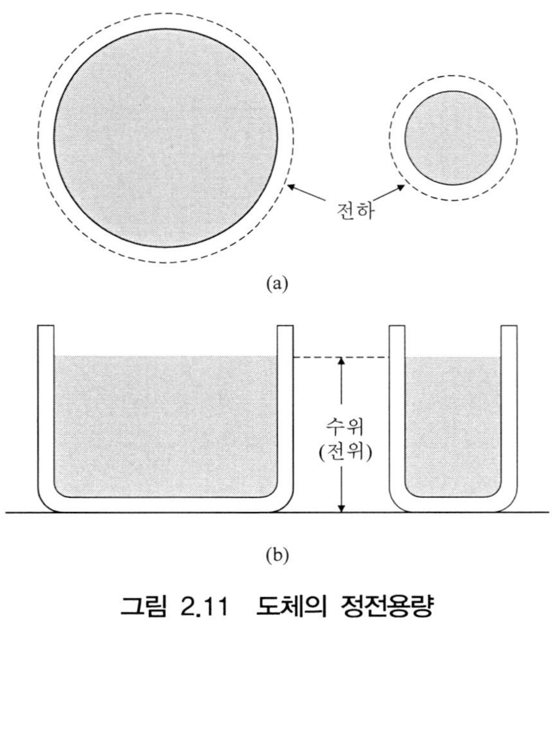

그림 2.11 도체의 정전용량

정전용량의 단위는 **패러드**(farad, 단위기호 F)를 사용한다.

1[F]란 1[V]의 전압을 걸었을 때 1[C]의 전기량을 축적할 때의 정전용량이다. 정전용량 C[F]는

$$C = \frac{Q}{V} \tag{2.9}$$

이다. 여기서 Q[C]는 전하, V[V]는 전위이다.

2.5.2 캐패시터

큰 정전용량을 갖는 것을 목적으로 금속판(전극)을 평행으로 놓고 그 사이에 절연물을 넣어 만든 장치를 캐패시터(capacitor) 또는 콘덴서(condenser)라 한다. 그림 2.12와 같이 도체의 사이에 정전용량을 갖는 캐패시터를 사용하면, 정전용량 C[F]는 면적 S[m^2], 거리 t[m]의 사이에 다음과 같은 식을 얻는다.

$$C = \frac{Q}{V} = 8.855 \times 10^{-12} \epsilon_r \quad \frac{S}{t} \tag{2.10}$$

즉, 비유전율 ϵ_r이 큰 유전체를 사용하고, 면적 S를 크게, 거리 t를 작게 하면 정전용량은 크게 된다.

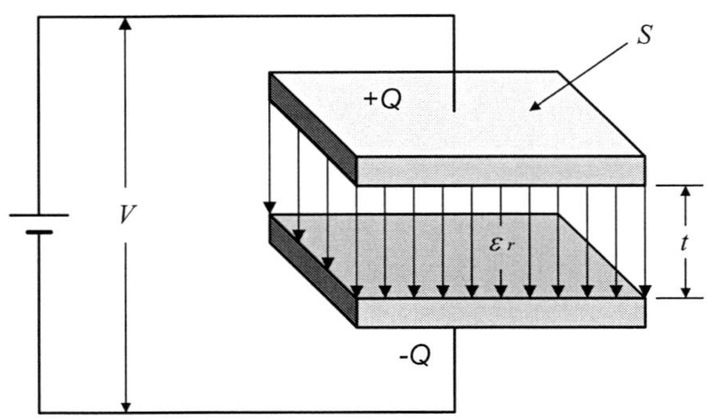

그림 2.12 콘덴서

캐패시터의 접속에는 저항과 같이 직렬 접속과 병렬 접속이 있다.

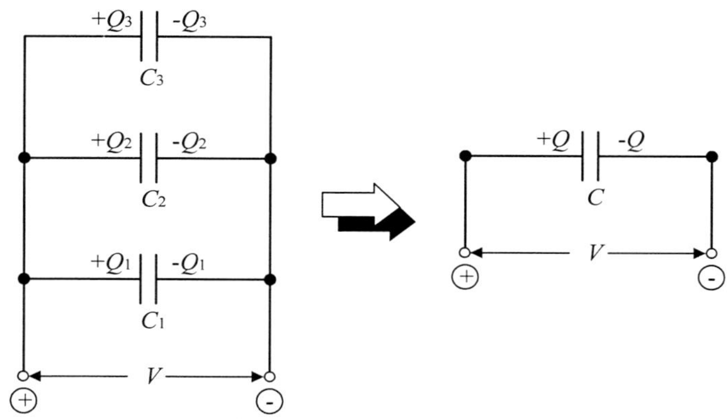

그림 2.13 캐패시터의 병렬 접속

그림 2.13에 캐패시터의 병렬 접속을 나타낸다. 정전용량이 각각 C_1, C_2, C_3[F]의 캐패시터를 병렬로 접속하고 단자 사이에 전압 V[V]를 걸면 각 캐패시터의 정전용량은

$$Q_1 = C_1 V, \quad Q_2 = C_2 V, \quad Q_3 = C_3 V \tag{2.11}$$

가 된다. 여기서 전체의 정전용량 Q는

$$Q = Q_1 + Q_2 + Q_3 \tag{2.12}$$

가 되며 식(2.11)에 식(2.10)을 대입하여 정리하면

$$\begin{aligned} Q &= C_1 V + C_2 V + C_3 V \\ &= V(C_1 + C_2 + C_3) \end{aligned} \tag{2.13}$$

가 된다. 캐패시터의 병렬 접속의 합성 정전용량 C[F]는

$$C = C_1 + C_2 + C_3 [\mathrm{F}] \tag{2.14}$$

가 된다.

그림 2.14와 같이 정전용량이 C_1, C_2, C_3를 직렬로 접속하고 단자 사이에 V[V]를 걸면 각 캐패시터의 전압은

$$V_1 = \frac{Q}{C_1}, \quad V_2 = \frac{Q}{C_2}, \quad V_3 = \frac{Q}{C_3} \tag{2.15}$$

가 된다. 전압 $V = V_1 + V_2 + V_3$이므로

$$V = Q\left(\frac{1}{C_1} + \frac{1}{C_2} + \frac{1}{C_3}\right) \tag{2.16}$$

가 된다. 캐패시터의 직렬 접속의 합성 정전용량 C[F]는

$$C = \frac{Q}{V} = \frac{1}{\frac{1}{C_1} + \frac{1}{C_2} + \frac{1}{C_3}} \tag{2.17}$$

가 된다. C가 n개 있을 때에는

$$C = \frac{Q}{V} = \frac{1}{\frac{1}{C_1} + \frac{1}{C_2} + \frac{1}{C_3} + \cdots + \frac{1}{C_n}} \tag{2.18}$$

가 된다. 캐패시터의 직렬·병렬 접속의 합성 정전용량의 공식은 저항의 합성저항을 구하는 공식과 꼭 반대가 된다.

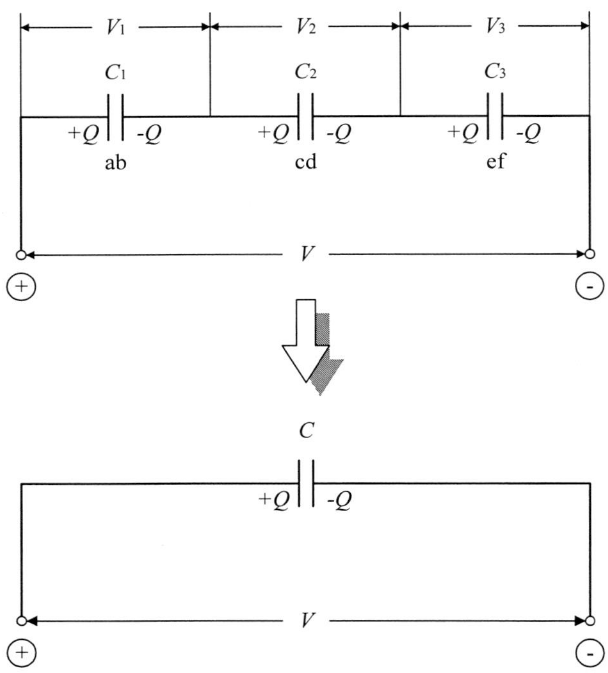

그림 2.14 캐패시터의 직렬 접속

실제의 캐패시터 표면에는 정전용량 및 정격 사용전압이 숫자로 적혀 있다. 일반적으로 캐패시터의 용량이 큰 것은 표면에 단위가 적혀 있지만 생략이 되어 있는 것도 있다. 이러한 경우의 단위는 [pF]이다. 예를 들어 캐패시터 표면에 16[V], 1000[μF]라고 적혀 있으면 정격 사용전압과 용량은 쉽게 알 수 있지만 104라는 숫자가 적혀 있으면 정격용량은 10×10^4[pF]이 되며, 223이면 정격용량은 22×10^3[pF]이 된다. 그림 2.15에 캐패시터의 종류를 나타낸다.

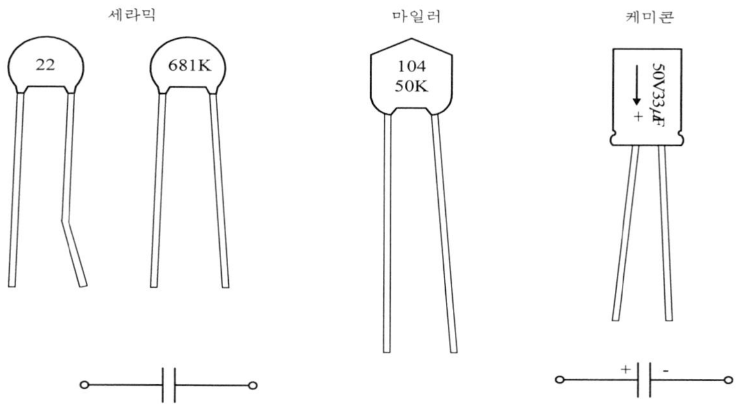

그림 2.15 캐패시터의 종류

예제 2.5 캐패시터의 정전용량이 $C_1 = 2[\mu\mathrm{F}]$, $C_2 = 3[\mu\mathrm{F}]$, $C_3 = 6[\mu\mathrm{F}]$일 때 이것을 직렬로 연결하면 합성 정전용량 C는 얼마가 될까?

[풀이] $$C = \frac{1}{\frac{1}{C_1}+\frac{1}{C_2}+\frac{1}{C_3}} = \frac{1}{\frac{1}{2}+\frac{1}{3}+\frac{1}{6}} = 1[\mu\mathrm{F}]$$

■

예제 2.6 그림 2.16과 같이 캐패시터 C_1, C_2, C_3가 접속되었을 때 합성 정전용량 C 및 각 부의 전압 V_1과 V_2를 구하시오.

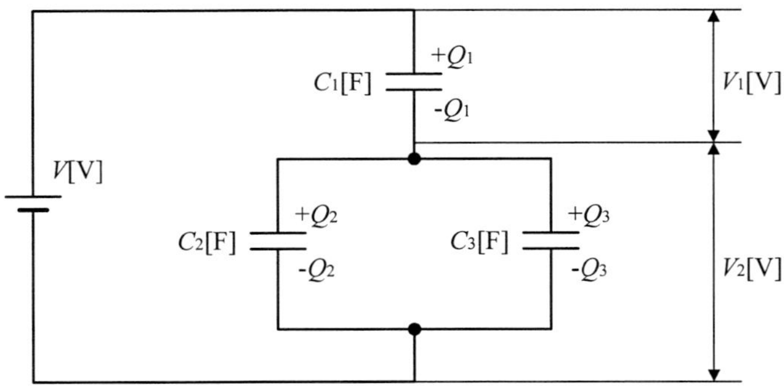

그림 2.16

[풀이] 합성 정전용량

$$C = \frac{1}{\dfrac{1}{C_1} + \dfrac{1}{C_2 + C_3}} = \frac{C_1(C_2 + C_3)}{C_1 + C_2 + C_3}[\mathrm{F}]$$

$$\frac{V_1}{V_2} = \frac{C_2 + C_3}{C_1}$$

이므로

$$V_1 = \frac{C}{C_1}V = \frac{C_2 + C_3}{C_1 + C_2 + C_3}V[\mathrm{V}]$$

$$V_2 = \frac{C}{C_2 + C_3}V = \frac{C_1}{C_1 + C_2 + C_3}V[\mathrm{V}]$$

■

Chapter 02 연습문제

01 그림 2.1에서 공기중에 2개의 자극의 강하기가 3×10^{-6}[Wb]와 2×10^{-6}[Wb]이며 양극 사이의 거리가 1[m]일 경우 두 자극 사이에 발생하는 자력 F를 구하시오.

02 코일 반경 r이 50[cm], 전류 I가 0.1[A], 코일의 감긴수 N이 10회일 경우 코일 중심의 자계의 크기 H를 구하시오.

03 자속 밀도가 1[T], 전류가 1[A], 도체의 길이가 2[m]이며 자계 방향에 대하여 60°의 각도로 있는 도체의 전자력을 구하시오.

04 A, B 두 개의 코일이 있다. 코일 A의 전류가 0.01초 사이에 5[A]의 비율로 변화할 때 코일 B에 23[V]의 전압이 유도되었다. 이 때 상호 인덕턴스는 얼마일까?

05 권수 150회의 코일이 있다. 여기에 흐르는 전류가 1초 사이에 5[A]의 비율로 변화하여 9[V]의 기전력이 발생하였다고 하면, 코일의 자기 인덕턴스는 얼마일까?

06 1차 코일의 전류가 1[ms] 사이에 0.4[A]의 비율로 변화하였을 때, 2차 코일의 전압이 2[V] 발생하였다고 하면 이 때의 상호 인덕턴스를 구하시오.

07 자기 인덕턴스 0.2[H]의 코일에 전류를 통하고 1초 사이에 5[A]의 비율로 전류를 변화시켰을 때 생기는 기전력은 얼마일까?

08 1[Wb/m^2]의 자계 내에 자계의 방향과 직각으로 40[cm]의 도선을 놓고 이것을 자계방향과 직각으로 60[m/s]의 속도로 운동을 시키면 이 도선에 생기는 기전력은 얼마일까?

09 그림 2.17의 회로에서 다음에 관하여 구하시오.

(1) C_1에 축적되는 전하는?

(2) C_2에 축적되는 전하는?

(3) 합성 정전용량은?

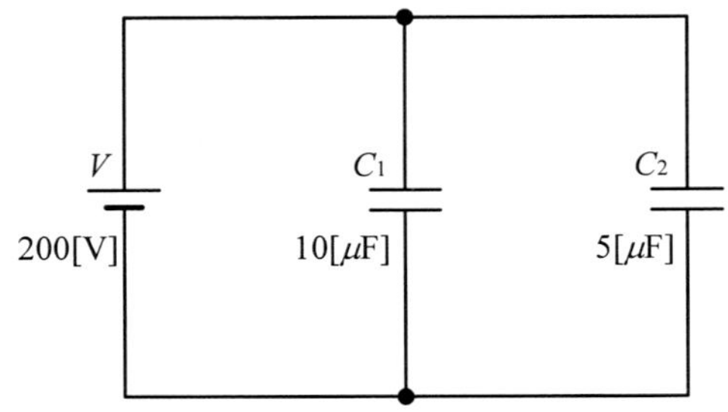

그림 2.17

10 전압 100[V], 50[μF]와 25[V], 10[μF]의 캐패시터 두 개를 직렬로 접속하였을 때 합성 정전용량 및 전체에 가할 수 있는 전압은 몇 [V]가 될까?

11 그림 2.18과 같이 캐패시터 C_1, C_2, C_3이 접속되어 있다. $V = 300$[V]이면 합성 정전용량 및 C_1, C_2, C_3의 내전압은 몇 [V] 이상이 되지 않으면 안될까?

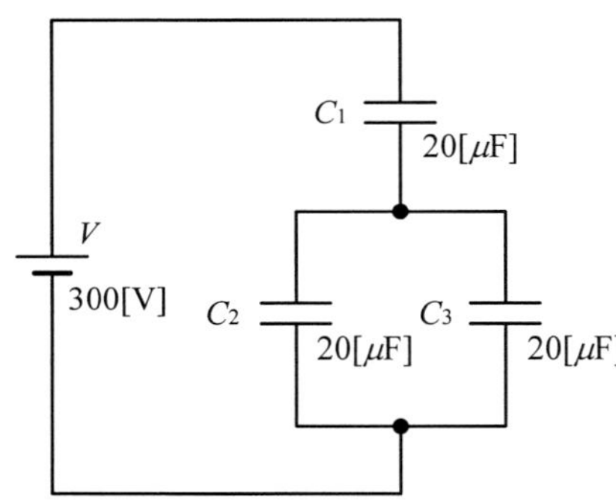

그림 2.18

Chapter 3

교류 회로

일반 가정이나 산업 현장에서 사용하고 있는 가전제품 및 산업기계 등은 특수한 것을 제외하고는 제1장에서 배운 직류 전원에 의하여 동작되지 않고 시간에 따라 크기와 방향이 변화하는 교류 전원에 의하여 동작되고 있다.

전국 각 지역의 발전소에서 만들어지는 전기는 교류이며 이것이 각 지역의 가정이나 산업 현장으로 송전되어 전기 에너지원으로 이용되고 있다.

이 장에서는 가정이나 산업현장에서 전기동력원으로 가장 많이 사용되고 있는 교류전원의 발생원리 및 교류 회로에 관하여 알아보기로 한다.

3.1 교류

3.1.1 교류의 발생

그림 3.1(a)와 같이 자극 N, S를 배치하고 일정한 속도로 회전시키면 고정되어 있는 도체 A에는 각 자극이 통과할 때에 방향이 반대인 교류 기전력이 유도된다. 교류발전기는 이 원리를 이용한 것이며 도체로는 권수가 많은 코일을 사용한다. 전력회사는 이렇게 발생된 교류를 가정이나 공장에 공급하며 이 교류를 우리는 **정현파 교류**(sine wave)라 한다.

그림 3.1에서 자극이 일정한 각속도 ω [rad/s]로 회전하며, 도체 A가 최대 밀도의 자속을 끊을 때 최대의 기전력을 E_m [V]라 하면 자극이 그림 (a)의 $\theta = 0$ 위치에서 $\theta = \omega t$ 위치까지 회전한 임의의 시간 t [s] 후에 도체 A에 유도된 기전력 e [V]는

$$e = E_m \sin\theta = E_m \sin\omega t \tag{3.1}$$

가 된다. 여기서 e는 교류기전력의 **순시값**, E_m을 교류기전력의 **최대값**이라 한다. 이와 같은 기전력에 의하여 저항에 흐르는 교류전류의 순시값 i [A]는 그 최대값을 I_m [A]라고 하면

$$i = I_m \sin\omega t \tag{3.2}$$

가 된다.

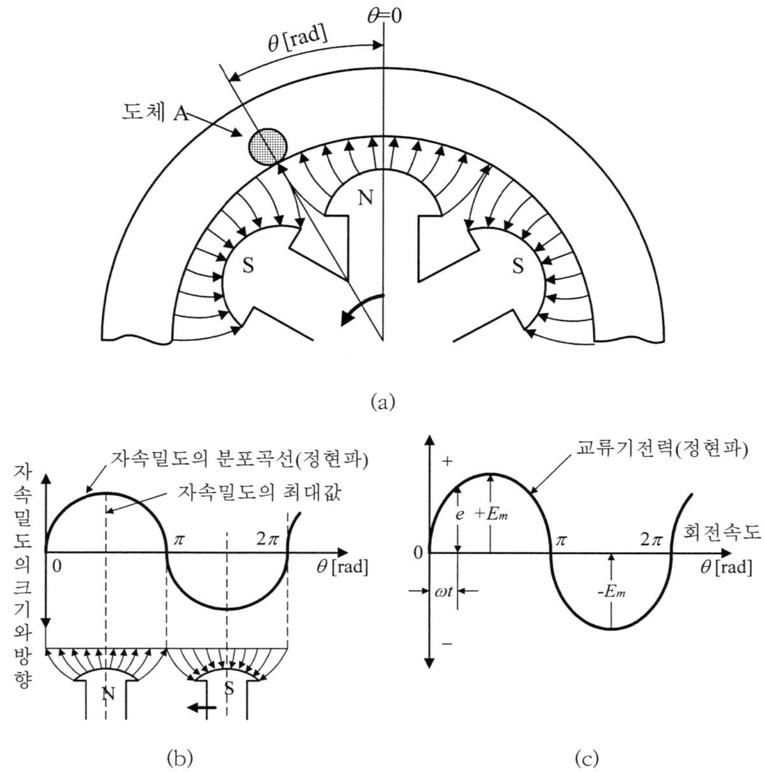

그림 3.1 정현파 교류의 발생

3.1.2 주파수와 주기

교류발전기는 N · S가 한 조인 자극이 도체를 통과하므로 정(+)의 반파와 부(-)의 반파가 한 조가 되는 교류의 파형 변화를 얻을 수 있다. 이 때에 정 및 부의 반파가 한조가 되는 교류의 파형변화를 1주파 또는 **사이클**(cycle)이라 한다. 1주파가 완료하는데 걸리는 시간을 주기, 1[s] 동안에 반복되는 사이클 수를 **주파수**(frequency)라 한다. 주파수의 단위는 **헤르쯔**(hertz, 단위기호 Hz)를 사용한다.

교류의 주파수 f[Hz], 주기를 T[s], 각속도를 ω[rad/s]라고 하면 자극의 회전각 2π[rad]에 1주파가 생기므로

$$f = \frac{1}{T} = \frac{\omega}{2\pi}$$

$$\omega = \frac{2\pi}{T} = 2\pi f \tag{3.3}$$

의 식이 성립된다. 여기서 $\omega\,(=2\pi f)$를 **각주파수**(angular frequency)라 한다.

교류발전기의 전체 자극의 수를 P, 회전속도를 n_s[rpm]라 하면, 1회전에 $P/2$ 주파수가 생기므로

$$f = \frac{P}{2} \cdot \frac{n_s}{60} = \frac{P\,n_s}{120}$$

$$n_s = \frac{120f}{P} \tag{3.4}$$

의 식을 얻을 수 있다.

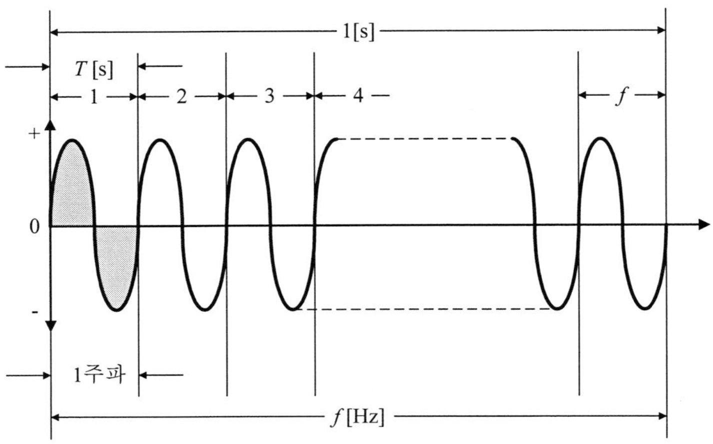

그림 3.2 주파수와 주기

표 3.1 주기와 주파수의 단위

양	단 위	단위기호	단위의 계수
주기	초	s	
	밀리초	ms	$1[ms] = 10^{-3}[s]$
	마이크로초	μs	$1[\mu s] = 10^{-6}[s]$
	나노초	ns	$1[ns] = 10^{-9}[s]$
주파수	헤르쯔	Hz	
	킬로헤르쯔	kHz	$1[kHz] = 10^{3}[Hz]$
	메가헤르쯔	MHz	$1[MHz] = 10^{6}[Hz]$
	기가헤르쯔	GHz	$1[GHz] = 10^{9}[Hz]$
	테라헤르쯔	THz	$1[THz] = 10^{12}[Hz]$

예제 3.1 주파수 $f = 60[\text{Hz}]$, 전압의 최대값 $E_m = 220[\text{V}]$일 때 주기 T, 각주파수 ω 및 기전력 e를 구하시오.

[풀이] $T = \dfrac{1}{f} = \dfrac{1}{60} \fallingdotseq 0.016[\text{s}]$

$\omega = 2\pi f \fallingdotseq 120\pi[\text{rad/s}]$

$e = 220\sin 120\pi t[\text{V}]$

■

3.1.3 교류의 크기 표시 방법

교류의 크기를 나타내는 방법으로는 일반적으로 이하의 5가지 방법이 있다. 특별히 지정이 없으면 교류의 크기는 **실효값**으로 표현한다.

(1) 순시값

전압 및 전류가 시간적으로 어떻게 변화하고 있는지를 표현할 때 사용하며, 일반적으로 전압 및 전류를 영문의 소문자를 사용하여 e, v, i 등으로 표시한다.

예) $e = E_m \sin(\omega t + \theta)$

(2) 최대값

순시값이 최대일 때의 값을 나타내며, 대문자에 첨자 m(maximum의 뜻)을 붙여 표시한다. **진폭**(amplitude)이라고도 한다.

예) E_m, I_m, V_m

(3) 첨두값(peak to peak value)

순시의 정(+)의 최대값에서 부(-)의 최대값까지의 크기를 나타내며, 대문자에서 첨자 $p-p$를 붙여 표시한다.

예) V_{p-p}, V_{pp}

(4) 평균값

순시값의 반주기 동안의 평균적인 값으로, 대문자에 첨자 a 또는 ave(avereige의 뜻)를 붙여 표시한다.

예) E_a, I_a, E_{ave}, I_{ave}

(5) 실효값

교류와 동등한 일량을 하는 직류의 값을 실효값이라 한다. 기호는 대문자를 사용하여 표시한다.

예) E, I, V

정현파의 실효값 E, I는 $\frac{1}{\sqrt{2}} \times$최대값으로 표시하며

$$E = \frac{E_m}{\sqrt{2}} \fallingdotseq 0.707\, E_m [\mathrm{V}]$$

$$I = \frac{I_m}{\sqrt{2}} \fallingdotseq 0.707\, I_m [\mathrm{A}] \tag{3.5}$$

이 된다.

3.1.4 위상과 위상차

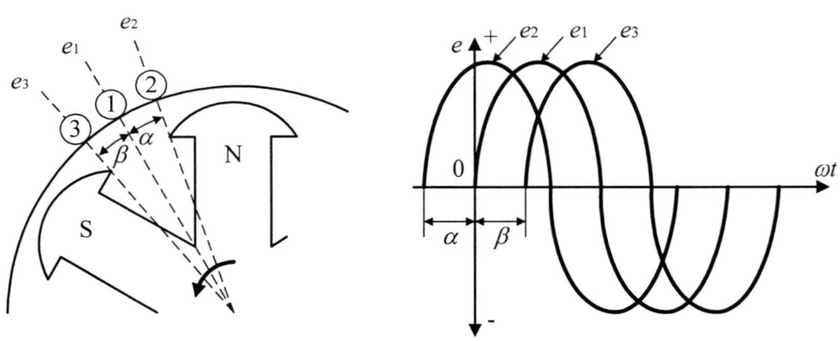

(a) (b)

그림 3.3 위 상

교류의 순시값 $e = E_m \sin\omega t$의 식에서 πt는 그 시간적 경과를 각도로 표시한 것이다. 그림 3.3에서 e_1을 기준으로 e_2, e_3를 표현하면

$$e_1 = E_m \sin\omega t$$

$$e_2 = E_m \sin(\omega t + \alpha)$$

$$e_3 = E_m \sin(\omega t - \beta)$$

로 나타낼 수 있다. 여기서 e_2는 e_1보다 **위상**(phase)이 α[rad] 빠르며, e_3는 e_1보다 위상이 β[rad] 늦다고 한다. α 및 β를 **위상각**(phase angle)이라 하며 e_1과 e_2, e_3는 **위상차**가 있다고 한다.

위상차가 없는 경우 또는 2π 및 2π의 배수의 위상차의 경우를 **동상**(in phase)이라고 한다.

3.1.5 교류의 벡터 표시

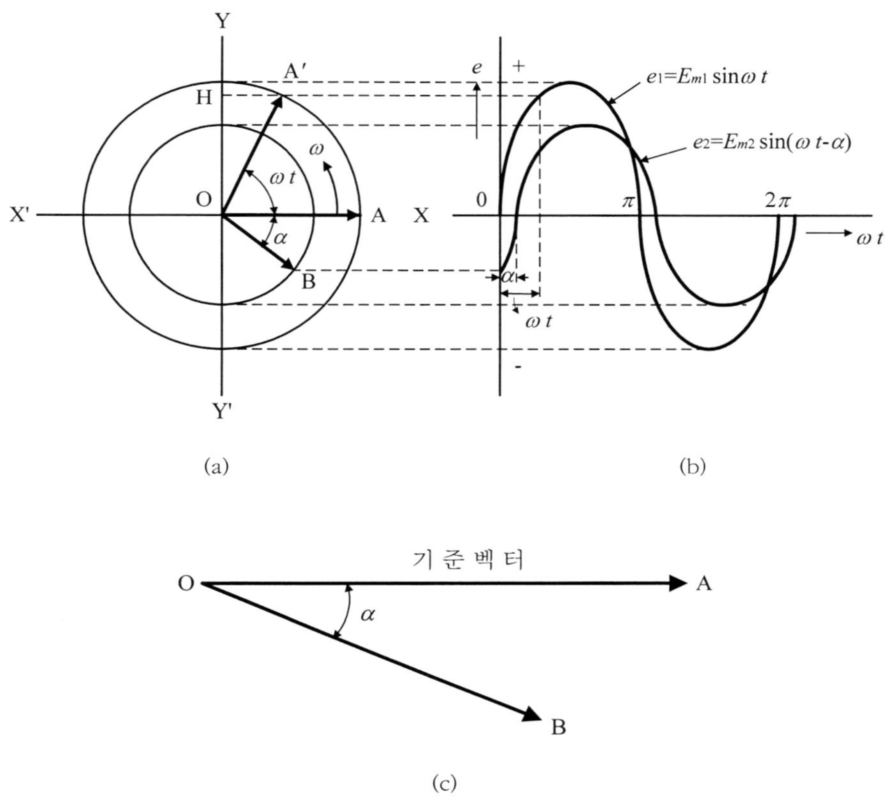

그림 3.4 교류의 벡터 표시

그림 3.4의 (a)와 같이 반경 OA를 O를 중심으로 하여 각속도 ω[rad/s]로 시계의 반대 방향으로 회전시키면 임의의 시간 t[s] 후의 반경 OA 즉 OA'의 Y축선의 정투영은

$$OH = OA\sin\omega t \tag{3.6}$$

로 표현할 수 있다. 여기서 OH를 종축, 회전각 ωt를 횡축으로 하여 그림(b)와 같이 그리면 OA를 최대값 E_m[V], OH를 순시값 e_1[V]로 하는 교류 $e_1 = E_m \sin\omega t$의 파형과 동등한 정현파형을 그릴 수 있다.

이상과 동등한 방법으로 OA보다 α각 늦은 교류 $e_2 = E_m \sin(\omega t - \alpha)$를 나타낼 수 있다. 따라서 이 두 개의 교류는 그림(c)와 같은 벡터 그림으로 표현할 수 있다. 그림(c)의 경우 OA를 X축의 정(+)의 방향으로 하고 이것을 기준으로 OB의 위치를 나타내므로 OA를 **기준벡터**라 한다.

벡터를 표시할 때는 시작점 O와 끝점 A의 기호를 사용하여 $\overrightarrow{OA}$ 또는 양기호(예 E, I) 등을 사용하여 $\dot{E}$, $\vec{E}$, $\dot{I}$, $\vec{I}$ 와 같이 표현하지만 일반적으로 교류에서는 문자 위에 ·(도트)를 붙인 $\dot{E}$, $\dot{I}$로 표현한다.

예제 3.2 $e = 10\sqrt{2}\sin\omega t$[V], $i = 5\sqrt{2}\sin\left(\omega t - \frac{\pi}{6}\right)$[A]의 정현파 교류를 벡터 및 벡터 그림으로 표현하시오.

[풀이] $\dot{E} = 10\angle 0 \ (= 10\angle 2\pi)$[V]

$\dot{I} = 5\angle -\frac{\pi}{6}\left(= 5\angle \frac{11}{6}\pi\right)$[A]

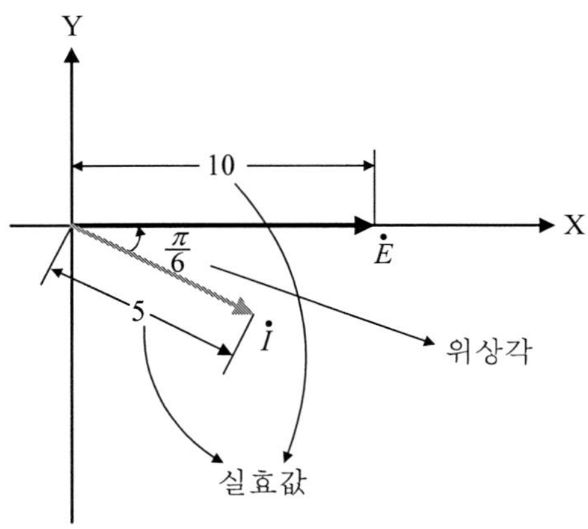

그림 3.5 벡터 그림

■

3.1.6 벡터와 복소수

2개의 실수 a_1, a_2를 사용하여 $a_1 + ja_2$로 표현하는 수를 복소수(complex number)라 한다. $a_2 = 0$일 때는 실수 a_1이며 $a_1 = 0$, $a_2 \neq 0$일 때는 허수라 한다. 허수 중에서 $\sqrt{-1}$을 허수단위라고 하며 일반적으로 i로 표현하지만 전기회로에서서는 전류의 양기호를 i로 표현하므로 혼동을 피하기 위해 j로 표현한다. 복소수의 a_1을 실부, a_2를 허부라 한다.

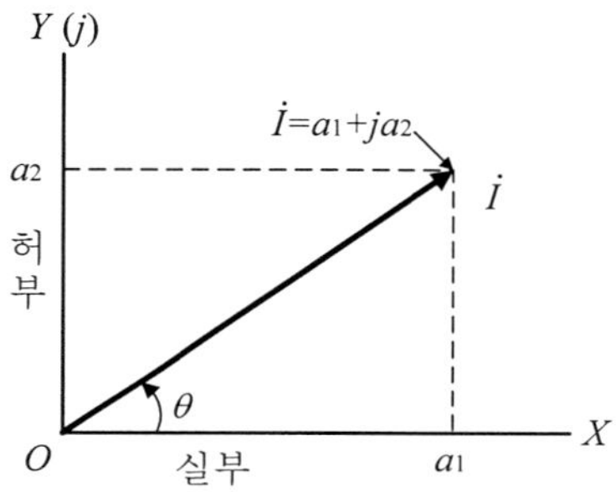

그림 3.6 벡터와 복소수

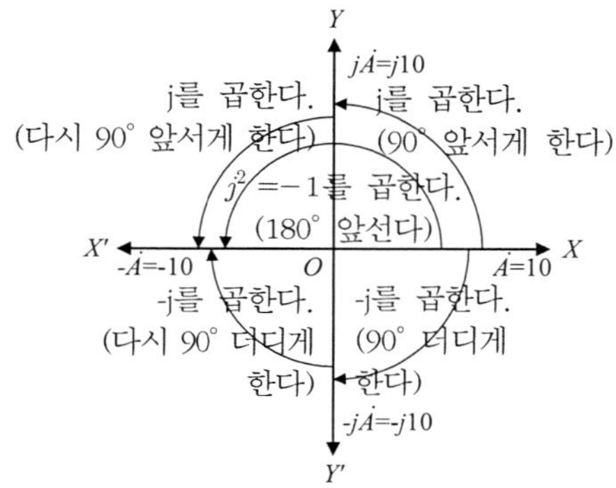

그림 3.7 벡터와 j

그림 3.6과 같이 전류 벡터 $\dot{I}$는 직각 좌표 X축에 실수, Y축에 허부로 하면 복소수와 대응시킬 수 있으며 복소수는

$$\dot{I} = a_1 + ja_2 \tag{3.7}$$

와 같이 표현할 수 있다. $\dot{I}$의 크기(절대치) I와 위상각(편각) θ는 다음과 같이 구하여진다.

$$I = \sqrt{{a_1}^2 + {a_2}^2} = \sqrt{(\text{실부})^2 + (\text{허부})^2}$$

$$\theta = \tan^{-1}\frac{a_2}{a_1} = \tan^{-1}\frac{\text{허부}}{\text{실부}} \tag{3.8}$$

복소수의 덧셈, 뺄셈은 $a_1 + ja_2$의 형(**직각좌표**)를 사용하는 것이 계산하기 쉬우며 곱셈, 나눗셈은 $I\angle\theta$의 형(**극좌표**)을 사용하여 계산하는 것이 쉽다. 이상과 같이 전류 등의 벡터를 복소수로 표현하여 계산하는 방법을 **기호법**이라고 한다.

복소수의 기본 성질을 참고로 정리하여 보면 다음과 같다.

1) $j^2 = (\sqrt{-1})^2 = -1$

2) $j^3 = j^2 \cdot j = -1(j) = -j$

3) $\dfrac{1}{j} = \dfrac{1}{j^2} = \dfrac{j}{-1} = -j$

4) $A \times j = jA, \quad A \div j = -jA$

5) $(A+jB) \pm (C+jD) = (A+C) \pm j(B+D)$

6) $(A+jB) \times (C+jD) = AC + jBC + jAD + j^2 BD$
$= (AC - BD) + j(BC + AD)$

7) $\dfrac{A+jB}{C+jD} = \dfrac{AC + jBC - jAD + BD}{C^2 + D^2}$
$= \dfrac{AC+BD}{C^2+D^2} + j\dfrac{BC-AD}{C^2+D^2}$

3.2 기본 교류회로의 계산

3.2.1 저항뿐인 교류회로

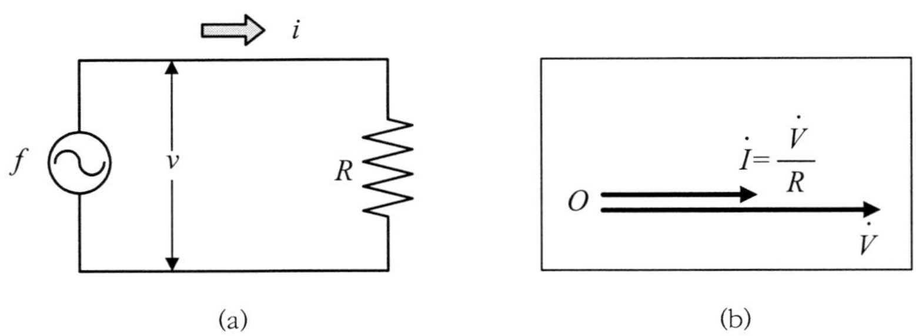

그림 3.8 저항뿐인 회로

그림 3.8(a)와 같이 저항 $R[\Omega]$뿐인 회로에 교류전압 $v = \sqrt{2}\,V\sin\omega t$[V]를 걸면 흐르는 전류의 순시값 i[A]는 오옴법칙에 의하여

$$i = \frac{v}{R} = \sqrt{2}\,\frac{V}{R}\sin\omega t \tag{3.9}$$

가 된다. 즉 전압과 전류는 같은 위상이 되며 V/R는 전류의 실효값을 나타내는 것이 된다.

따라서 실효값 I[A]와 V[V]는

$$I = \frac{V}{R} \tag{3.10}$$

가 된다. 기호법을 이용하여 $\dot{V}$ [V], $\dot{I}$ [A]를 표현하면

$$\dot{V} = R\dot{I}$$
$$\dot{I} = \frac{V}{R} \tag{3.11}$$

가 된다.

3.2.2 코일뿐인 교류회로

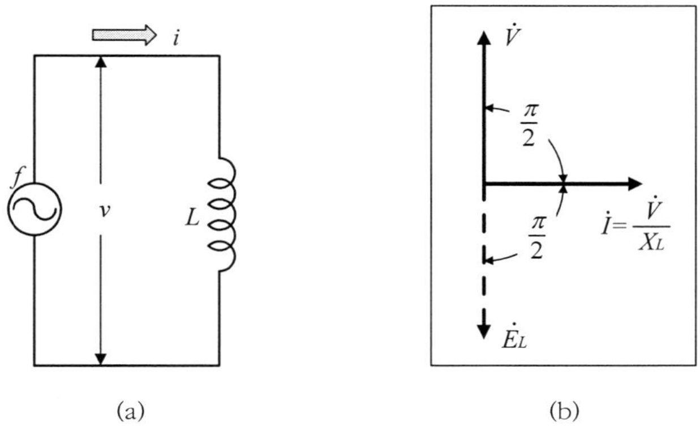

그림 3.9 코일뿐인 회로

그림 3.9(a)와 같이 인덕턴스 L[H] 뿐인 회로에 교류 $i = \sqrt{2}\,I\sin\omega t$[A]를 흐르게 하면 역기전력 e_L[V]가 생긴다. 이 e_L[V]는

$$e_L = -L\frac{\Delta i}{\Delta t} = -\sqrt{2}\,\omega\,LI\cos\omega t \tag{3.12}$$

가 된다. 여기서 전원의 전압 v는 역기전력 e_L과 크기가 같고, 방향이 역의 전압이므로

$$v = -e_L = \sqrt{2}\,\omega LI\cos\omega t \tag{3.13}$$
$$= \sqrt{2}\,\omega LI\sin\left(\omega t + \frac{\pi}{2}\right)$$
$$= \sqrt{2}\,V\sin\left(\omega t + \frac{\pi}{2}\right)$$

가 된다. 그리고 주파수를 f[Hz]라 하면 실효값 I[A]와 V[V]는

$$V = 2\pi fLI = \omega LI \tag{3.14}$$
$$I = \frac{V}{2\pi fL} = \frac{V}{\omega L} = \frac{V}{X_L} \tag{3.15}$$

여기서 $X_L = \omega_L$이며 X_L은 직류회로의 저항에 해당하며 교류가 흐르는 것을 방해하는 값으로 **유도 리액턴스**(inductive reactance)라 하며 단위는 오옴(Ω)을 사용한다.

식(3.13)에서 교류전류 i를 기준으로 한다면, 교류전압 v의 위상은 전류 i보다 $\pi/2$ 앞선 것을 알 수 있다. 기호법을 이용하여 $\dot{V}$ [V], $\dot{I}$ [A]를 표현하면

$$\dot{V} = j\omega L\dot{I}$$
$$\dot{I} = \frac{\dot{V}}{j\omega L} = -j\frac{\dot{V}}{\omega L} \tag{3.16}$$

가 된다.

예제 3.3 그림 3.9(a)에서 유도 리액턴스 $\omega_L = 100[\Omega]$, 가하는 전압 $\dot{V} = 100[\mathrm{V}]$일 때 회로에 흐르는 전류 $\dot{I}$ [A] 및 그 크기 I[A]와 위상을 구하시오.

[풀이] $\dot{I} = \frac{\dot{V}}{j\omega L} = \frac{100}{j100} = -j = 1\angle -\frac{\pi}{2}$

$I = 1[\mathrm{A}]$

전류 $\dot{I}$ 의 위상은 전압 $\dot{V}$ [V](기준)보다 $\frac{\pi}{2}$[rad] 늦다.

■

3.2.3 캐패시터뿐인 교류회로

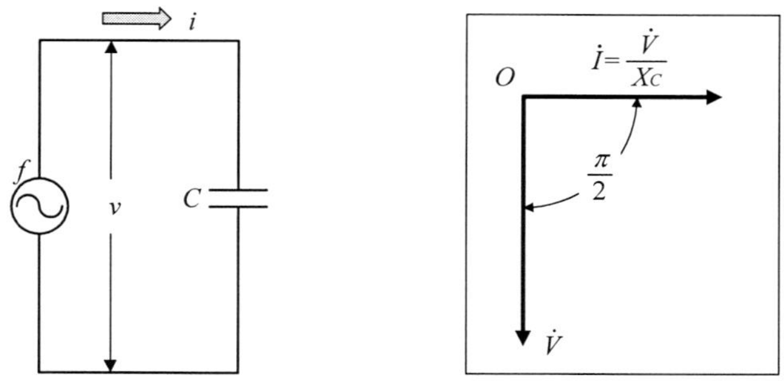

(a) (b)

그림 3.10 캐패시터뿐인 회로

그림 3.10(a)와 같이 정전용량 C[F]를 가진 캐패시터뿐인 회로에 교류 전압 $v=\sqrt{2}\ V\sin\omega t$[V]를 가하면 캐패시터에 저장되는 전하 q는 $q=Cv$[C]이므로

$$q=\sqrt{2}\ CV\sin\omega t \tag{3.17}$$

가 된다. 캐패시터에 흐르는 전류 i는 전하 q의 시각전인 변화의 비율로 정해지므로

$$i=\frac{\Delta q}{\Delta t}[\mathrm{A}] \tag{3.18}$$

가 된다. 식(3.17)과 (3.18)에서

$$\begin{aligned} i &= \sqrt{2}\ \omega CV\cos\omega t \qquad (3.19) \\ &= \sqrt{2}\ \omega CV\sin\left(\omega t+\frac{\pi}{2}\right) \\ &= \sqrt{2}\ I\sin\left(\omega t+\frac{\pi}{2}\right) \end{aligned}$$

여기서 주파수를 f[Hz]라 하면 실효값 I[A]와 V[V]는

$$I=2\pi f\,CV=\frac{V}{\frac{1}{2\pi f\,C}}=\frac{V}{X_C} \tag{3.20}$$

여기서 $X_C = \dfrac{1}{2\pi f C} = \dfrac{1}{\omega C}$이며 X_C도 전류를 제한하는 동작이 있으므로 **용량 리액턴스**(capacitive reactance)라 하며 단위는 오옴(Ω)을 사용한다.

식(3.19)에서 전류 i[A]는 전압 v[V]보다 위상이 $\pi/2$[rad] 앞선 것을 알 수 있다. 기호법을 이용하여 $\dot{V}$ [V], $\dot{I}$ [A]를 표현하면

$$\dot{V} = -j\frac{1}{\omega C}\dot{I}$$
$$\dot{I} = j\omega C\dot{V} \tag{3.21}$$

가 된다.

예제 3.4 그림 3.10(a)에서 전압 $V = 100$[V], 정전용량 $C = 1[\mu F]$, 각주파수 $\omega = 100\pi$[rad/s]일 때 회로에 흐르는 전류의 크기 I를 구하시오.

[풀이] $I = \omega C V = 100\pi \times 1 \times 10^{-6} \times 100 = 3.14 \times 10^{-2}$[A]

■

3.2.4 RLC의 직렬회로

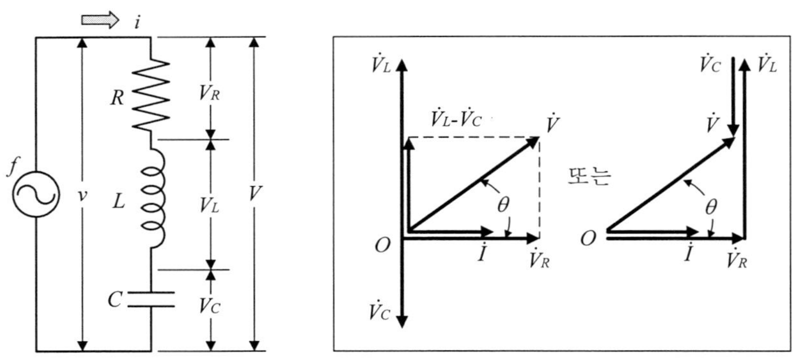

(a) (b)

그림 3.11 RLC 직렬회로

그림 3.11과 같이 저항 $R[\Omega]$, 자기 인덕턴스 L[H], 정전용량 C[F]를 직렬로 접속하여 전류 I[A]를 흐르게 한다. 전류를 기준으로 하여 같은 위상의 $V_R = IR$[V], 위상이 $\pi/2$[rad] 앞선 $V_L = IX_L$[V], 위상이 $\pi/2$[rad] 늦은 $V_C = IX_C$[V]의 3개 전압의 벡터 합에 동등한 전압 V[V]는 그림(b)와 같이 V[V], I[A]는

$$V = \sqrt{V_R{}^2 + (V_L - V_C)^2} \tag{3.22}$$

$$= \sqrt{(IR)^2 + (IX_L - IX_C)^2}$$

$$= I\sqrt{R^2 + (X_L - X_C)^2}$$

$$I = \frac{V}{\sqrt{R^2 + (X_L - X_C)^2}} = \frac{V}{Z} \tag{3.23}$$

여기서

$$z = \sqrt{R^2 + (X_L - X_C)^2}$$

$$= \sqrt{R^2 + \left(\omega L - \frac{1}{\omega C}\right)}$$

가 된다. 이 Z는 전류가 흐르는 것을 방해하는 양으로 이것을 **임피던스**(impedance)라 하며, 단위는 오옴(Ω)을 사용한다. 그리고

$$X = X_L - X_C = \omega L - \frac{1}{\omega C}[\Omega] \tag{3.24}$$

여기서 X를 **리액턴스**(reactance)라 한다. 전압과 전류와의 위상차 θ를 임피던스 각이라고 한다. 임피던스 각 θ[deg]는

$$\tan\theta = \frac{V_L - V_C}{V_R} = \frac{X_L - X_C}{R}$$

$$\therefore\ \theta = \tan^{-1}\frac{X_L - X_C}{R}$$

가 된다.

그림(b)에서 $X_L > X_C$의 경우 전류 I[A]는 전압 V[V]보다 θ[rad] 위상이 늦으므로 이와 같은 회로를 유동성이라고 한다. 또 $X_L < X_C$의 회로라면 전류는 전압보다 위상이 앞서므로 용량성이라고 한다.

RLC의 직렬회로에서는 전류가 어느 점에서나 공통이므로 전류를 기준으로 하여 벡터 그림 (b)을 그린다.

예제 3.5 그림 3.11(a)와 같은 교류회로에서 $R=8[\Omega]$, $\omega_L=10[\Omega]$, $\frac{1}{\omega C}=4[\Omega]$일 때 100[V]의 전압을 걸 때 회로의 임피던스 및 전류 I와 전압과 전류의 위상차를 구하시오.

[풀이]

$$Z=\sqrt{8^2+(10-4)^2}=\sqrt{100}=10[\Omega]$$

$$I=\frac{V}{Z}=\frac{100}{10}=10[\Omega]$$

$$\theta=\tan^{-1}\frac{10-4}{8}=36.9°$$

■

3.2.5 RLC의 병렬회로

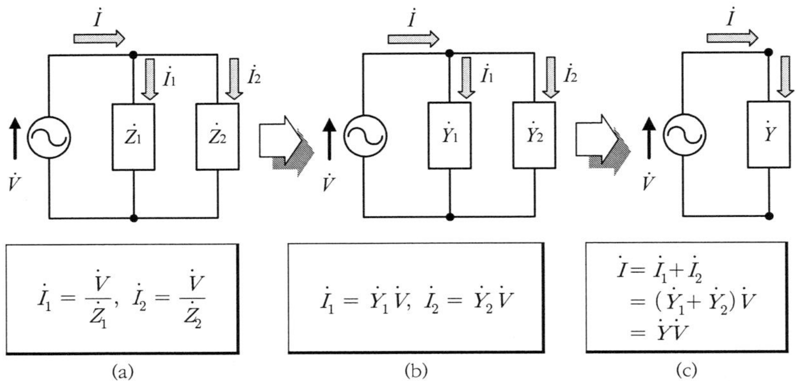

그림 3.12 어드미턴스의 생각 방법

그림 3.12(a)와 같이 임피던스 $\dot{Z}_1$, $\dot{Z}_2[\Omega]$의 병렬회로에 흐르는 전체 전류 $\dot{I}$ [A]는

$$\dot{I}=\dot{I}_1+\dot{I}_2=\left(\frac{1}{\dot{Z}_1}+\frac{1}{\dot{Z}_2}\right)\dot{V} \tag{3.25}$$

가 된다. 여기서 임피던스 $\dot{Z}$ 의 역수 $\dot{Y}$ 를 적용하면 식(3.25)는

$$\frac{1}{\dot{Z}_1}=\dot{Y}_1,\quad \frac{1}{\dot{Z}_2}=\dot{Y}_2$$

$$\dot{I}=(\dot{Y}_1+\dot{Y}_2)\dot{V} \tag{3.26}$$

로 변형하여 생각하므로 식이 간단히 되어 전류의 계산을 쉽게 할 수 있다. 이와 같이 $\dot{Y}_1$, $\dot{Y}_2$

즉 임피던스의 역수를 **어드미턴스**(admittance)라 하며, 단위는 **지멘스**(siemens, 단위기호 S)를 사용한다.

그림 3.12의 (c)와 같이 어드미턴스 $\dot{Y}_1$, $\dot{Y}_2$[S]를 **합성 어드미턴스** $\dot{Y}$ [S]로 표현하면 전류 $\dot{I}_1$, $\dot{I}_2$[A] 및 회로에 흐르는 전체 전류 $\dot{I}$ [A]는

$$\dot{I}_1 = \dot{Y}_1 \dot{V}, \quad \dot{I}_2 = \dot{Y}_2 \dot{V}, \quad \dot{I}_3 = \dot{Y}\dot{V} \tag{3.27}$$

$$\dot{I} = \dot{I}_1 + \dot{I}_2 = \dot{Y}_1 \dot{V} + \dot{Y}_2 \dot{V} = (\dot{Y}_1 + \dot{Y}_2)\dot{V} = \dot{Y}\dot{V} \tag{3.28}$$

와 같이 된다. 합성 어드미턴스 $\dot{Y}$ [S]는

$$\dot{Y} = \dot{Y}_1 + \dot{Y}_2 \tag{3.29}$$

가 된다.

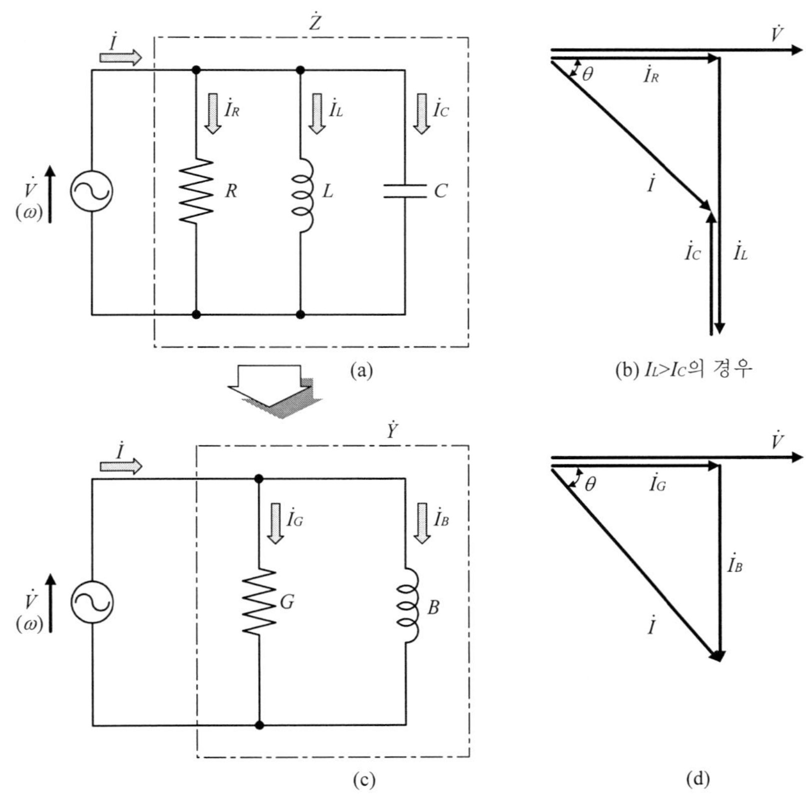

그림 3.13 합성 어드미턴스

그림 3.13(a) 같은 RLC 병렬회로의 합성 어드미턴스를 구하여 보자. 이 회로에 흐르는 전체 전류는 $\dot{I}$ [A]는 각 소자에 흐르는 전류 $\dot{I}_R$, $\dot{I}_L$, $\dot{I}_C$[A]의 합과 같으며 다음과 같이 된다.

$$\dot{I} = \dot{I}_R + \dot{I}_L + \dot{I}_C = \frac{\dot{V}}{R} + \frac{\dot{V}}{j\omega L} + j\omega C\dot{V} \tag{3.30}$$

$$= \left(\frac{1}{R} + \frac{1}{j\omega L} + j\omega C\right)\dot{V}$$

전압, 전류의 벡터 그림은 $I_L > I_C$일 경우 그림 3.13의 (b)와 같다. 이 회로의 합성 어드미턴스 $\dot{Y}$ [S]는 $\dot{Y} = \frac{1}{\dot{Z}} = \frac{\dot{I}}{\dot{V}}$ 이므로 식(3.30)을 변형하여 정리하면

$$\dot{Y} = \frac{\dot{I}}{\dot{V}} = \frac{1}{R} + \frac{1}{j\omega L} + j\omega C = \frac{1}{R} - j\left(\frac{1}{\omega L} - \omega C\right) \tag{3.31}$$

$$= G - jB$$

와 같다. 따라서 그림 3.13(a)는 그림 (c)와 같이 변경할 수 있다. 병렬회로에서는 각 소자에 가해지는 전압이 공통이므로 전압을 기준으로 벡터 그림을 그린 것을 그림 (d)에 나타낸다.

일반적으로 어드미턴스의 실부 $G\left(\frac{1}{R}\right)$를 **컨덕턴스**(conductance)라 하며 허부 $B\left(\frac{1}{\omega L} - \omega C\right)$를 **서셉턴스**(susceptance)라 한다.

어드미턴스 $\dot{Y}$[S]의 크기 Y[S] 및 위상각 θ를 컨덕턴스 G[S]와 서셉턴스 B[S]를 사용하여 표현하면 다음과 같다.

$$Y = \sqrt{\left(\frac{1}{R}\right)^2 + \left(\frac{1}{\omega L} - \omega C\right)^2} = \sqrt{G^2 + B^2} \tag{3.32}$$

$$\theta = \tan^{-1}\frac{B}{G} \tag{3.33}$$

3.2.6 공진주파수

RLC의 직렬회로에서 $X_L = X_C$일 경우 전압 V_L은 V_C와 동등하게 되므로 벡터 그림에서 방향이 서로 반대이며 크기가 동등한 $\dot{V}_L$과 $\dot{V}_C$는 서로 삭제할 수 있다. 이 회로는 저항뿐인 회로와 동등하게 되며 $\dot{V}$ 와 $\dot{I}$ 는 동상이 된다. 즉 임피던스 Z는 R로서 최소가 되고 전류 I는 V/R로 최대가 된다. 이러한 상태를 **공진현상**(resonance)이라 하며 그 회로를 **공진회로**라고 한다.

공진일 때 $\omega L = 1/\omega C$의 조건이 성립된다. 이 때의 주파수 f_0, 각주파수 ω_0라 하면

$$\omega_0 L = \frac{1}{\omega_0 C}$$

$$\therefore\ \omega_0{}^2 = \frac{1}{LC}$$

$$\omega_0 = \frac{1}{\sqrt{LC}} \tag{3.34}$$

이 된다. 따라서

$$f_0 = \frac{1}{2\pi\sqrt{LC}} \tag{3.35}$$

이 된다. 여기서 f_0를 **공진주파수**라 한다.

표 3.1은 각종 직렬회로의 전압, 전류, 임피던스 관계를 정리한 것이다.

표 3.1 각종 직렬회로의 전압, 전류, 임피던스

회로 구성	RL 직렬	RC 직렬	RLC 직렬
회로도	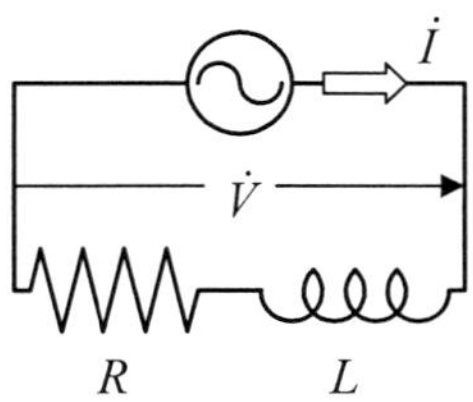	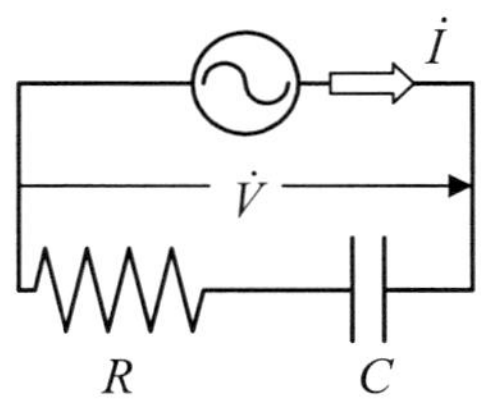	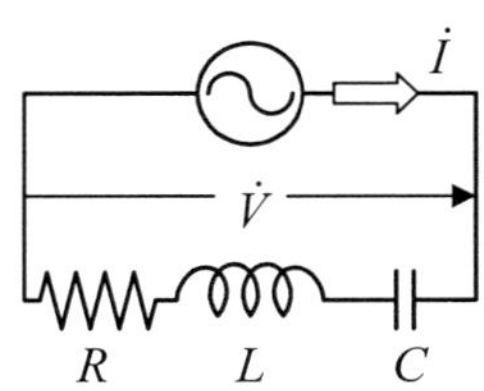
벡 터	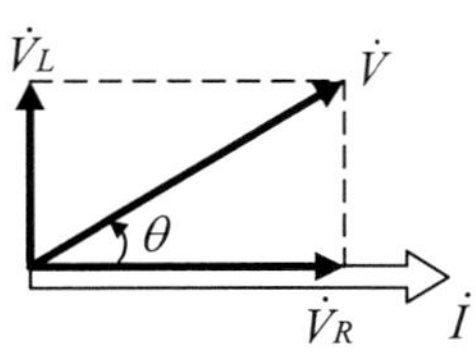	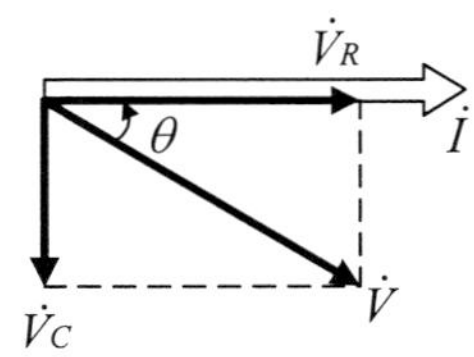	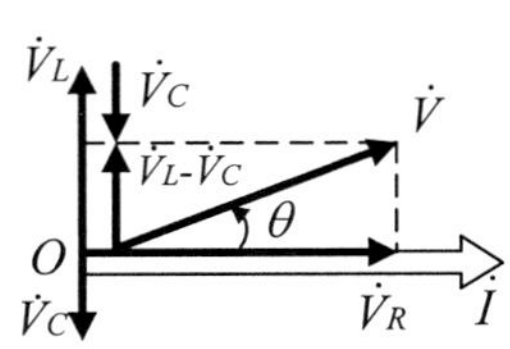
기호법에 의한 임피던스	$jX_L = j\omega L = j2\pi f L$ $\dot{Z} = R + jX_L$ $Z = \sqrt{R^2 + X_L{}^2}$	$-jX_C = -j\frac{1}{\omega C} = -j\frac{1}{2\pi f C}$ $\dot{Z} = R - jX_C$ $Z = \sqrt{R^2 + X_C{}^2}$	$\dot{Z} = R + j(X_L - X_C)$ $Z = \sqrt{R^2 + (X_L - X_C)^2}$ ($X_C > X_L$의 경우 $\dot{Z} = R - j(X_C - X_L)$ $Z = \sqrt{R^2 + (X_C - X_L)^2}$)
전압과 전류의 위상차 [deg]	$\theta = \tan^{-1}\frac{X_L}{R}$	$\theta = \tan^{-1}\frac{X_C}{R}$	$\theta = \tan^{-1}\frac{X_L - X_C}{R}$ ($X_C > X_L$의 경우 $\theta = \tan^{-1}\frac{X_C - X_L}{R}$)

예제 3.6 저항 100[Ω]과 정전용량 3[μF], 자기 인덕턴스 5[H]가 직렬로 접속하여 있는 회로의 공진 주파수 f_0를 구하시오.

[풀이]

$$f_0 = \frac{1}{2\pi\sqrt{LC}} = \frac{1}{2\times\pi\times\sqrt{5\times3\times10^{-6}}} \fallingdotseq 41.2[\text{Hz}]$$

■

3.3 교류전력

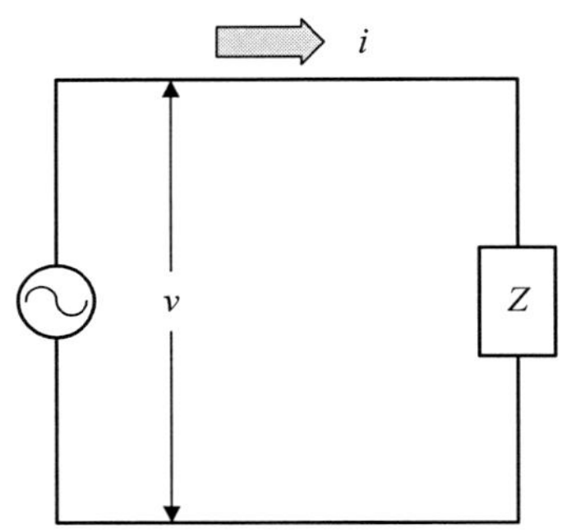

그림 3.14 교류의 전력

교류전력은 전압과 전류의 순시치의 곱을 1주파 동안 평균값으로 나타낸다. 즉 부하 $Z[\Omega]$에 전압 $v = \sqrt{2}\,V\sin\omega t$[V]를 가하며 전류 $i = \sqrt{2}\,I\sin(\omega t-\theta)$[A]가 흐른다고 하면 교류전력 P[W]는

$$P = VI\cos\theta \tag{3.36}$$

가 된다. θ는 전압과 전류의 위상차이고 θ가 변화하면 VI가 일정하더라도 전력 P는 비례하여서 변화한다. $\cos\theta$가 전력이 되는 비율을 나타내는 것으로 **역률**(power factor)이라 한다.

$$\cos\theta = \frac{P}{VI} \tag{3.37}$$

역률은 최대가 1이고, 0~1의 값을 취하므로 백분율[%]로 표현한다.

예제 3.7 저항 $R=10[\Omega]$, 용량 리액턴스 $X_C=10\sqrt{3}=17.3[\Omega]$이 직렬로 접속된 회로에 $V=100[V]$의 교류 전압을 가할 때 역률 및 전력을 구하시오.

[풀이] 역률각 θ는

$$\tan\theta = \frac{X_C}{R} = \frac{10\sqrt{3}}{10} = \sqrt{3}$$

즉,

$$\theta = 60°$$

$$\therefore \cos\theta = \cos 60° = 0.5 \ (\text{역률 } 50[\%])$$

회로에 흐르는 전류 I는

$$I = \frac{V}{\sqrt{R^2+X_c^2}} = \frac{100}{\sqrt{10^2+(10\sqrt{3})^2}} = 5[A]$$

전력 P는

$$P = VI\cos\theta = 100\times5\times0.5 = 250[W]$$

■

3.4 과도현상

3.4.1 RC 직렬회로의 과도현상

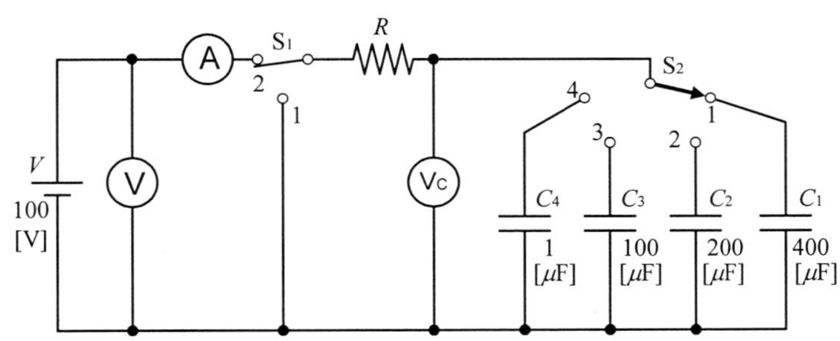

(a) RC 직렬회로

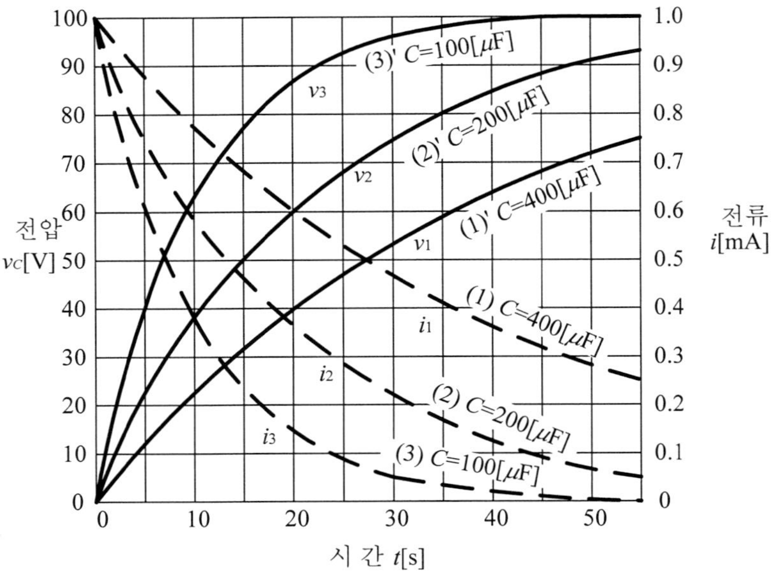

(b) 과도특성

그림 3.15 RC 직렬회로의 과도 특성 실험

RC 직렬회로에 직류전압 V[V]를 걸면 저항 $R[\Omega]$에 흐르는 전류 i[A]와 캐패시터 C[F]의 양단의 전압 v_C[V]를 그림 3.15(a) 회로에서 살펴보자. 그림 3.15(a)에서 전원 전압 V를 100[V]로 가하며, 스위치 S_2를 1번에 놓으면 $R=100[\mathrm{k}\Omega]$, $C=C_1=400[\mu\mathrm{F}]$이 된다. 이 상태에서 스위치 S_1을 2, 3번으로 바꾸어 가면서 i[A]와 v_C[V]의 크기를 시간의 경과에 대하여 살펴보면 그림 (b)와 같이 변화한다.

이 그림에서 전류 i는 최초에 $i=\dfrac{V}{R}=\dfrac{100[\mathrm{V}]}{100[\mathrm{k}\Omega]}=1[\mathrm{mA}]$가 흘러 시간이 경과함에 따라 최종에는 0[mA]가 된다. 이 최초의 값 1[mA]을 **초기값**이라 하며, 최종의 값 0[mA]을 **최종값**(정상값)이라 한다.

이와 같이 초기값에서 최종값까지 변화하는 기간을 **과도기간**이라 하며, 이 과도기간 중에 나타나는 전기 현상을 **과도현상**이라 한다.

캐패시터의 전압 v_C는 전류 i[A]의 변화에 따라 캐패시터가 충전되어 0[V]에서 점차적으로 전원 전압 $V=100$[V]에 가깝게 된다. 이 경우 초기값은 0[V]이며, 최종값은 100[V]가 된다. 이상의 현상에서 C의 값을 작게 하면 i, v_C는 빠르게 정상 상태에 도달한다.

(1) 방전회로

그림 3.15(b)의 (2)의 전류-시간 특성 곡선을 별도로 나타내면 그림 3.16와 같다. RC 직렬회로에서 $t=0$일 때 전압 V[V]는

$$Ri + \frac{1}{C}\int i\,dt = V \tag{3.38}$$

가 된다. 전하 $q = \int i\,dt$를 사용하면 식(3.38)는

$$R\frac{dq}{di} + \frac{q}{C} = V \tag{3.39}$$

가 된다. 초기 조건 $t=0$, $q=0$으로서 식(3.39)의 방정식을 풀면

$$i = \frac{V}{R}\epsilon^{-\frac{t}{CR}} = I\epsilon^{-\frac{t}{T}} \tag{3.40}$$

가 된다. ϵ는 약 2.718이다. T는 그림 3.16의 지수함수 곡선의 임의의 점 P에서 곡선의 접선을 그려 점 B를 구하면 $T = AB$의 시간 간격을 나타내는 값이 된다. 이 T는 과도상태에서 현상의 변화의 빠르기를 나타내는 정수로서 일반적으로 **시정수**(time constant)라고 한다. RC회로의 시정수 T는

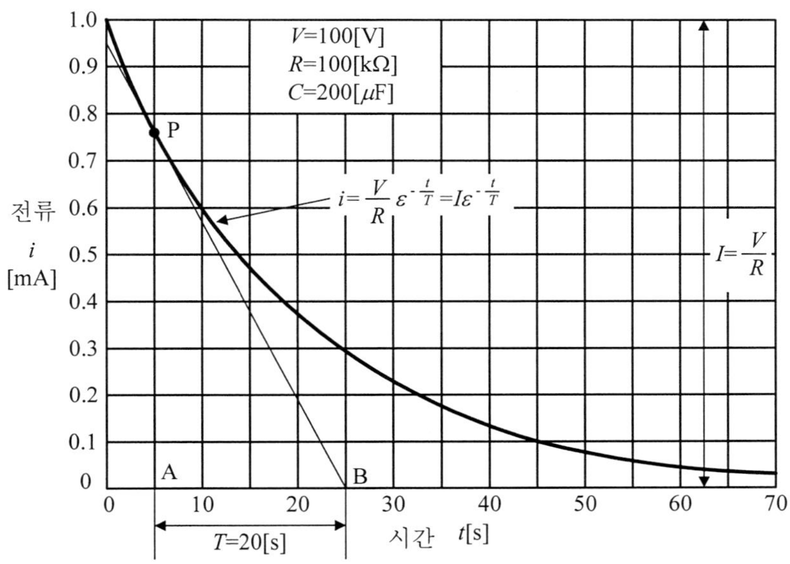

그림 3.16 RC 직렬회로의 시정수

$$T = CR \tag{3.41}$$

이다. 그리고 $t=0$에서 T초 후의 전류를 구하여 보면

$$i = I\epsilon^{-\frac{t}{T}} = I\epsilon^{-1} = \frac{I}{\varepsilon} = \frac{I}{2.718} = 0.368\,I$$

가 되며, 초기값의 36.8[%]가 된다. 그림 3.16에서 $t=20$[s]가 되는 점이 약 37[%]가 되어 있다.

(2) 충전회로

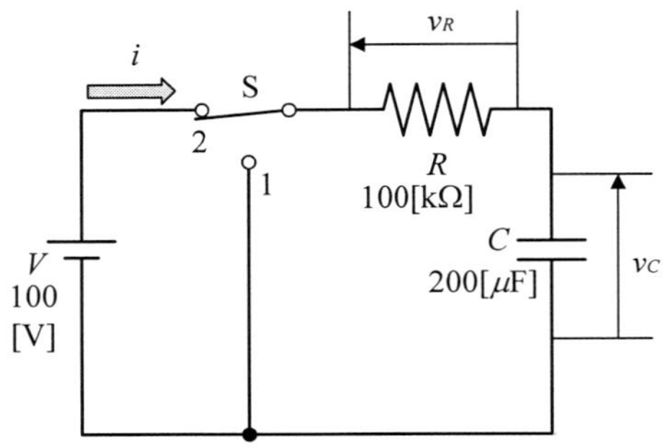

$$i = \frac{V}{R}\epsilon^{-\frac{t}{CR}}\text{[A]}$$
$$v_R = V\epsilon^{-\frac{t}{CR}}\text{[V]}$$
$$v_C = V(1-\epsilon^{-\frac{t}{CR}})\text{[V]}$$

(a) RC 충전회로

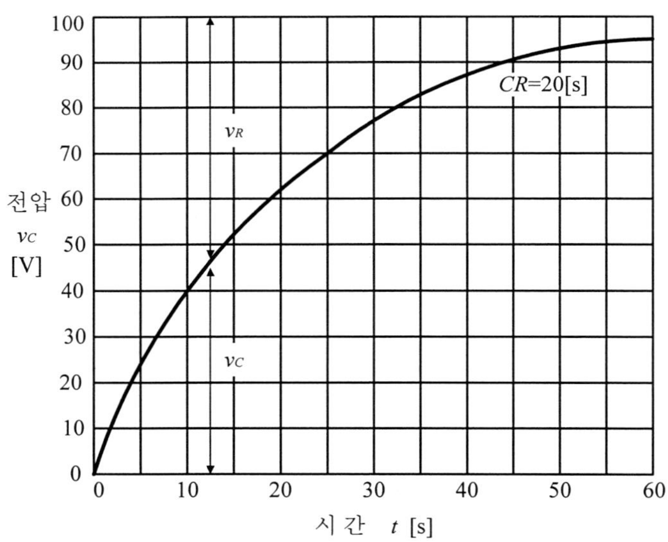

(b) 충전전압특성

그림 3.17 RC 직렬회로의 충전 전압

그림 3.17(a)의 회로에서 스위치 S를 2번에 넣으면 흐르는 전류는 $i = \frac{V}{R}\epsilon^{-\frac{t}{CR}}$[A]가 되어 저항의 양단의 전압 v_R[V]는

$$v_R = Ri = R\frac{V}{R}\epsilon^{-\frac{t}{CR}} = V\epsilon^{-\frac{t}{CR}} \tag{3.42}$$

가 된다. 그리고 캐패시터의 양단의 전압 v_C[V]는 전원전압 V[V]와 저항의 양단의 전압 v_R[V]과의 차이므로

$$v_C = V - v_R = V - V\epsilon^{-\frac{t}{CR}} = V(1-\epsilon^{-\frac{t}{CR}}) \tag{3.43}$$

가 성립된다. 식(3.43)에서 제1항의 V는 정상 상태에 의한 전압값을 나타내며, 제2항의 $V\epsilon^{-\frac{t}{CR}}$는 과도상태에 나타나는 전압을 나타낸다. 여기서 제1항을 **정상항**이라 하고 제2항을 **과도항**이라 한다.

3.4.2 RL 직렬회로의 과도현상

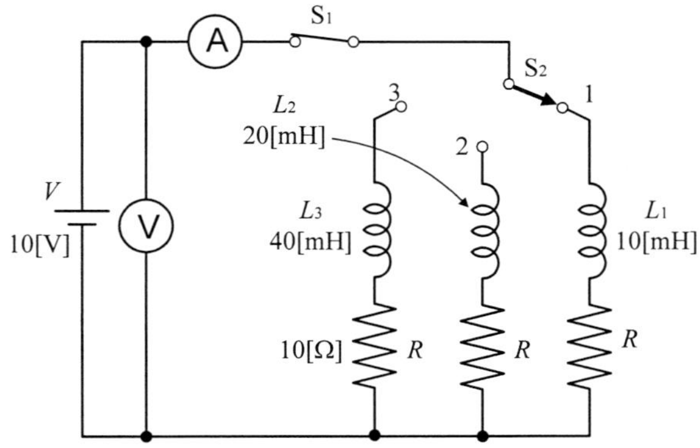

$$T = \frac{L}{R}[\text{s}]$$

$$i = \frac{V}{R}(1-\epsilon^{-\frac{t}{T}})[\text{A}]$$

(a) RL 직렬회로

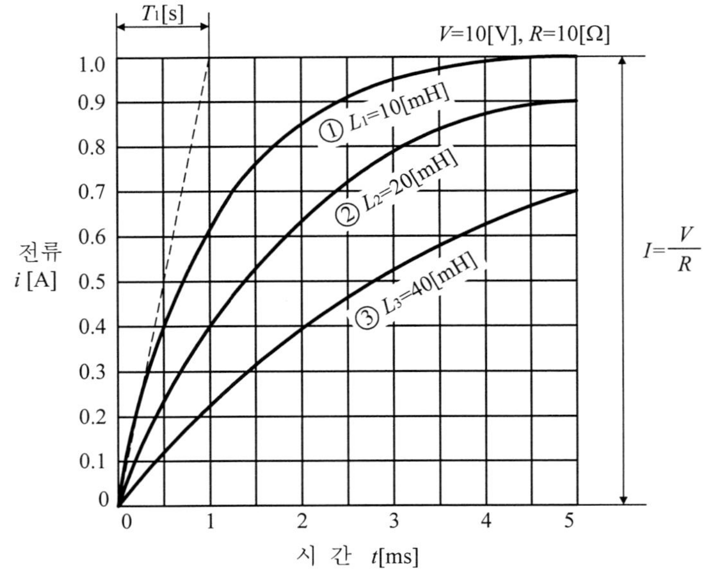

(b) 전류의 과도특성

그림 3.18 RL 직렬회로의 과도 특성

그림 3.18(a)와 같이 L_1, L_2, L_3는 10[mH], 20[mH], 40[mH]의 코일이며, 저항값은 전부 $10[\Omega]$의 회로가 있다. 스위치 S_2를 1번에 연결하고 스위치 S_1을 넣으면 전류 i는 그림 (b)의 (1)과 같이 된다. 여기서 5[ms] 이상의 시간이 경과하면 오옴의 법칙에 의하여 전류 $I=V/R=10[\mathrm{V}]/10[\Omega]=1[\mathrm{A}]$에 가까운 전류가 흐른다. 그러나 과도기간에는 전류의 증가가 있어 인덕턴스 L_1에는 렌쯔의 법칙에 의하여 전류의 증가를 방해하는 전압이 발생하므로 전류가 정상값에 도달하기까지는 시간이 걸린다.

인덕턴스가 클수록 전류의 증가를 방해하는 전압은 크게 되어 정상상태에 도달하기까지의 시간은 많이 걸린다.

전압 V[V]는 방전회로의 방정식과 같은 형으로

$$L\frac{di}{dt}+Ri=V \tag{3.44}$$

가 된다. 전류 i[A]는

$$i=\frac{V}{R}(1-\epsilon^{-\frac{t}{T}})$$

가 된다. 여기서 시정수 T[s]는 다음 식과 같다.

$$T = \frac{L}{R} \tag{3.45}$$

3.5 변압기

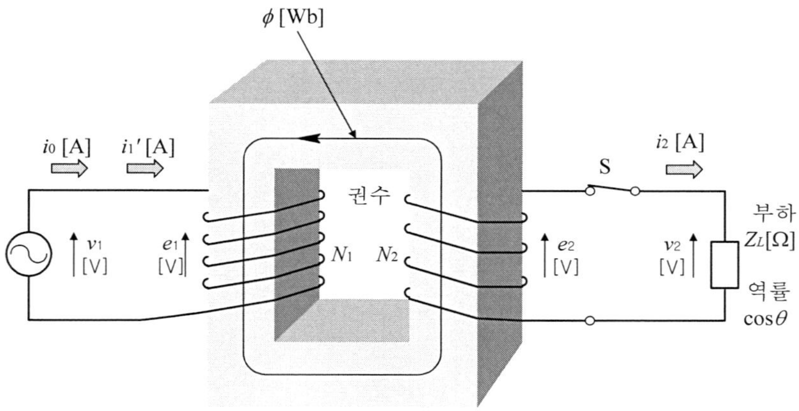

그림 3.19 변압기의 원리

변압기(transformer)는 그림 3.19와 같이 철심에 권선(코일)을 감은 것으로 전원에 연결하는 권선을 **1차 권선**(primary winding), 부하에 연결하는 권선을 **2차 권선**(secondary winding)이라 한다.

철심의 재료는 자화 특성을 가지며 철손(소용돌이 전류손+히스테리시스손)이 적은 규소강판이 사용된다. 일반적으로 규소 함유율 4~4.5%, 두께가 약 0.35mm 정도의 S급 규소강판이 사용된다.

1차 · 2차 권선의 저항 및 손실을 무시한 변압기를 **이상 변압기**라 한다. 이상 변압기는 실제로 제작은 불가능하지만 변압기의 동작을 이해하기에는 중요하다.

그림 3.19에서 철심 중의 자속 ϕ[Wb]가, Δt 사이에 $\Delta\phi$[Wb]의 비율로 변화했다고 하면, 전자유도에 관한 패러디와 렌쯔의 법칙으로 1차 및 2차 권선의 권수 N_1, N_2에 유도되는 기전력 e_1, e_2[V]는 자속 ϕ를 방해하는 방향으로 생겨

$$e_1 = -N_1\frac{\Delta\phi}{\Delta t}, \quad e_2 = -N_2\frac{\Delta\phi}{\Delta t} \tag{3.46}$$

와 같이 된다. 그리고 1차 권선에 가하여진 전압 v_1[V]과 1차 권선의 유도기전력 e_1[V]과의 관계는 다음 식과 같다.

$$v_1 = -e_1 = N_1\frac{\Delta\phi}{\Delta t} \tag{3.47}$$

또한, 2차 권선에 나타나는 단자전압 v_2[V]는 2차 권선의 유도기전력 e_2[V]는

$$v_2 = -e_2 = N_2\frac{\Delta\phi}{\Delta t} \tag{3.48}$$

가 된다. v_1, v_2 및 i_1, i_2의 실효치는 각각 E_1, E_2 및 I_1, I_2라 하면 이상 변압기의 전압과 전류의 비는

$$\frac{E_1}{E_2} = \frac{N_1}{N_2} = \frac{I_2}{I_1} = a \tag{3.49}$$

가 된다. 여기서 a를 **권수비**(turn ratio)라 한다.

예제 3.8 권수비가 10인 변압기가 있다. 이 변압기의 1차측의 전압이 220[V]라면 2차측의 전압은 얼마인가?

[풀이] $E_2 = \frac{N_2}{N_1}E_1 = \frac{1}{10}\times 220 = 22[\text{V}]$

■

Chapter 03 연습문제

01 2극의 교류 발전기에 60[Hz]의 교류를 발생시키기 위해서는 1분당 몇 회전을 시키면 될까?

02 $\frac{5+j10}{6+j5}$를 계산하시오.

03 그림 3.9에서 각주파수 $\omega=100\pi$[rad/s], 인덕턴스 $L=1$[H], 전류 $I=1$[A]일 때 회로에 가하여진 전압의 실효값 V를 구하시오.

04 캐패시터의 정전용량 $C=20[\mu F]$일 때 주파수 f가 50[Hz], 60[Hz]의 교류에 대하여 용량 리액턴스 X_C를 구하시오.

05 저항 $R=10[\Omega]$, 인덕턴스 $L=0.02$[H]의 직렬 회로에 전압 $V=100$[V], 주파수 $f=60$ [Hz]의 교류 전압을 가할 때 전류의 값 및 전압과의 위상차를 구하시오.

06 저항 $R=24[\Omega]$, 유도 리액턴스 $X_L=40[\Omega]$, 용량 리액턴스 $X_C=8[\Omega]$이 직렬로 접속되어 있는 회로에 전압 $\dot{V}=10$[V]를 가할 때 임피던트 Z 및 위상차 θ를 구하시오.

07 코일에 100[V]의 교류 전압을 가하여 10[A]의 전류가 흘러, 전압과 전류의 위상차 $\theta=\pi/3$ [rad]일 경우 이 코일의 저항 R 및 유도 리액턴스 X_L를 구하시오.

08 캐패시터 1[μF]에 주파수 60[Hz]의 교류 전압에 대하여 용량 리액턴스 X_C를 구하시오.

09 저항 1[kΩ], 정전용량 2[μF], 자기 인덕턴스 5[H]가 직렬로 접속하여 있는 회로의 공진 주파수를 구하시오.

10 역률이 0.8인 부하에 100[V]의 교류 전압을 가하여 10[A]의 전류가 흐르고 있다. 이 때의 소비전력은 얼마인가?

11 200[V]의 교류 전압이 걸려 10[A]의 전류가 흘러 1.8[kW]의 전력이 소비되었다. 이 회로의 역률을 구하시오.

12 그림 3.20의 R_L 직렬 회로에서 다음에 관하여 구하시오.

1) 회로에 흐르는 전류 I는?
2) 역률?
3) 소비전력?
4) 유도 리액턴스 X_C를 직렬로 넣고 역률을 100[%]로 하고 싶다. 이 때의 X_C를 구하시오.

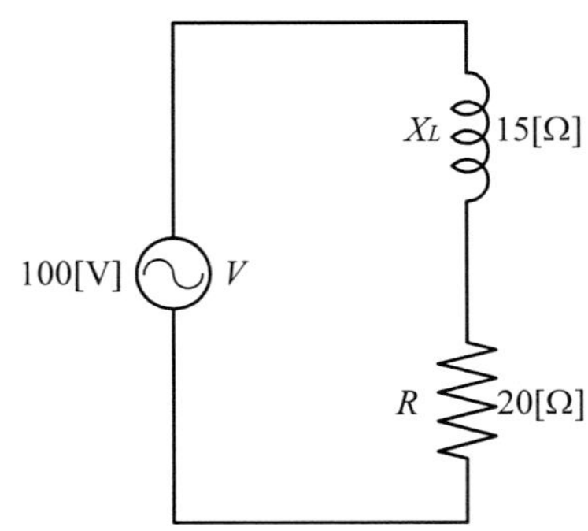

그림 3.20

Chapter 4

3상 교류

제3장에서 배운 교류회로는 전원과 부하를 접속하는데는 2가닥의 전선이 필요하였다. 그러나 송전선 및 배전선을 보게 되면 알 수 있듯이 큰 전선을 송전할 때는 3선의 전선을 사용하는 경우가 많다. 이것을 3상 교류라 한다. 앞 장에서 배운 교류를 단상 교류라 한다. 이 장에서는 산업기계의 동력으로 많이 사용되고 있는 3상 교류의 성질 및 기본적인 계산 방법에 대하여 알아본다.

4.1 3상 교류

4.1.1 3상 교류의 발생

그림 4.1(a)는 3상 발전기의 원리를 나타낸다. 그림에서 알 수 있듯이 자계 내에 동일한 구조를 갖는 3개의 코일 A, B, C는 공간적으로 120°의 각으로 아마추어에 감겨져 있고 자계 내에서 반시계 방향으로 일정한 속도로 회전하고 있다. 아마추어를 반시계 방향으로 각속도 ω[rad/s]로 회전시키면 코일에는 서로 $2/3\pi$[rad](120°)씩 위상차를 가진 크기와 주파수가 같은 3개의 정현파 전압 v_a, v_b, v_c가 발생한다. 발생한 3개의 정현파 위상은 v_b가 v_a보다 $2/3\pi$ [rad](120°) 늦고, v_c는 v_b보다 또 $2/3\pi$[rad](120°) 늦다. 따라서 이 세 전압의 순시값 곡선은 그림(b)와 같다. 이와 같이 3개의 전압을 일괄하여 생각할 때 이것을 **3상 교류**(three-phase AC)라 한다.

코일 A에서 발생하는 전압을 v_a[V]라 하고 이것을 기준으로 하면 각 코일의 전압 v_a, v_b, v_c[V]가 최대로 되는 것은 v_a, v_b, v_c, v_a, v_b, …의 순서로 최대값에 도달한다. 이것을 **상순**(phase sequence) 또는 **상회전**이라 한다. 이 경우의 상순은 abc가 된다. 그리고 각 코일의 전압의 실효치를 V[V], 각속도 ω[rad/s]라 하고, v_a를 기준으로 하면 A, B, C 각 상의 전압 v_a, v_b, v_c[V]는 다음과 같은 식으로 표현된다.

$$\begin{aligned} v_a &= \sqrt{2}\, V \sin \omega t \\ v_b &= \sqrt{2}\, V \sin\left(\omega t - \frac{2}{3}\pi\right) \\ v_c &= \sqrt{2}\, V \sin\left(\omega t - \frac{4}{3}\pi\right) \end{aligned} \tag{4.1}$$

이 식에서 알 수 있듯이 3상 교류는 실효치가 같고 서로 $2/3\pi$[rad](120°)의 이상차를 가진 3개의 단상 교류가 동시에 존재하는 것과 같은 의미를 나타내는 것과 동등한 것을 알 수 있다.

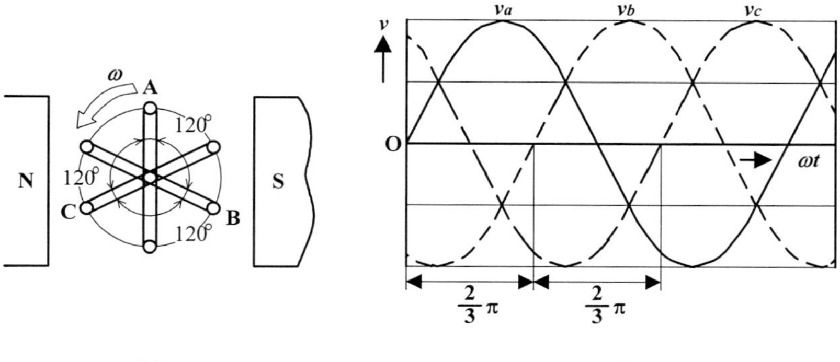

그림 4.1 3상 교류의 발생

4.1.2 3상 교류의 순시값의 합

그림 4.2에 나타낸 3상 교류 전압의 파형에 관하여 시각 ①에서의 v_a, v_b, v_c의 합을 구하여 보면 다음과 같다.

$$v_a = 20[\text{V}], \quad v_b = -10[\text{V}], \quad v_c = -10[\text{V}]$$

이것을 정리하여 보면 즉

$$v_a + v_b + v_c = 0 \tag{4.2}$$

이 된다. 그리고 시각 ②, ③에 있어서도 식(4.2)가 성립되는 것을 알 수 있다. 이것은 식(4.1)을 식(4.2)에 대입하여 삼각함수 공식을 사용하여 증명할 수도 있다. 삼각함수 공식

$$\sin(\alpha - \beta) = \sin\alpha\cos\beta - \cos\alpha\sin\beta \tag{4.3}$$

을 사용하여 풀어 보면

$$\sin\omega t + \sin\left(\omega t - \frac{2}{3}\pi\right) + \sin\left(\omega t - \frac{4}{3}\pi\right) = 0 \tag{4.4}$$

이 되는 것을 확인할 수 있다.

이상에서 3상 교류 전압의 각 순시값의 합은 0이 되는 것을 알 수 있다. 그리고 같은 방법으로 3상 교류 전류에 관하여서도 각 순시값의 합이 0이 되는 것을 확인할 수 있다.

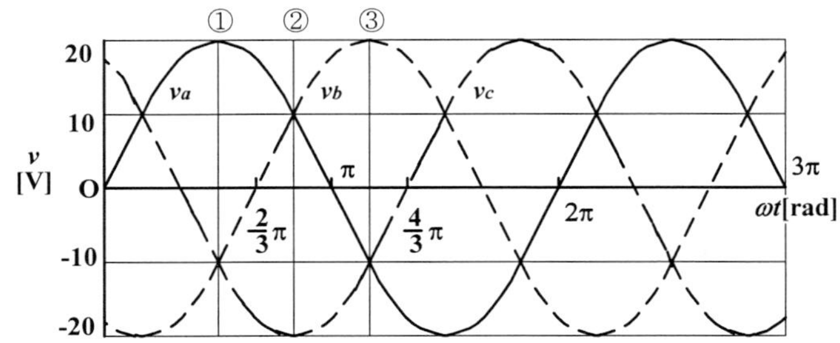

① $v_a + v_b + v_c = 0$

② $v_a + v_b + v_c = 0$

③ $v_a + v_b + v_c = 0$

그림 4.2 3상 교류 전압의 순시치의 합

4.1.3 3상 교류의 벡터 표시

3상 교류의 각 상의 전압은 정현파형으로 표시할 수 있으므로 단상 교류와 같이 벡터 그림으로 표현할 수 있다. 식(4.1)로 나타내는 3상 교류를 벡터 그림으로 나타내면 그림 4.3과 같이 된다. 여기서 전압의 크기는 어느 것이라도 V[V]로 상순이 a, b, c로 a상의 전압 $\dot{V}_a$[V]를 기준으로 되어 있는 경우는 그림(a)와 같이 된다. 이것을 기호법으로 표현하는 방법을 알아보자.

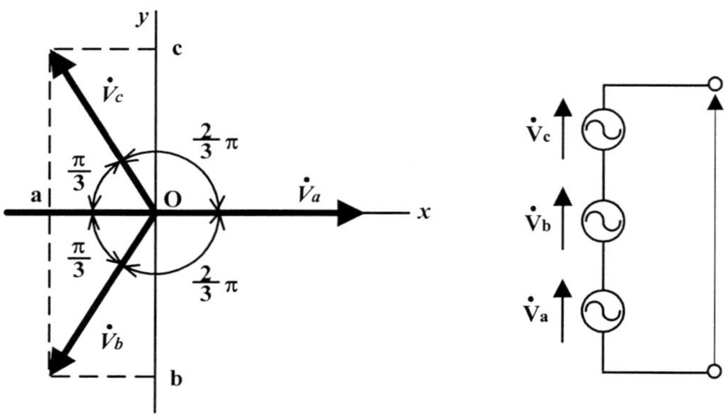

(a) (b)

그림 4.3 3상 교류의 벡터 표시

$\dot{V}_a$[V]는 기준으므로 V로 표현할 수 있지만 $\dot{V}_b$, $\dot{V}_c$[V]는 그림(a)와 같이 직각좌표축의 2개의 성분으로 나누어 표현한다. 이 경우 그림에서 나타낼 수 있는 직각 삼각형의 변의 비에서 생각하면 다음과 같은 식으로 나타낼 수 있다.

$$\dot{V}_a = V$$

$$\dot{V}_b = \overrightarrow{oa} + \overrightarrow{ob} = -\left(V\cos\frac{\pi}{3}\right) - j\left(V\sin\frac{\pi}{3}\right) \tag{4.5}$$

$$= V\left(-\frac{1}{2} - j\frac{\sqrt{3}}{2}\right)$$

$$\dot{V}_c = \overrightarrow{oa} + \overrightarrow{oc} = -\left(V\cos\frac{\pi}{3}\right) + j\left(V\sin\frac{\pi}{3}\right)$$

$$= V\left(-\frac{1}{2} + j\frac{\sqrt{3}}{2}\right)$$

그리고 이것을 극좌표 표시로 나타내면

$$\dot{V}_a = V\underline{/0}$$

$$\dot{V}_b = V\underline{/-\frac{2}{3}\pi} \tag{4.6}$$

$$\dot{V}_c = V\underline{/-\frac{4}{3}\pi}$$

와 같다. 여기서 그림 4.3(b)와 같이 3개의 전압을 직렬로 접속한 경우의 합성 전압 $\dot{V}$ [V]를 구하여 보면

$$\dot{V} = \dot{V}_a + \dot{V}_b + \dot{V}_c \tag{4.7}$$

$$= V + V\left(-\frac{1}{2} - j\frac{\sqrt{3}}{2}\right) + V\left(-\frac{1}{2} + j\frac{\sqrt{3}}{2}\right) = 0$$

과 같이 된다. 이 식에서 3상 전압의 합은 0[V]가 되는 것을 다시 확인할 수 있다.

이것은 3상 전압의 순시값의 합 및 각 전압의 벡터 그림에서 합성이 0[V]로 되는 것과 대응하고 있다.

예제 4.1 크기가 200[V]의 대칭 3상 전압 $\dot{V}_a$, $\dot{V}_b$, $\dot{V}_c$[V]를 상순 a, b, c로 하여 전압 $\dot{V}_a$[V]를 기준으로 한 기호법을 나타내시오.

[풀이] $\dot{V}_a = 200$[V]

$$\dot{V}_b = 200\left(-\frac{1}{2} - j\frac{\sqrt{3}}{2}\right) = -100 - j\,173.2\text{[V]}$$

$$\dot{V}_c = 200\left(-\frac{1}{2}+j\frac{\sqrt{3}}{2}\right) = -100+j\,173.2[\mathrm{V}]$$

■

4.2 3상 교류 회로

4.2.1 3상 결선

그림 4.4(a)의 세 개의 회로는 전압의 실효치 V[V] 및 부하의 임피던스 $Z[\Omega]$은 같으며 전압의 위상이 서로 $2/3\pi$[rad]씩 엇갈려 있다.

이 세 개의 각 상의 전원 및 부하에 대응하는 단자를 합하여 N, N'라 하고 그 외의 단자를 외부단자로 하는 그림(b)와 같은 접속 방법을 **성형 결선**(star connection) 또는 **Y결선**이라 한다. 이 경우 전원 · 부하 모두 Y결선이므로 **Y–Y결선**이라 한다. 각 상의 공통점 N, N'를 **중성점**(neutral point)이라 한다. 그리고 N, N'를 접속하는 선을 **중성선**이라 하지만 이것을 접속하여도 흐르는 전류는 각 상의 합의 전류로서 이것들의 합성 전류는 항상 0이므로 중성선은 생략할 수 있다.

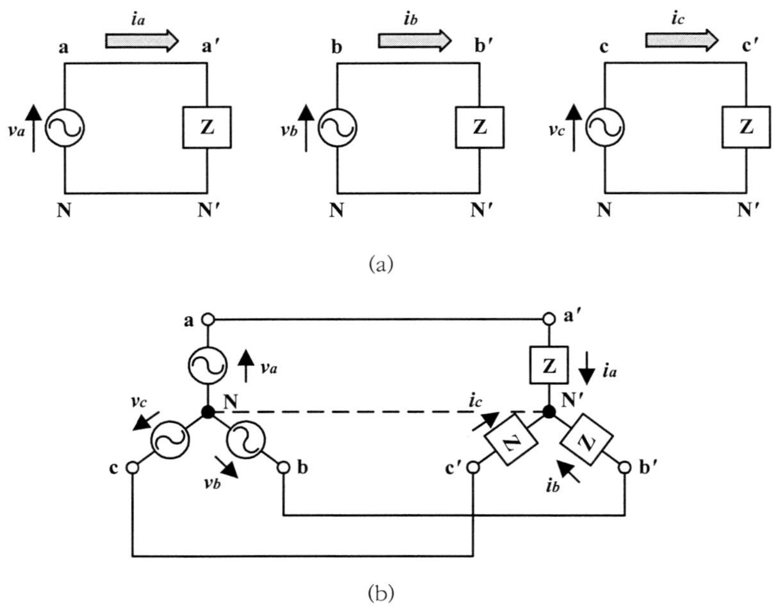

그림 4.4 성형 결선

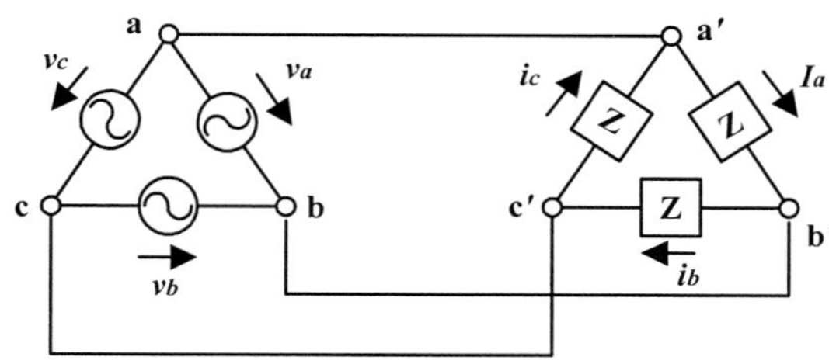

그림 4.5 삼각 결선

다음은 그림 4.5와 같이 각 상의 전원 및 부하를 환상에 묶어 묶음 마디에서 외부단자를 만들어 내는 방법을 **삼각 결선**(delta connection) 또는 △ **결선**이라 한다. 이 경우와 같이 전원 · 부하 모두 △ 결선이므로 △−△ **결선**이라 한다.

4.2.2 Y−Y 결선 회로

(1) 상 전압과 선간 전압

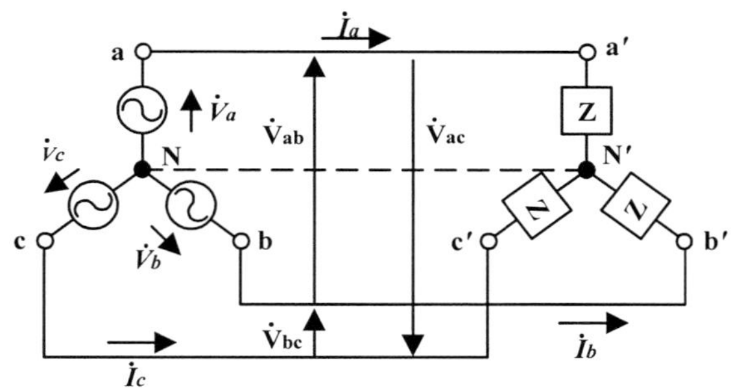

그림 4.6 Y−Y 결선 회로

그림 4.6의 Y-Y 결선 회로에 관하여 단자 a, N ; b, N ; c, N 사이의 각 전압 $\dot{V}_a$, $\dot{V}_b$, $\dot{V}_c$[V]를 상 전압(phase voltage)이라 한다. 단자 a, b ; b, c ; c, a 사이의 각 전압 $\dot{V}_{ab}$, $\dot{V}_{bc}$, $\dot{V}_{ca}$[V]를 선간 전압(line voltage)이라 한다. 단자 a, b사이에는 2개의 전압 $\dot{V}_a$, $\dot{V}_b$가 있으므로 그 선간 전압 $\dot{V}_{ab}$는 $\dot{V}_a$와 $\dot{V}_b$의 벡터차이다. 따라서 각 선간 전압과 각 상전압 사이에는 다음의 식이 성립된다.

$$
\begin{aligned}
\dot{V}_{ab} &= \dot{V}_a - \dot{V}_b \\
\dot{V}_{bc} &= \dot{V}_b - \dot{V}_c \\
\dot{V}_{ca} &= \dot{V}_c - \dot{V}_a
\end{aligned}
\qquad (4.8)
$$

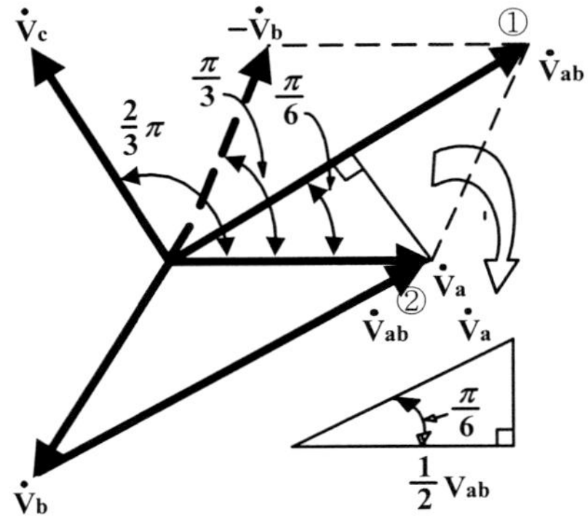

그림 4.7 $\dot{V}_{ab}$의 벡터 그림

그림 4.7은 $\dot{V}_{ab}$의 벡터 그림이다. $\dot{V}_a$와 $\dot{V}_{ab}$의 크기의 관계는 그림에 의하여 다음과 같이 된다.

$$V_{ab} = 2\,V_a \cos\frac{\pi}{6} = \sqrt{3}\,V_a \tag{4.9}$$

여기서 선간 전압을 V_l[V], 상 전압을 V_p[V]라 하면

$$V_l = \sqrt{3}\,V_p \tag{4.10}$$

와 같은 식이 성립된다. 다음은 $\dot{V}_{ab}$와 $\dot{V}_a$의 위상차는 앞의 그림 4.7에서 나타낸 것과 같이 $\frac{\pi}{6}$[rad]이다.

그림 4.8은 각 선간 전압 $\dot{V}_{ab}$, $\dot{V}_{bc}$, $\dot{V}_{ca}$의 전부를 나타낸 벡터 그림이다. 이상에서 알 수 있듯이 성형 결선의 선간 전압 V_l는 상 전압 V_p의 $\sqrt{3}$배이며 V_l의 위상은 V_p보다도 $\frac{\pi}{6}$[rad] 앞서 있다.

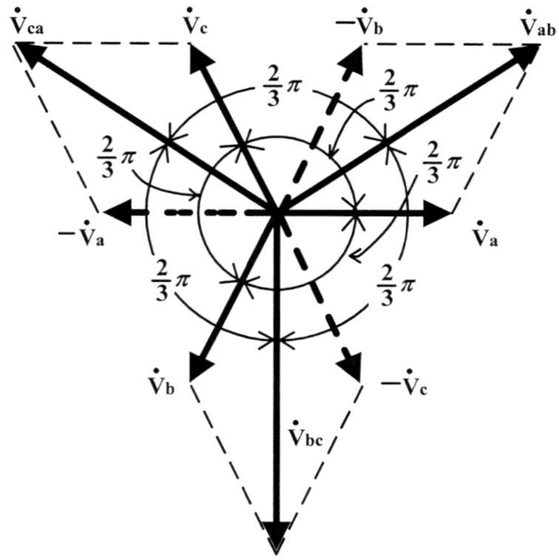

그림 4.8 각 선간 전압의 벡터 그림

(2) 상 전류와 선 전류

그림 4.6의 Y-Y 결선 회로에서는 각 상에 흐르는 전류와 각선(aa', bb', cc')에 흐르는 전류 $\dot{I}_a$, $\dot{I}_b$, $\dot{I}_c$[A]와 동일하다. 각 상에 흐르는 전류를 **상 전류**(phase current)라 한다. 각 선에 흐르는 전류를 **선 전류**(line current)라 한다. 성형 결선에서는 상 전류를 I_p[A], 선 전류를 I_l[A]이라 하면

$$I_l = I_p \tag{4.11}$$

가 된다.

예제 4.2 그림 4.9와 같은 Y–Y 회로에 대하여 선간 전압이 200[V]로 부하 각 상의 임피던스 $\dot{Z} = 12 + j9[\Omega]$일 때, 각 선 전류를 구하여 전압 · 전류의 벡터 그림을 그리시오.

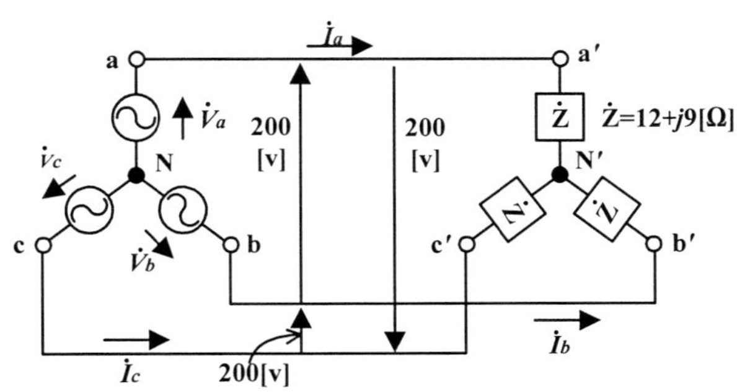

그림 4.9

[풀이] 성형 결선의 전원이 상 전압 V[V]는 선간 전압의 $\frac{1}{\sqrt{3}}$배이므로

$$V = \frac{200}{\sqrt{3}} = 115.5[\text{V}]$$

전원의 상순을 a, b, c라 하고, a상을 기준으로 하면 각 상 전압 $\dot{V}_a$, $\dot{V}_b$, $\dot{V}_c$[V]를 구하여 보면

$$\dot{V}_a = 115.5\angle 0°[\text{V}]$$
$$\dot{V}_b = 115.5\angle -120°[\text{V}]$$
$$\dot{V}_c = 115.5\angle -240°[\text{V}]$$

가 된다. 1상분의 독립한 단상 회로를 a상에 관하여 나타내면 그림 4.10과 같이 된다. 따라서 $\dot{I}_a$[A]는

$$\dot{I}_a = \frac{\dot{V}}{\dot{Z}} = \frac{115.5\angle 0°}{12 + j9}$$
$$= \frac{115.5\angle 0°}{\sqrt{12^2 + 9^2}\angle 36.9°} = 7.7\angle -36.9°[\text{A}]$$

가 된다.

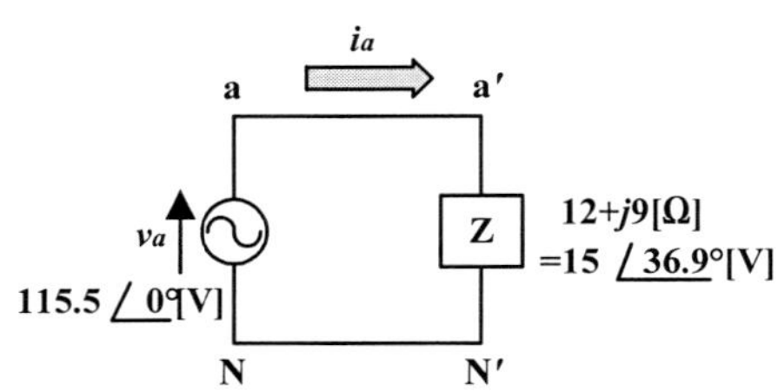

그림 4.10

그리고 $\dot{I}_b$, $\dot{I}_c$[A]를 구하여 보면

$$\dot{I}_b = 7.7\angle -36.9° - 120° = 7.7\angle -156.9°[\text{A}]$$
$$\dot{I}_c = 7.7\angle -36.9° - 240° = 7.7\angle -276.9°[\text{A}]$$

가 된다. 이상의 관계를 벡터 그림으로 나타내면 그림 4.11과 같이 된다.

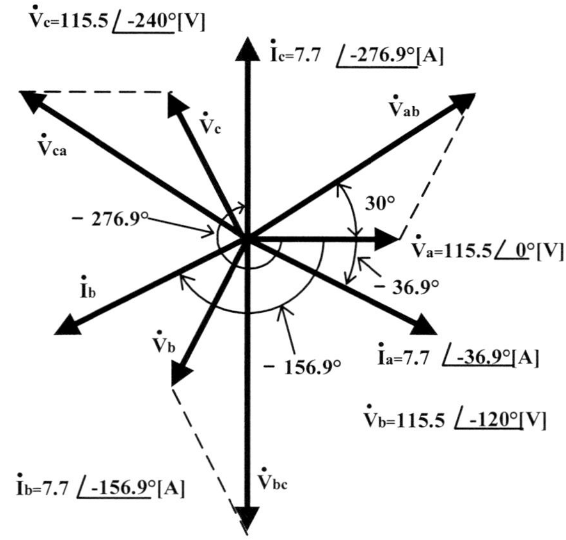

그림 4.11

■

4.2.3 △-△ 결선 회로

(1) 상 전압과 선간 전압

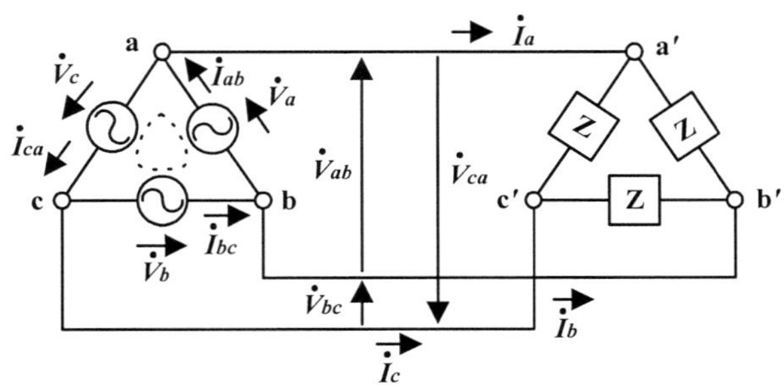

그림 4.12 △-△ 결선 회로

그림 4.12의 △-△ 결선 회로에 의하여 선간 전압 $\dot{V}_{ab}$, $\dot{V}_{bc}$, $\dot{V}_{ca}$[V]는 다음과 같다.

$$\dot{V}_{ab} = \dot{V}_a, \quad \dot{V}_{bc} = \dot{V}_b, \quad \dot{V}_{ca} = \dot{V}_c \tag{4.12}$$

즉, 삼각 결선에서는 선간 전압 V_l[V]과 상 전압 V_p[V]가 동등하므로

$$V_l = V_p \tag{4.13}$$

의 식이 성립된다.

(2) 상 전류와 선 전류

그림 4.12에 의하여 상 전류 $\dot{I}_{ab}$, $\dot{I}_{bc}$, $\dot{I}_{ca}$[A]의 크기는 다음과 같다.

$$\dot{I}_{ab} = \frac{\dot{V}_{ab}}{Z}, \quad \dot{I}_{bc} = \frac{\dot{V}_{bc}}{Z}, \quad \dot{I}_{ca} = \frac{\dot{V}_{ca}}{Z} \tag{4.14}$$

그리고 제1장 직류회로에서 배운 키로히호프의 법칙은 교류회로에서도 성립이 된다. 교류회로에서는 V, I, R 등은 전부 벡터량 $\dot{V}$, $\dot{I}$, $\dot{Z}$ 로 표시하여 계산한다. 그래서 선 전류 $\dot{I}_a$[A]는 점 a에 키르히호프의 제1법칙(전류의 합=0)을 이용하면 다음과 같은 식을 얻을 수 있다.

$$\dot{I}_{ab} - \dot{I}_{ca} - \dot{I}_a = 0 \quad \Rightarrow \dot{I}_a = \dot{I}_{ab} - \dot{I}_{ca} \tag{4.15}$$

같은 방법으로 $\dot{I}_b$, $\dot{I}_c$[A]는 점 b, c에 대하여

$$\dot{I}_{bc} - \dot{I}_{ab} - \dot{I}_b = 0 \quad \Rightarrow \dot{I}_b = \dot{I}_{bc} - \dot{I}_{ab} \tag{4.16}$$

$$\dot{I}_{ca} - \dot{I}_{bc} - \dot{I}_c = 0 \quad \Rightarrow \dot{I}_c = \dot{I}_{ca} - \dot{I}_{bc} \tag{4.17}$$

가 된다.

상 전압 $\dot{V}_a(=\dot{V}_{ab})$을 기준으로 하여, 상 전류 $\dot{I}_{ab}$가 $\dot{V}_a$보다도 위상이 θ 정도 늦어져 있다. 식(4.15)의 $\dot{I}_a$에 관하여 벡터 그림을 그려 보면 그림 4.13과 같이 된다. 선 전류 $\dot{I}_a$의 크기는 다음과 같다.

$$\dot{I}_a = 2\,\dot{I}_{ab}\cos\frac{\pi}{6} = \sqrt{3}\,\dot{I}_{ab} \tag{4.18}$$

일반적으로 선 전류 I_l과 상 전류 I_p의 사이에는

$$I_l = \sqrt{3}\,I_p$$

의 관계가 있다. 그림 4.13에서 삼각 결선에 대하여 I_l은 I_p의 $\sqrt{3}$ 배이며, I_l의 위상은 I_p보다 $\frac{\pi}{6}$[rad] 늦어져 있다.

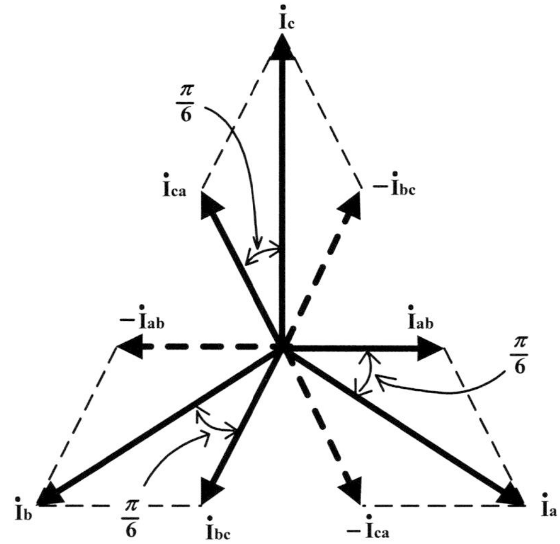

그림 4.13 각 선 전류의 벡터그림

예제 4.3 그림 4.14의 △−△ 회로에 관하여 선간 전압이 $200[V]$로 부하 각 상의 임피던스가 $\dot{Z}=10\sqrt{3}+j10[\Omega]$일 때 전원과 부하의 각 상 전류 및 각 선 전류를 구하시오.

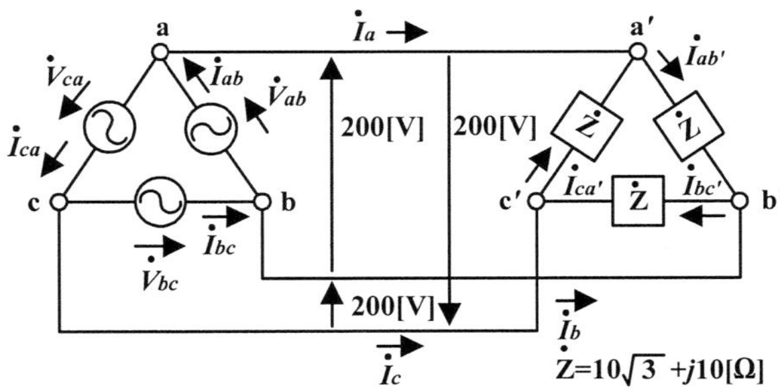

그림 4.14

[풀이] $\dot{V}_{ab}[V]$를 기준으로 하면 전원과 부하의 상 전류는

$$\dot{I}_{ab}=\dot{I}_{ab}'=\frac{\dot{V}_{ab}}{\dot{Z}}=\frac{200\angle 0^\circ}{10\sqrt{3}+j10}=\frac{200\angle 0^\circ}{20\angle 30^\circ}=10\angle -30^\circ[A]$$

$$\dot{I}_{bc}=\dot{I}_{bc}'=10\angle -30^\circ-120^\circ=10\angle -150^\circ[A]$$

$$\dot{I}_{ca}=\dot{I}_{ca}'=10\angle -30^\circ-240^\circ=10\angle -270^\circ[A]$$

그리고 선 전류는 식(4.15)~(4.17)에 의하여 그리고 그림 4.15의 벡터 그림을 이용하여 계산

하면

$$\dot{I}_a = \dot{I}_{ab} - \dot{I}_{ca} = \sqrt{3}\, I_{ab} \underline{/-30° - 30°} = 17.32 \underline{/-60°} \text{[A]}$$
$$\dot{I}_b = 17.32 \underline{/-60° - 120°} = 17.32 \underline{/-180°} \text{[A]}$$
$$\dot{I}_c = 17.32 \underline{/-60° - 240°} = 17.32 \underline{/-300°} \text{[A]}$$

가 된다.

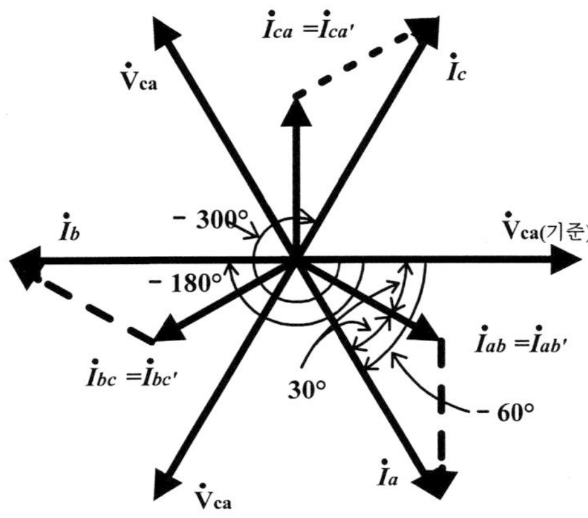

그림 4.15

■

4.2.4 V 결선

삼각 결선의 중에서 하나의 예를 들어 그림 4.16(a)와 같이 c상의 전원을 제외하고 결선하는 방법을 V **결선**이라 한다.

V 결선의 선간 전압은 각각 다음의 식과 같이 된다.

$$\begin{aligned} \dot{V}_{ab} &= \dot{V}_a \\ \dot{V}_{bc} &= \dot{V}_b \\ \dot{V}_{ca} &= (-\dot{V}_a) + (-\dot{V}_b) = -(\dot{V}_a + \dot{V}_b) \end{aligned} \tag{4.19}$$

따라서, 벡터 그림은 그림 4.16(b)와 같이 된다. 선간 전압은 크기가 같고, 위상차는 서로 $2/3\pi$ [rad]가 된다. 삼각 결선과 동등한 대칭 3상 전압을 얻을 수 있다.

이상과 같이 V 결선은 성형 결선 및 삼각 결선과 동등하게 변압기를 사용한 3상 교류 전원으로 많이 사용되고 있다.

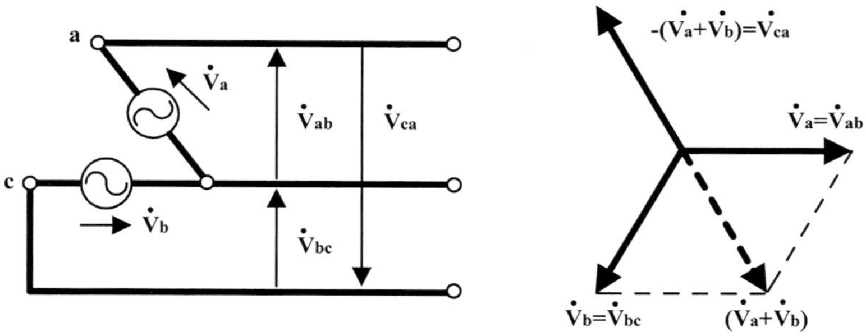

(a) (b)

그림 4.16 V 결선

4.3 3상 전력

4.3.1 3상 전력의 표시 방법

3상 전력은 각 상 전력의 합으로 나타낸다. 각 상 전압을 V_p[V], 각 상 전류를 I_p[A], 그 위상차를 θ라 하면 전력 $V_pI_p\cos\theta$[W]의 단상 회로가 3개 있는 것과 등가회로가 된다. 그래서 3상 전력 P[W]는 다음의 식으로 나타낸다.

$$P = 3\,V_pI_p\cos\theta[\mathrm{W}] \tag{4.20}$$

4.3.2 성형 결선 부하의 3상 전력

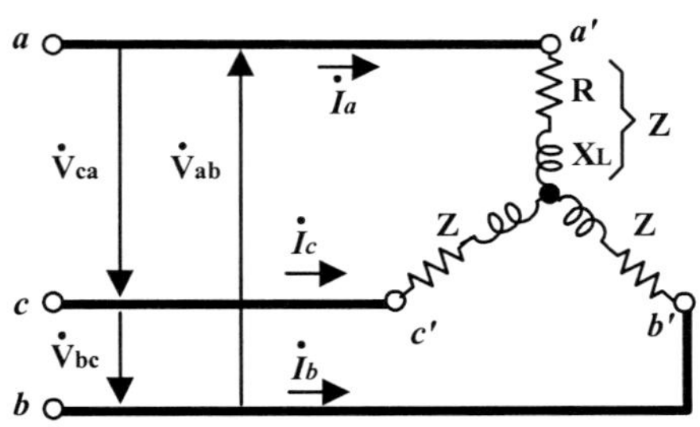

그림 4.17 성형 결선 부하의 3상 전력

그림 4.17와 같이 성형 결선에 대하여 선간 전압 V_l[V], 선 전류 I_l[A]와 상 전압을 V_p[V], 상 전류를 I_p[A]로 하면 이 사이에는

$$V_l = \sqrt{3}\, V_p, \quad I_l = I_p \tag{4.21}$$

와 같은 관계가 있다. 식(4.21)을 식(4.20)에 대입하여, 3상 전력 P[W]를 구하여 보면

$$P = 3 \cdot \frac{1}{\sqrt{3}} V_l I_l \cos\theta = \sqrt{3}\, V_l I_l \cos\theta \tag{4.22}$$

와 같은 식을 얻을 수 있다.

4.3.3 삼각 결선 부하의 3상 전력

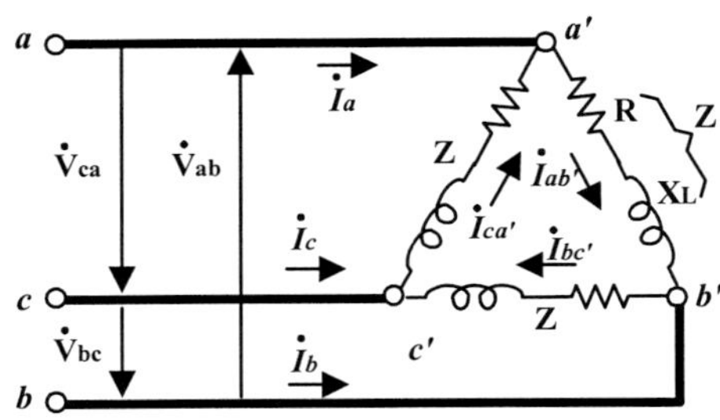

그림 4.18 삼각 결선 부하의 3상 전력

그림 4.18에 삼각 결선 부하의 3상 전력 회로를 나타낸다. 이 그림에서 삼각 결선 회로는

$$V_l = V_p, \quad I_l = \sqrt{3}\, I_p \tag{4.23}$$

와 같은 관계식이 성립된다. 여기서 식(4.23)을 식(4.20)에 대입하여 3상 전력 P[W]를 구하면

$$\begin{aligned} P &= 3\, V_l \frac{1}{\sqrt{3}} I_l \cos\theta \\ &= \sqrt{3}\, V_l I_l \cos\theta \end{aligned} \tag{4.24}$$

와 같이 된다. 식(4.22)와 식(4.24)의 결과에서 3상 전력은 부하의 결선 법에는 관계없이

$$3\text{상 전력} = \text{선간 전압} \times \text{선 전류} \times \text{역률} \times \sqrt{3} \tag{4.25}$$

으로 나타낸다.

4.4 회전자계

그림 4.19와 같이 권수가 같은 3개의 코일을 각각 $2/3\pi$[rad](120°)씩의 각도를 이루도록 놓고 이것을 △ 또는 Y로 결선하여 식(4.26)과 같은 3상 교류를 흘러 보내면

$$\begin{aligned} i_a &= I_m \sin\omega t \\ i_b &= I_m \sin\left(\omega t - \frac{2}{3}\pi\right) \\ i_c &= I_m \sin\left(\omega t - \frac{4}{3}\pi\right) \end{aligned} \tag{4.26}$$

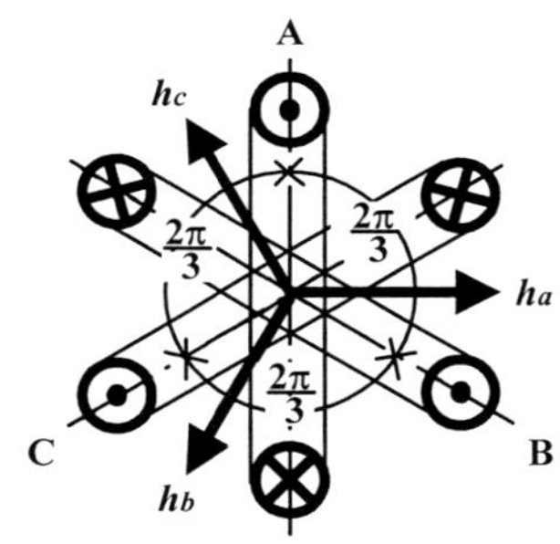

그림 4.19

각 코일 A, B, C에는 각 코일에 흐르는 교류 전류에 비례하여 다음과 같은 h_a, h_b, h_c의 자계 강도가 발생한다.

$$\begin{aligned} h_a &= H_m \sin\omega t \\ h_b &= H_m \sin\left(\omega t - \frac{2}{3}\pi\right) \\ h_c &= H_m \sin\left(\omega t - \frac{4}{3}\pi\right) \end{aligned} \tag{4.27}$$

발생한 자계의 방향은 그림과 같이 코일 면에 수직이 된다. 이 h_a, h_b, h_c는 공간에 있어서 $2/3\pi$[rad](120°)씩의 각을 이루고 있고 이 자계 등의 합성 자계는 어떤 순간에 있어서도 각 코일이 만드는 자계의 최대값의 2/3배와 같은 일정한 값을 가지며 그 합성 자계는 일정한 각속도 ω로 반시계 방향으로 회전한다. 이렇게 3상에 의해 회전하는 자계를 회전자계라 한다. 이것은 유도전동기 원리로서 사용되고 있는 중요한 현상이다.

예제 4.4 전압 220[V], 전류 15[A], 역률 0.6인 3상 회로의 전력을 구하시오.

[풀이] $P = \sqrt{3}\ V_l I_l \cos\theta = \sqrt{3} \times 220 \times 15 \times 0.6 \fallingdotseq 3429[\mathrm{W}]$

■

예제 4.5 어떤 3상 회로에서 선간 전압 200[V], 선 전류 25[A], 3상 전력 7[kW]였다. 이 때 역률을 구하시오

[풀이] $P = \sqrt{3}\ V_l I_l \cos\theta$ 에서

$$\cos\theta = \frac{P}{\sqrt{3}\ V_l I_l} = \frac{7000}{\sqrt{3} \times 200 \times 25} \fallingdotseq 0.8$$

■

Chapter 04 연습문제

01 크기가 10[A]의 대칭 3상 전류 $\dot{I}_a$, $\dot{I}_b$, $\dot{I}_c$를 $\dot{I}_a$를 기준으로 하여 기호법으로 나타내시오. 상순은 a, b, c로 한다.

02 Y-Y 결선 회로에서 선간 전압이 200[V]일 때 상 전압은 얼마일까?

03 선 전류가 10[A]일 경우 3상 삼각 결선 회로의 상 전류를 구하시오.

04 그림 4.17의 회로에서 R이 3[Ω], X_L이 4[Ω]이다. 이것을 200[V]의 3상 전원에 접속하였을 때 I_p, I_l 및 P를 구하시오

05 그림 4.18의 회로에서 R이 3[Ω], X_L이 4[Ω]이다. 이것을 200[V]의 3상 전원에 접속하였을 때 I_p, I_l 및 P를 구하시오

06 성형 결선의 부하에 선간 전압 3,000[V]의 3상 교류를 가하였을 때 선 전류가 40[A]로 되었다. 그 때의 역률이 0.8이라면 소비전력 p는 얼마이며 그리고 각 상의 저항 R 및 리액턴스 X_L는 얼마인가?

07 삼각 결선의 부하 회로에서 선간 전압 V_l과 상 전압 V_p, 선 전류 I_l과 상 전류 I_p의 관계를 식으로 나타내시오.

Chapter 5

반도체 소자

제3장까지는 메카트로닉스의 전기회로를 이해하기 위하여 전기의 기본적인 것에 관하여 설명을 하였다. 이 장에서는 전자회로의 심장부 역할을 하고 있는 다이오드, 트랜지스터, 직접회로 등의 반도체에 대하여 알아본다. 일반적으로 이것들을 반도체 소자라 한다.

트랜지스터를 미국의 쇼클레이 등이 1948년에 발명한 이후 일진월보의 개량이 거듭되고 있다. 이 반도체 소자들은 정류작용, 증폭작용, 스위칭작용 등을 하며, 텔레비전, 컴퓨터, 산업기계의 제어기 등은 반도체 소자들이 많이 사용되고 있다.

따라서 이 장에서는 메카트로닉스의 전자회로를 이해하는데 필수적인 반도체 소자중에서 대표적인 것을 골라 그것들의 구조, 동작 등을 알아본다.

5.1 반도체

규소(실리콘, silicon)와 게르마늄(germanic)을 **반도체**(semiconductor)라 한다. 반도체는 자유전자와 정공(holl)에 의하여 전기를 전달하는 도전성은 온도에 의하여 크게 변화하는 특징이 있다.

반도체에는 진성 반도체와 불순물 반도체가 있으며 불순물 반도체는 n형 반도체, p형 반도체가 있다.

5.1.1 진성 반도체

규소의 원자 구조와 결정 구조를 평면적으로 나타내면 그림 5.1(a), (b)와 같다. 그림 5.1(a)에서 가장 바깥쪽의 전자궤도의 전자를 **가전자**라고 한다. Si(규소, 실리콘)의 경우, 가전자는 4개이다.

Si의 각 원자는 그림 5.1(b)와 같이 이웃끼리의 원자가 1개씩의 가전자를 서로 내어서 서로 가전자를 공유하는 형태로 결합하여 결정을 만들고 있다. 그래서 이 가전자는 원자핵과의 결합이 약하여 열, 빛 등의 에너지를 외부에서 가하든지, 또는 일상의 상온온도에서도 소수의 전자가 원자핵에서 이탈하여 원자핵의 속박으로부터 분리되어 결정 속을 자유롭게 움직이는 전자가 된다. 이러한 전자를 **자유전자**(free electron)라 한다.

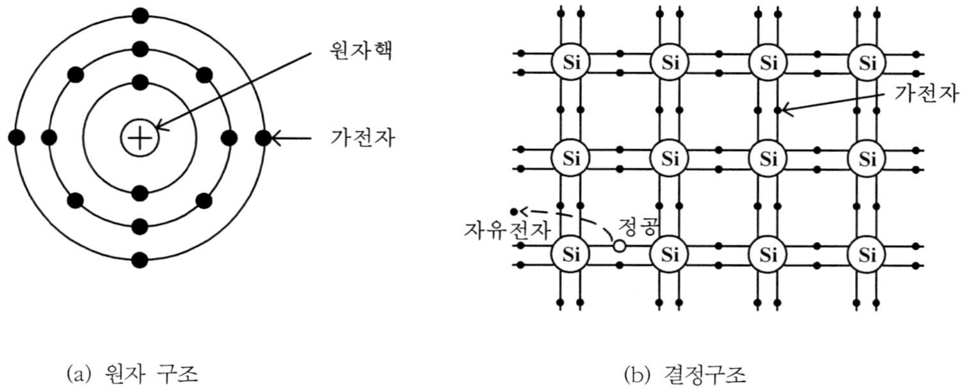

그림 5.1 규소의 원자 구조와 결정 구조

가전자가 자유전자로 바뀐 뒤의 부분은 전자가 이탈한 빈 구멍으로 되어있다. 전기적인 중성의 상태에서 부(-)의 전기를 가지고 있는 전자가 이탈한 것이므로 그 구멍은 정(+)의 전기를 갖는 구멍으로 된다. 따라서 이 구멍을 **정공**이라 한다.

그림 5.1(b)와 같이 결정의 내부에서는 자유전자는 부 전기를 운반하고, 정공은 정의 전기를 운반한다. 이 자유전자와 정공의 이동에 의하여 전류가 흐르므로 자유전자 및 정공을 **캐리어**(carrier)라고 한다.

진성 반도체의 대표적인 것으로 Si와 Ge(게르마늄)이 있다. 이것들은 진성 반도체로 99.99999999[%](9가 10개, ten-nine) 이상의 높은 순도가 필요하다. 이와 같이 순도가 높은 반도체를 **진성 반도체**(intrinsic semiconductor)라 한다.

5.1.2 불순물 반도체

그림 5.1(b)와 같이 원자가 나란히 정렬해 있는 결정을 **단결정**이라 한다. 진성 반도체인 Si 및 Ge의 단결정에 극히 얼마 안되는 타의 원자(불순물)를 1/100만~1/1000만 정도 혼합한 반도체를 **불순물 반도체**(impurity semiconductor)라 한다. 불순물 반도체는 불순물 원자의 가전자 수에 따라서 n형이라고 불려지는 반도체 또는 p형이라고 불려지는 반도체가 되기도 한다. 불순물 반도체는 진성 반도체보다도 전도성이 높아 반도체 소자로 많이 사용되고 있다.

(1) n형 반도체

예를 들어 Si의 진성 반도체의 단결정 속에 극히 얼마 안되는 Sb(안티몬)를 불순물로 혼합한 경우를 그림 5.2에 나타낸다.

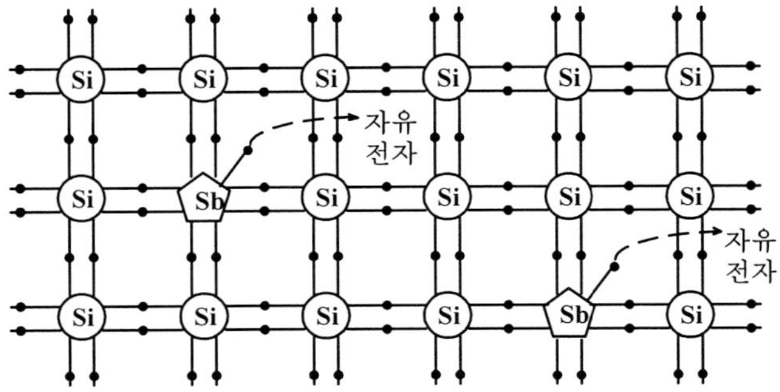

그림 5.2 n형 반도체

Si는 가전자가 4개인데 대하여 Sb는 5개이므로 결합할 수 없는 가전자가 1개 남는다. 이 가전자가 자유전자가 되므로, 전체의 캐리어는 정공보다 부(negative)의 전기를 갖는 자유전자 쪽이 많아진다. 이와 같은 반도체를 부의 영문의 머리글자를 따 **n형 반도체**라고 한다.

(2) p형 반도체

예를 들어 Si의 진성 반도체의 단결정속에 극히 얼마 안되는 In(인듐)을 불순물로 혼합한 경우를 그림 5.3에 나타낸다.

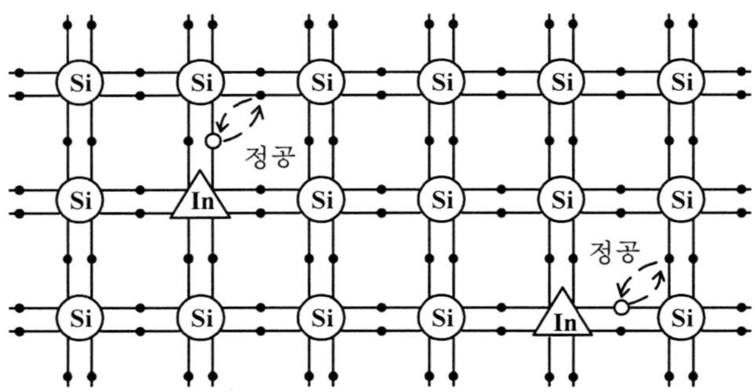

그림 5.3 p형 반도체

Si는 가전자가 4개인데 대해서 In은 3개이기 때문에 결합하기 위해서는 가전자가 1개 부족하다. 이 부족한 곳이 정공이 되고, 전체의 캐리어는 자유전자보다 정(positive)의 전기를 갖는 정공쪽이 많아진다. 이와 같은 반도체를 정의 영문의 머리글자를 따 **p형 반도체**라고 한다.

5.2 다이오드

다이오드(diode)는 한쪽방향으로만 전류를 흐르게 하는 **정류작용**과 **검파작용**이 있다. 이와 같은 다이오드의 기본적인 성질과 그 사용방법에 관하여 조사하여 본다.

5.2.1 다이오드의 동작

다이오드의 동작을 조사하기 위하여 그림 5.4(a)와 같이 다이오드 1S1660의 전극에 전원, 전압계, 전류계를 접속한다. 전원의 전압을 $V = 1$[V]로 하면, 다이오드는 A에서 K의 방향으로 3.9[mA]의 전류가 흐른다. 이와 같이 전류가 흐르기 쉬운 방향으로 가하는 전압을 **순방향 전압**이라고 한다.

그리고 그림 5.4(b)와 같이 다이오드만 역으로 접속해서 전압을 가하면, 전류계의 바늘은 0을 가리키는 그대로 있다. 이것은 K에서 A방향으로 전류가 흐르지 않고 있다는 의미이다. 이와 같은 방향으로 가한 전압을 **역방향 전압**이라고 한다.

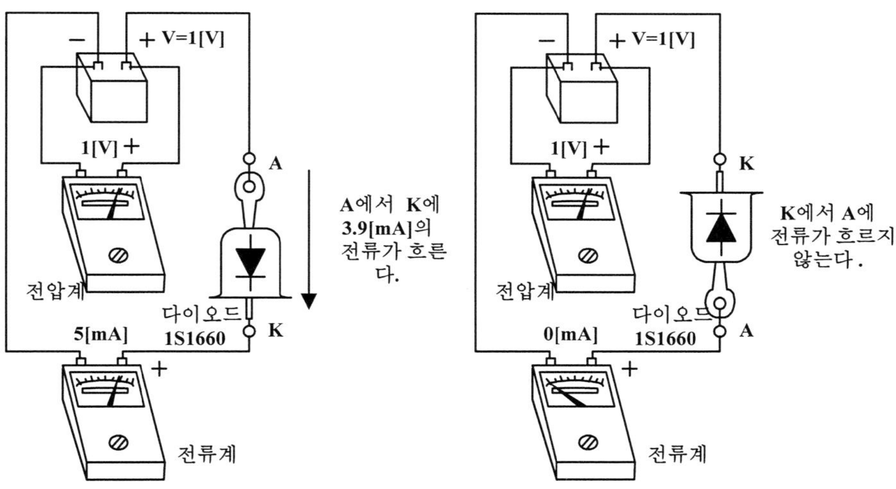

(a) 순방향 전압 (b) 역방향 전압

그림 5.4 다이오드의 전압·전류

이상과 같이 다이오드는 가하는 전압의 극성에 의하여 전류가 흐르기도 하고 또는 흐르지 않기도 하는 것을 알 수 있다. 즉, 다이오드는 순방향으로 전압을 걸 때에만 전류를 흐르게 하는 동작이 있다.

일반적으로 다이오드라고 하는 대표적인 것은 **pn접합** 다이오드이다. pn접합 다이오드는 규소 또는 게르마늄의 단결정안에 p형 반도체의 부분과 n형 반도체의 부분이 서로 접할 수 있도록 한 것이다.

그림 5.5(a)는 다이오드 내부의 구조이며, (b)는 그 기호이다. 그림에서 알 수 있듯이 p측의 단자가 **애노드**(①, anode), n측 단자가 **캐소드**(②, cathode)가 된다.

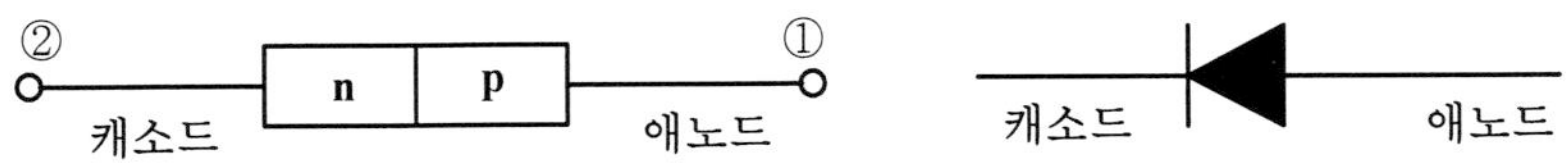

(a) 구조 (b) 기호

그림 5.5 다이오드의 구조와 기호

5.2.2 다이오드의 성질

p형 반도체와 n형 반도체가 각각 단독으로 있을 때 정공과 자유전자는 그림 5.6(a)와 같다. 이것들의 반도체가 그림 5.6(b)와 같이 단결정안에서 서로 접촉하여 있을 경우에 접촉부분에는 다음과 같은 상태가 나타난다. p형 반도체의 접합부 부근의 정공은 n형 반도체의 접합부분에 확산하고, n형 반도체의 전자는 p형 반도체의 접합부분에 확산하여 접합면 부근에서 확산한 정공과 전자는 서로 결합하여 소멸한다. 이와 같은 현상을 **확산현상**이라고 한다. 접합부 부근에서는 전기적으로 중성의 원자에서 캐리어(자유전자 및 정공)가 빠지기 때문에 정 부의 이온이 발생하여 그림 5.6(c)와 같이 전하가 분포한다. 접합부분의 전하는 캐리어가 그 이상 확산하는 것을 방해한다. 이 전하의 분포를 **전위장벽**(potential barrier)이라고 말한다. 그리고 접합부분은 캐리어가 결핍한 층이 생기고, 이것을 **공핍층**(depletion layer)이라고 한다.

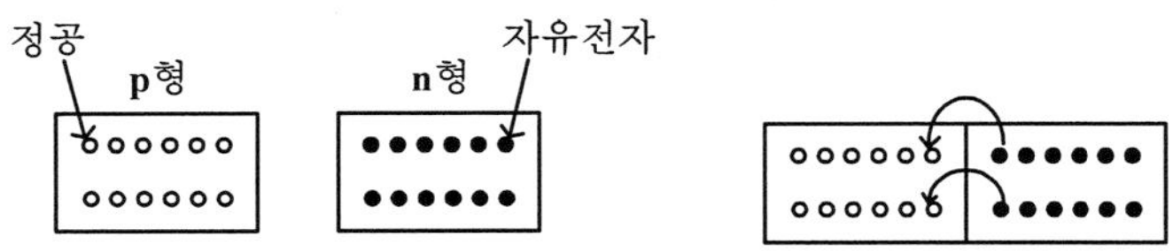

(a) p형 반도체와 n형 반도체 (b) pn 결합

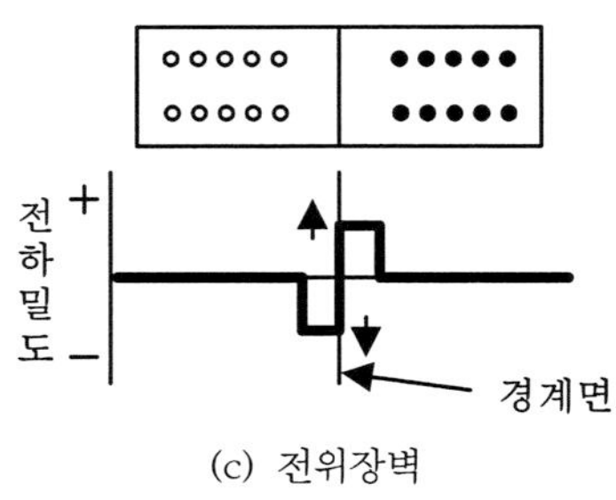

(c) 전위장벽

그림 5.6 pn접합

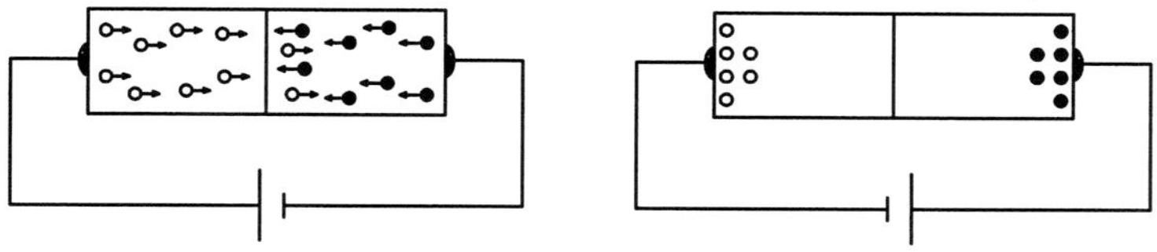

(a) 순방향 전압의 경우 (b) 역방향 전압의 경우

그림 5.7 정류작용

이상과 같이 pn접합소자에 의하여 그림 5.7(a)와 같이 외부에서 전압을 가하면 가한 전압은 접합부분의 전위장벽을 낮춰 캐리어의 확산이 진행되어, 회로에 전류가 흐른다. 이와 같은 방향의 전압이 순방향 전압이다. 그림 5.7(b)와 같이 전압의 방향을 역으로 하면, 접합부분의 전위장벽은 높게 되어 캐리어도 pn접합의 양단에 모이려고 하기 때문에 전류는 흐르기 어렵게 된다. 이와 같은 전압이 역방향 전압이라고 한다.

5.2.3 다이오드의 사용방법

다이오드는 용도에 따라서 대전류 정류용, 소전류 정류용, 소전류 검파용 등 여러 가지 종류가 있다. 그림 5.8에 다이오드의 외관의 한 예를 나타낸다.

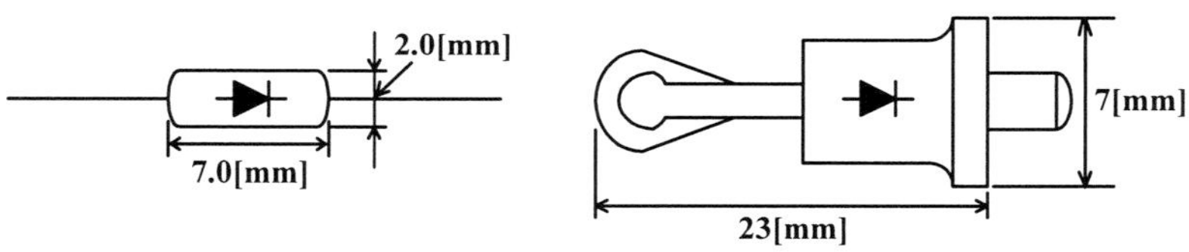

(a) 소전력 검파용 다이오드 (b) 소형 정류용 다이오드

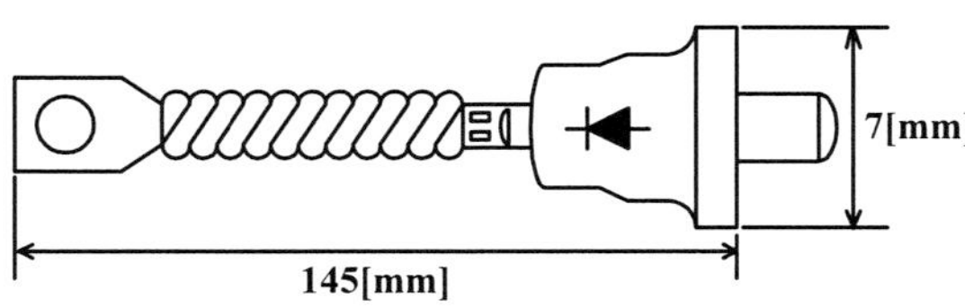

(c) 대형 정류용 다이오드

그림 5.8 다이오드의 외관

이들 다이오드를 안전하게 사용하는 데는, 제작 회사로부터 품명과 형상에 따라서 전압, 전류 등의 **최대정격**을 나타내고 있으므로, 이들 값을 넘지 않도록 한다. 표 5.1은 1S1660의 최대 정격을 보인 것으로 각각의 항목에 의한 수치를 넘지 않도록 사용하는 것이 필요하다.

다이오드의 좋고 나쁨은 테스터기에 의해서 간단하게 조사할 수 있다. 테스터기의 범위를 다이오드 또는 저항으로 선택하여 측정한다. 범위를 다이오드위치에 놓고 (+)단자를 애노드에 접속하고 (-)단자를 캐소드에 접속하여 순방향의 저항값을 측정한다. 이 때에 불량이면 단선의 상태로 표시가 된다. 일반적으로 규소의 경우 순방향의 저항값은 약 1[kΩ]의 전후가 된다. 그림 5.9에 다이오드의 특성을 나타낸다.

표 5.1 다이오드의 최대정격

항 목	내 용	1S 1660
최대 직류역방향 전압	역방향 전압의 최대값	150[V]
최대 평균정류 전류	저항 부하의 반파 전류회로에서 빼낼 수 있는 평균 정류전류의 최대값	3[A]
최대 서지 전류	다이오드에 흐르는 순간 최대 전류	
접합부 온도		150[℃]

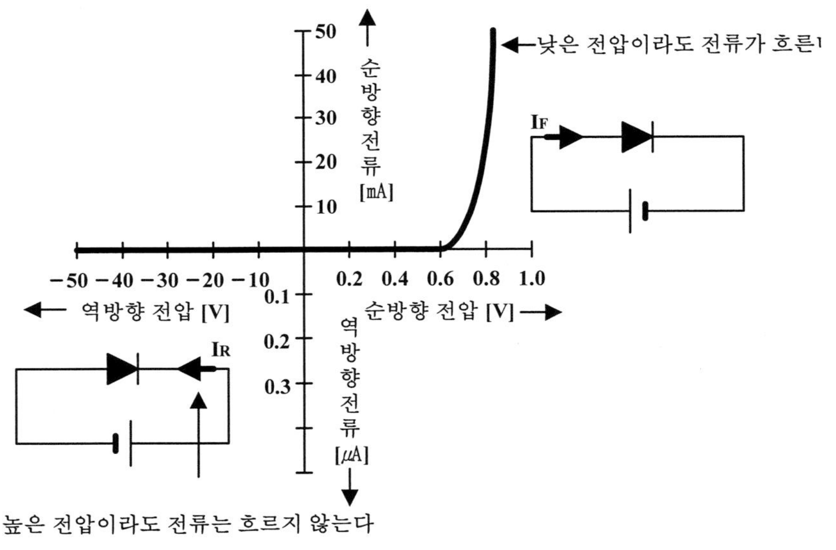

그림 5.9 다이오드의 특성

5.3 트랜지스터

트랜지스터(transistor)는 작은 전류 또는 작은 진폭의 파형을 입력으로 하여 출력으로 큰 전류, 큰 진폭의 파형을 낼 수 있는 **증폭 작용**과 **스위칭 작용**을 한다. 이러한 트랜지스터의 기본적인 성질과 그 사용법에 관하여 살펴본다.

5.3.1 트랜지스터의 구조와 기호

트랜지스터는 npn형과 pnp형의 두 종류가 있다. npn형은 그림 5.10(a)와 같이 양측이 n형 반도체이며, 중앙에 p형 반도체로 되어있다. pnp형은 그림 5.10(b)와 같이 양측을 p형 반도체, 중앙을 n형 반도체로 구성되어 있다.

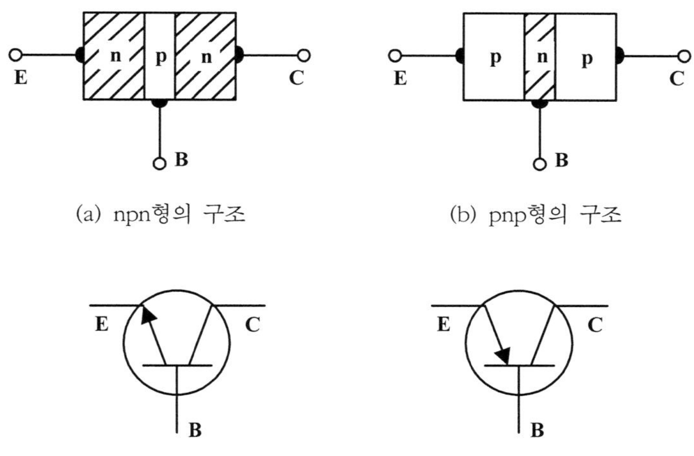

(a) npn형의 구조 (b) pnp형의 구조

(c) npn형의 기호 (d) pnp형의 기호

그림 5.10 트랜지스터의 구조와 기호

그림 5.10(a), (b)에서 중앙에 위치하여 있는 p형 또는 n형 반도체의 부분은 두께가 수 μm 정도의 아주 얇은 판이며 이 부분을 **베이스**(base : B)라고 한다. 베이스를 사이에 둔 2개의 반도체 한편을 **이미터**(emitter : E), 다른 한편을 **컬렉터**(collector : C)라고 한다. 이미터와 컬렉터는 동일종류의 반도체인데, 불순물 농도와 접합부 면적, 역내전압 등 구조상 다르게 만들어지고 있다.

npn형 및 pnp형 트랜지스터의 그림 기호를 그림 5.10(c), (d)에 나타낸다. 이미터에는 전류가 흐르기 쉬운 방향을 나타내는 화살표를 붙이고 npn형일 때는 바깥쪽에, pnp형일 때는 안쪽을 향하게 한다.

캐리어(정공과 자유전자)의 동작에 의하여 트랜지스터의 성질을 알아보도록 한다. 그림 5.11는 트랜지스터의 성질을 나타낸다.

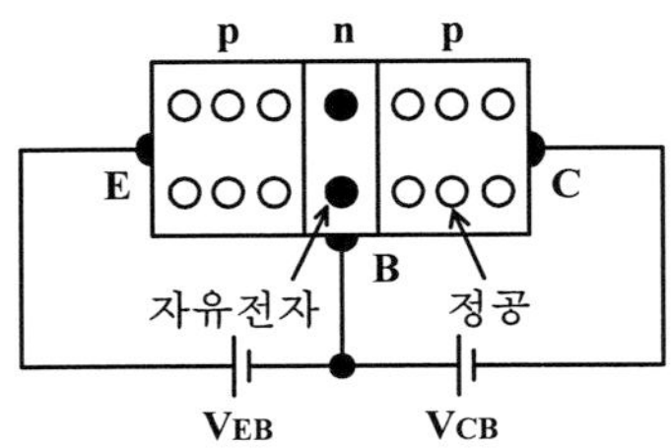

그림 5.11 트랜지스터의 성질

이미터, 베이스 사이에는 순방향의 전압이 걸려 있으므로 전위 장벽은 낮게 되어 있다. 따라서 이미터의 정공은 전위장벽을 넘을 수 있다.

베이스, 컬렉터 사이에는 역 방향 전압이 걸려 있으므로 베이스의 자유전자는 컬렉터에 이동하기 어렵다. 그리고 이미터에서 베이스에 들어간 정공은 컬렉터측의 전압에 의하여 당겨진다. 베이스의 층은 아주 얇은 층으로 되어 있어 정공은 베이스의 자유전자와 결합하지 않고 많은 정공이 컬렉터측으로 모인다. 이로 인하여 이미터 전류의 대부분은 컬렉터 전류로 되며 베이스전류로 되는 것은 극소수에 불과하다.

5.3.2 트랜지스터의 동작

그림 5.12와 같이 트랜지스터 2SC1959의 전극에 전류계, 전압계, 전원을 접속하여 전압과 전류의 관계를 조사하여 보자.

트랜지스터의 C, E 사이에만 전압 V_{CE}를 걸어서 이 전압 V_{CE}(컬렉터 전압)를 0[V]에서 20[V]까지 크게 변화시켜도 I_C(컬렉터 전류), I_E(이미터 전류)는 0[A]로 C, E 사이에는 전류가 흐르지 않는다.

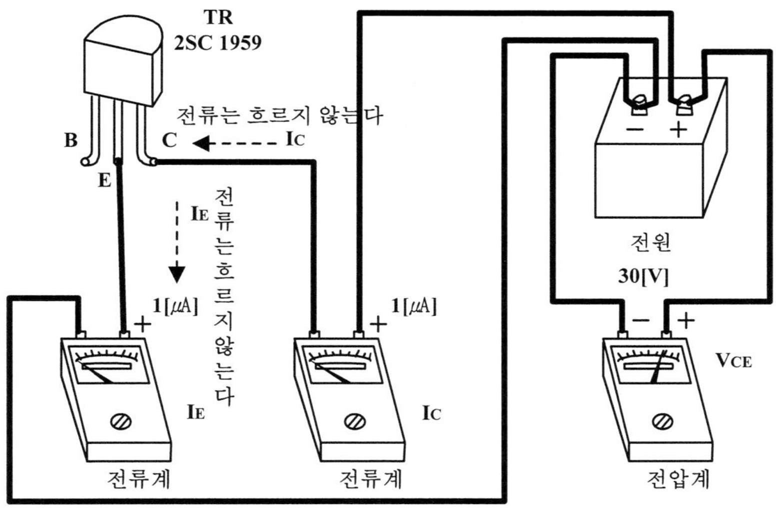

그림 5.12 트랜지스터의 전압과 전류(베이스 전류가 흐르지 않을 때)

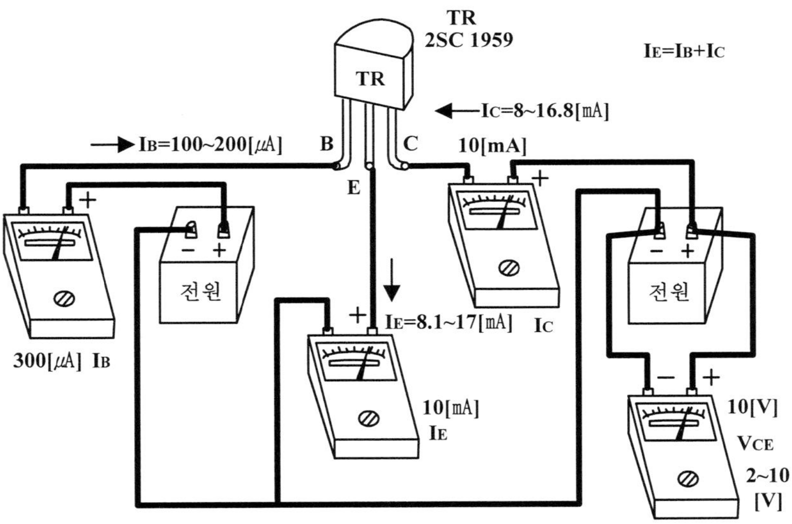

그림 5.13 트랜지스터의 전압과 전류(베이스 전류가 흐를 때)

다음은 그림 5.13과 같이 V_{CE} 외에 B, C 사이에도 전압을 걸어서 B에 전류 I_B(베이스 전류)를 흘려본다.

1) V_{CE}를 2[V]로 걸고, I_B가 100[μA]일 때 $I_C = 8$[mA], $I_E = 8.1$[mA]의 전류가 흐른다.

2) V_{CE}를 10[V]로 크게 올리고, I_B는 1)과 동일하게 100[μA]일 때 $I_C = 8.8$[mA], $I_C = 8.9$[mA]

의 전류가 흐른다.

3) V_{CE}를 1)과 동일하게 2[V]로 동일하게 되돌리고 I_B를 200[μA]로 1)보다 크게 변화시켰을 때 $I_C = 16.8$[mA], $I_E = 17$[mA]의 전류가 흐른다.

이상의 실험 결과에서 트랜지스터는 다음과 같은 성질이 있는 것을 알 수 있었다.

1) 베이스 전류가 흐르지 않을 때 컬렉터 전류는 흐르지 않는다.
2) 베이스 전류가 극소의 작은 전류가 흘러도 컬렉터는 큰 전류가 흐른다.
3) 컬렉터 전압의 크기를 변화시켜도 컬렉터 전류는 크기가 변화하지 않는다.

그리고 $V_{CE} = 2$[V], $I_B = 100$[μA](= 0.1[mA])일 때 $I_C = 8$[mA], $I_E = 8.1$[mA]이므로 베이스 전류와 컬렉터 전류의 합이 이미터 전류가 된다. 따라서

$$I_E = I_B + I_C \tag{5.1}$$

$$h_{FE} = \frac{I_C}{I_B} \tag{5.2}$$

가 된다. 여기서 I_C와 I_B의 비 h_{FE}를 **직류 전류 증폭률**이라고 한다. h_{FE}의 값은 일반적으로 10～10000 정도이다.

5.3.3 트랜지스터의 사용법

트랜지스터는 각 전극에 가하는 전압의 극성이 npn형과 pnp형은 반대이기 때문에 전압을 걸 때는 주의가 필요하다. 트랜지스터도 다이오드와 동일하게 온도 및 전압의 크기에 의하여 특성의 변화가 일어난다. 따라서, 트랜지스터를 사용할 때는 다이오드와 같이 최대 정격이 있고, 정하여진 최대 정격을 순간적이라도 넘으면 곧 파괴되므로, 각별히 주의하지 않으면 안된다. 표 5.2는 앞 절에서 사용한 2SC1955의 최대 정격이다.

표 5.2 2SC1959의 최대정격($T_a = 25$[℃])

항 목		정 격
컬렉터·베이스 전압	V_{CB}	35[V]
이미터·베이스 전압	V_{EB}	5[V]
컬렉터 전류	I_C	500[mA]
컬렉터 손실	P_C	500[mW]
접합부 온도	T_j	150[℃]

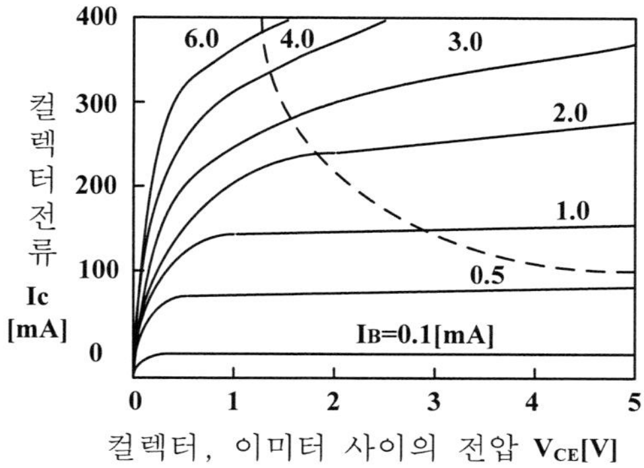

그림 5.14

전압의 최대 정격에는 컬렉터, 베이스 전압 V_{CB}와 이미터, 베이스 전압 V_{EB} 등이 정하여져 있다. 전류의 최대정격에는 컬렉터 전류 I_C가 정하여져 있어 트랜지스터는 이 전류 이하에서 사용하여야 한다. 전력의 최대정격에는 컬렉터로 허용되는 전력손실로서 컬렉터 손실 P_C가 정하여져 있다.

그림 5.14의 파선은 $P_C = V_{CE}I_C$가 일정하게 되어 있는 것과 같은 쌍곡선이며, 컬렉터 손실의 최대한도를 나타낸다. 따라서 트랜지스터 2SC1959는 그림의 파선보다 밑의 부분에서 사용하여야 한다.

이상에서 설명한 것 외에 최대 정격에는 트랜지스터의 접합부 온도 T_j가 정하여져 있어, 이 온도 이하에서 사용하도록 정하여져 있다.

5.4 그 밖의 반도체 소자

반도체를 재료로한 다이오드 및 트랜지스터 등은 용도에 의하여 여러 종류가 있다. 여기서는 그 대표적인 몇 가지의 동작과 특징에 관하여 살펴본다.

5.4.1 정전압 다이오드

그림 5.15(a)의 회로에서 다이오드 RD-9A에 가하는 역방향의 전압을 0[V]에서 점차적으로 크게 높여 가면 그림 5.15(b)와 같이 -7.5[V]에서 갑자기 전류가 흐르기 시작한다.

전압이 -8[V]일 때 -14[mA]의 전류가 흐르는데 대하여 -8.2[V]일 경우는 -26[mA]의 전류가 흐른다. 즉, 전류의 변화가 12[mA]에 대하여 전압은 겨우 0.2[V]만 변화하지 않는다. 이것은 다이오드에 흐르는 전류가 변화하여도 전압은 거의 변화가 없이 일정하게 유지된다는 의미이다.

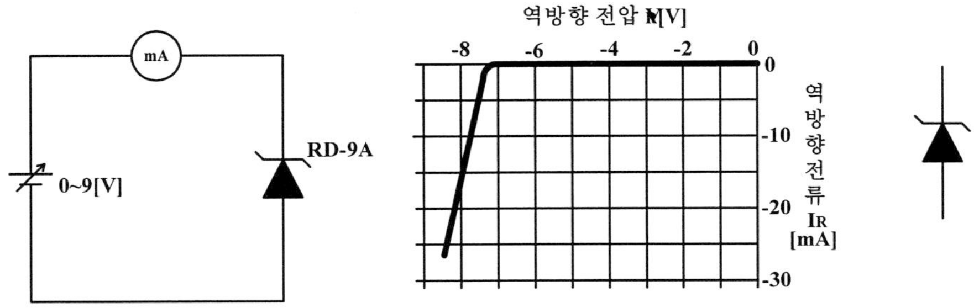

(a) 측정회로 (b) RD-9A의 특성 (c) 기호

그림 5.15 정전압 다이오드

이 성질을 이용하여 필요로 하는 정전압을 얻을 수 있도록 만들어진 다이오드를 **정전압 다이오드** 또는 **제너 다이오드**(Zener diode)라 한다.

그림 5.15(c)에 그 기호를 나타낸다. 여기서 어떤 전압값에서부터 급속히 전류가 크게 되는 현상을 **제너 현상**이라고 하며, 이 전압을 **제너 전압**이라 한다. 그림(b)와 같이 역방향 전압이 크게 되면 큰 전류가 급속히 흐르게 된다. 이 전압을 **항복전압**(breakdown voltage)이라 한다. 이러한 경우 다이오드는 불량품이 아니고 역방향 전압을 작게 하면 전류는 다시 원래대로 작게 된다.

역방향 전압이 너무 크게 되면 남아있는 극 소수의 전자 또는 정공이 큰 에너지를 가지는 것과 같이 되어, 이것이 공핍층 내부의 이온에 충돌하여 이온 내부의 전자를 몰아낸다. 튀어나온 전자는 다시 가속되어 그 밖의 이온에 충돌한다. 이러한 과정이 반복되어 전자가 눈사태와 같은 현상을 발생시킨다. 이로 인하여 전류가 증대한다. 이러한 현상을 **전자사태**라 한다.

5.4.2 발광 다이오드

발광 다이오드(light emitting diode, LED)는 백열 전구와 네온관 등의 발광 소자와 비교해서 일반적으로 저전압(1~3[V]), 저전류(5~150[mA])로 동작하고 고속 응답성, 고신뢰성 그리고 소형이며 견고하다. 그 때문에 표시용 램프 외에 전송로에 광섬유를 사용한 광 통신의 **발광소자**로서 사용된다. 발광 다이오드의 구조는 갈륨(Ga)의 화합물인 가륨 비소(GaAs), 갈륨인(GaP) 등 발광하기 쉬운 성질을 갖고 있는 이들 재료에 의해서, pn접합을 만든 것이다. 이 pn 접합에 순방향 전류를 흘리는 것에 의해서 캐리어인 전자와 정공이 재결합하여 적색, 녹색, 황색 등을 발광한다.

그림 5.16에 발광 다이오드의 형상과 기호를 나타낸다.

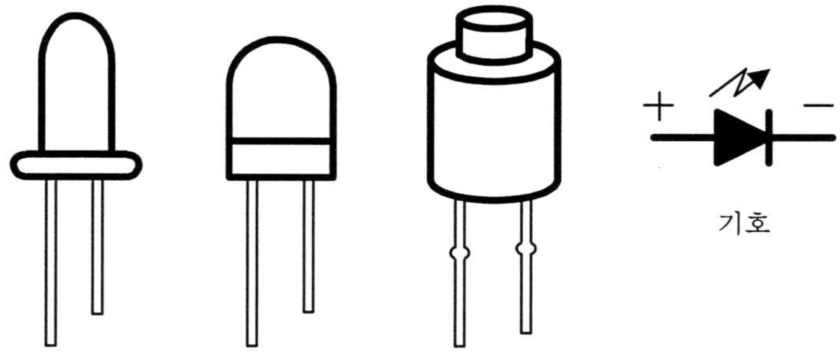

그림 5.16 발광 다이오드 및 기호

5.4.3 사이리스터

사이리스터(thyristor)란 p형 반도체와 n형 반도체의 접합을 3개 이상 가진 반도체 소자를 말한다. 일반적으로 사이리스터라고 하면 SCR로 생각을 하는데 정확하게 말하면 SCR은 사이리스터 종류의 한 이름이다. 전극의 단자수가 2, 3, 4단자의 것이 있다. 종류에는 SCR(silicon controlled rectifier), SSS(silicon symmetrical switch), GTO(gate turn off switch), Trc(triac), LASCR(light activated SCR), 역도통형 사이리스터(reverse conducting thyristor) 등이 있다. 전극 단자수가 3단자의 **실리콘 제어 정류소자**(silicon controlled rectifier:SCR)라고 하는 것이 사이리스터의 대표적이다.

그림 5.17(a)는 SCR의 내부의 원리적 구조이며 **애노드**(A), **캐소드**(K), **게이트**(G)의 3단자의 전극으로 되어있다. 그림 5.16(b)에 기호를 나타낸다.

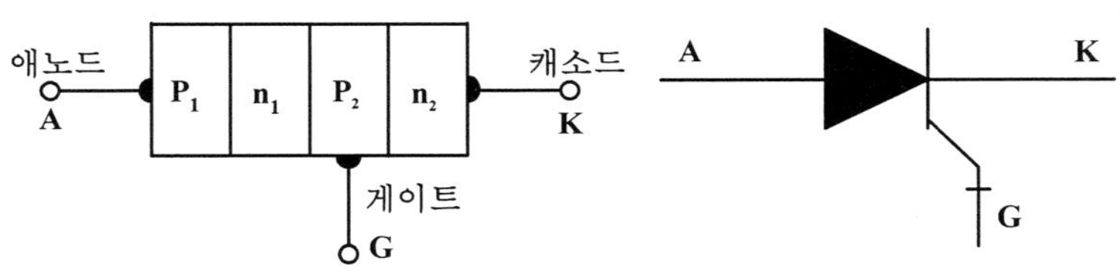

(a) 구조 (b) 기호

그림 5.17 SCR의 구조와 기호

그림 5.18(a)의 회로에서 애노드에 전원전압 V, 게이트에 전원전압 V_2를 걸어, 사이리스터의 전압·전류 특성을 조사하여 보면 그림 5.18(b)와 같이 된다.

먼저 **게이트 전류** I_G를 0[mA]로 하고 A, K 사이의 전압 V_{AK}를 0[V]에서 80[V]까지 증가시켜도 **애노드 전류** I_A는 흐르지 않는다.

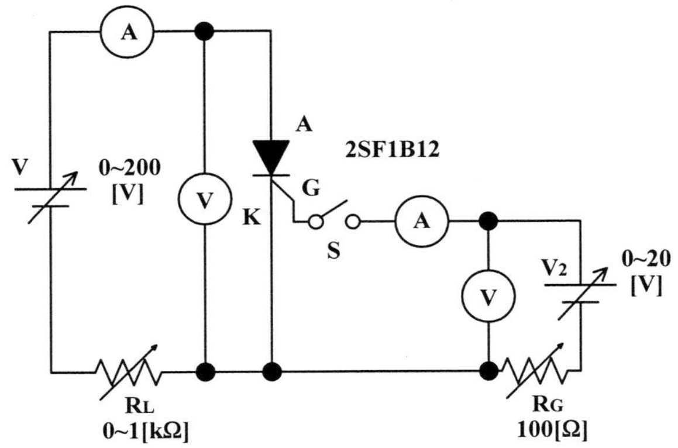

(a) 회로

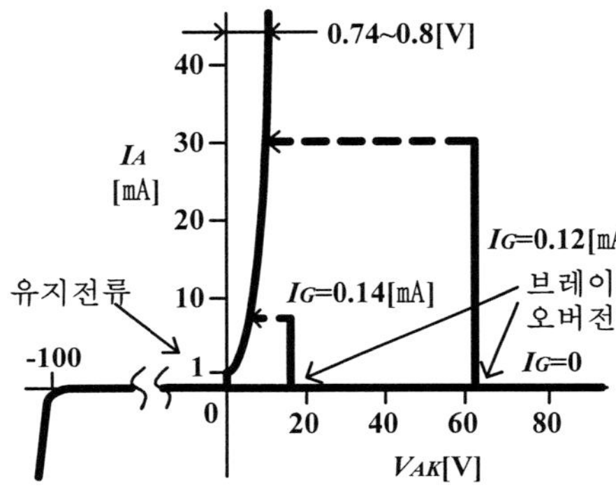

(b) 전압-전류 특성

그림 5.18 사이리스터

다음은 $I_G = 0.12$[mA]로 하고 V_{AK}를 0[V]에서 점차적으로 증가시키면, V_{AK}가 62[V]일 때 급격히 $I_A = 30$[mA]의 전류가 흐른다. 그와 동시에 V_{AK}는 0.78[V]로 급격히 감소한다. 이 상태를 **브레이크 오버**(breakover)라고 하고, I_A가 급격히 흐르기 시작할 때의 V_{AK}의 값을 **브레이크 오버 전압**이라고 한다.

그리고 전원을 오픈시켜 $I_A = 0$[mA], $I_G = 0$[mA]로 하여 놓고 $I_G = 0.14$[mA]로 한다. 앞에서와 동일하게 V_{AK}를 0[V]에서 점차적으로 증가시키면 $V_{AK} = 15$[V]에서 브레이크 오버가 되어, $I_{A=}8$[mA]가 된다. 그와 동시에 V_{AK}도 0.75[V]가 된다.

이상과 같이 사이리스터는 브레이크 오버라고 하는 현상이 있으며, 브레이크 오버가 일어날 때 A, K 사이에는 전류가 흐르는 도통상태가 된다. 그리고 브레이크 오버는 I_G가 클 경우에는, V_{AK}가 작아도 일어난다. 또 브레이크 오버가 발생하여 애노드 전류 I_A가 흐르고 있을 경우에는 게이트 전류 I_G를 0[mA]로 하여도 I_A는 계속 흐른다. 그리고 I_A가 흐르고 있을 경우 애노드의 전원 전압 V를 감소시키면, I_A는 감소한다. I_A가 감소하여 어떤 값(예 1[mA])보다 작게 되면 급격히 I_A가 0[mA]가 되기 직전의 1[mA]가 이 경우의 도통상태를 유지하는 최소 전류로서, 이 전류값을 유지 전류(보지 전류)라고 한다.

이상의 결과에서 알 수 있듯이 사이리스터는 작은 게이트 전압을 가해서 큰 전류를 흐르게 (ON 상태) 할 수 있다. 애노드에 가하는 전압을 어떤 값 이하로 되면 전류를 차단 (OFF 상태)할 수 있는 작용이 있다.

사이리스터는 이와 같이 스위치 작용을 하는 곳에 사용할 수 있다. SCR을 포함한 사이리스터는 첨두역전압이 일반적으로 25[V]에서 2.5[kV], 평균 순방향 전류가 0.2[A]에서 800[A] 정도까지 트랜지스터에 비하여 고내압, 대전류의 소자가 있다.

사이리스터는 무접점 스위치 및 정류소자로 뿐만 아니라, 모터의 제어용, 조명의 제어용, 전기로의 온도 제어용 등의 사용 용도가 넓다.

5.4.4 전계 효과 트랜지스터

그림 5.19의 회로에서 입력전압과 출력전압과의 관계를 조사하여 보면 다음과 같은 특성을 얻을 수 있다. 입력으로 실효값 10[mV], 주파수 1[kHz]의 교류전압을 가하면, 출력 단자에서 실효값 0.9[V], 주파수 1[kHz]의 교류전압이 나왔다. 이 결과에서 여기서 사용한 반도체소자는 증폭작용을 하고 있는 것을 알 수 있다. 이와 같은 종류의 반도체 소자를 전계 효과 트랜지스터(field-effect transistor : FET)라고 한다.

FET의 외형은 트랜지스터와 거의 동일하지만, 소스(source : S), 드레인(drain : d), 게이트(gate : G)의 3개의 전극을 가지고 있으며 내부의 전기적 동작 및 원리적 구조 등은 트랜지스터와 전혀 다르다.

그림 5.20(a) 회로에서 FET에 의하여 전압과 전류의 관계를 조사하여 보면 그림 5.20(b) 같이 전압-전류 특성을 얻을 수 있다.

표 5.3 사이리스터의 종류

명 칭	내부의 원리적 구조	그림 기호	특 징	용 도
SSS 실리콘 심메트리컬 스위치	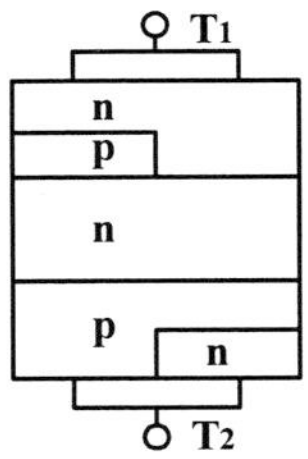	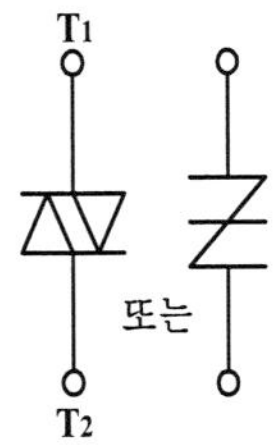	·스리에스 또는 사이닥이라 불리우기도 한다. ·npnpn의 5층으로 이루어져 있고, 2단자를 보유하고, 양방향에 off 상태에서 on 상태로 스위칭할 수 있다.	·네온사인으로 조광 ·전동기의 회전 제어
TRIAC 트라이 액	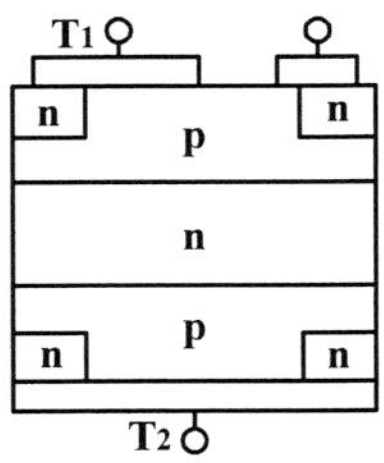	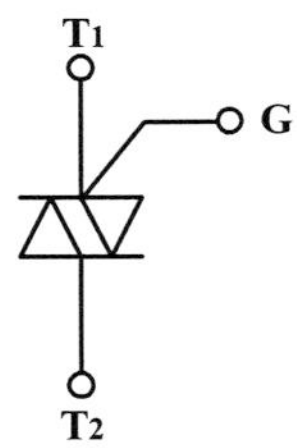	3단자의 교류 제어 소자로, 게이트전극을 가지고 있기 때문에 약간의 전압으로 쌍방향에 턴온할 수 있다.	·무접점 스위치 ·가정용 조광기 등의 간단한 교류 제어
DIAC 다이 액	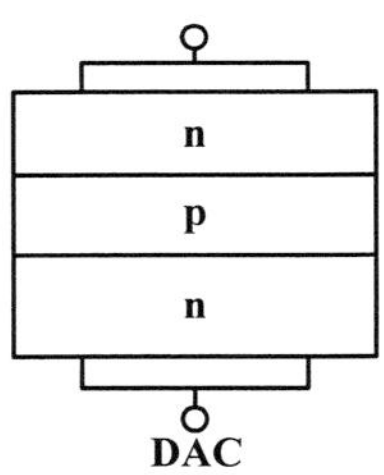	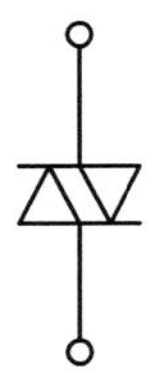	npn의 3층으로 이루어져 있고, 쌍방향에 대칭적으로, 부성(負性) 저항을 나타낸다.	·가정용 조광기 ·소형전동기의 속도 제어
GTO 게이트 턴오프 스위치	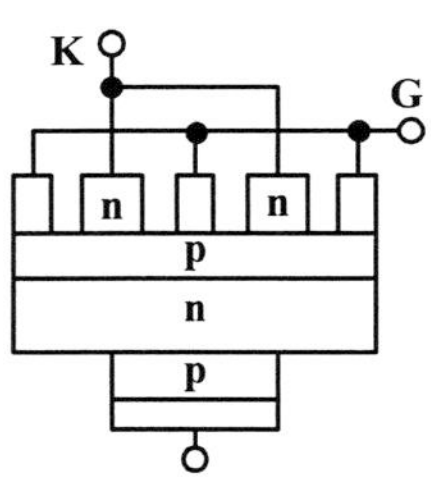	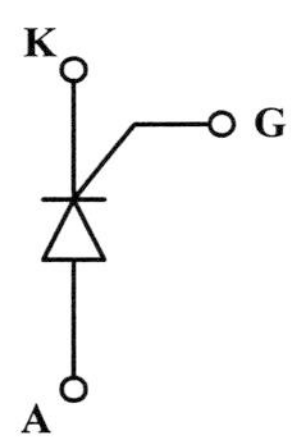	게이트에 마이너스 전압을 주면 도통상태에 있던 것이 오프상태로 된다.	·DC 초퍼 회로 ·고압발생회로 ·전동기의 속도조정

SCS 실리콘 컨트롤 스위치	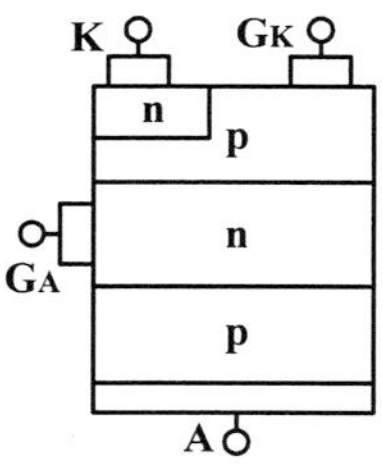	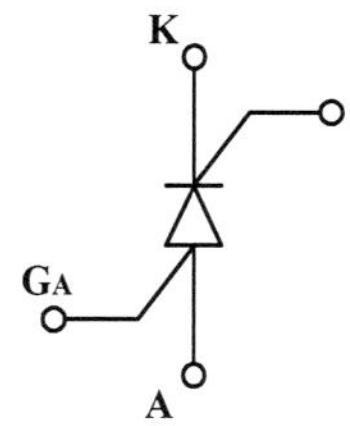	보통의 SCR는 p층에서 게이트전극을 빼내고 있는데, SCS는 n층에서도 게이트를 빼낸 4개의 전극이 있다.	
LASCR 라이트 액티베이테드 SCS	SCR와 동일	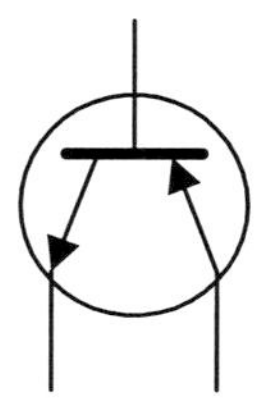	포토 SCR이라고 불리운다. 게이트 전극이 있으므로, 게이트 전류를 흐르게 함으로써 점호(点弧)할 수 있는데, 빛을 조사해서도 점호할 수 있다.	·고압회로
PUT 프로그래머블 유니전크션 트랜지스터	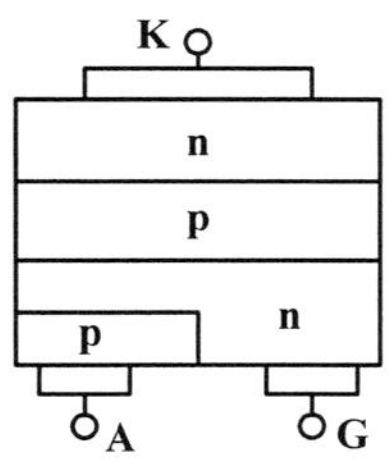	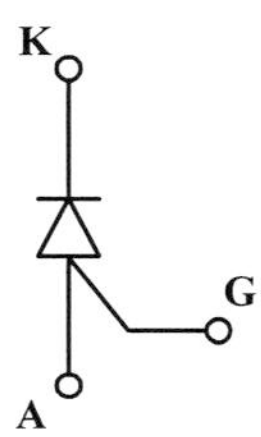	게이트 전류가 극히 높고 저전압으로 동작할 수 있다. 또 출력펄스의 시동이 빠르고, 값싸다.	·위상 제어 ·범용 타이머 ·천영가스용 라이터 ·변조기 ·발전기

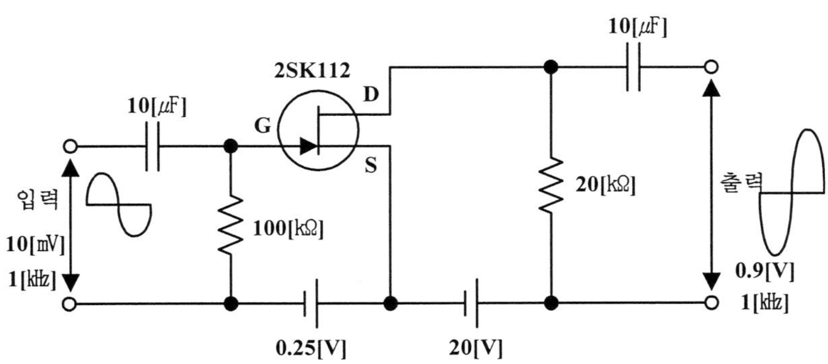

그림 5.19 접합형 FET의 증폭회로

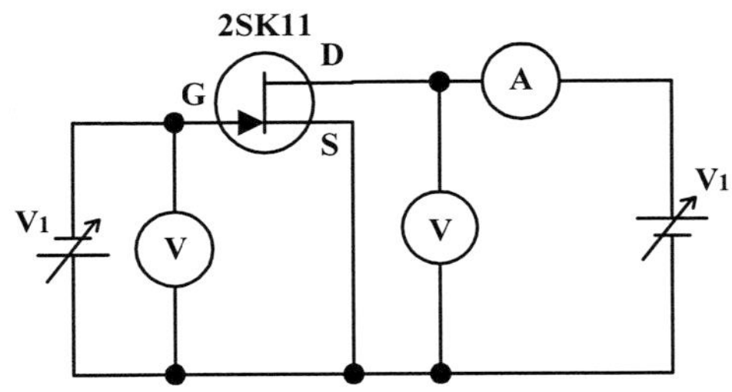

(a) 측정회로

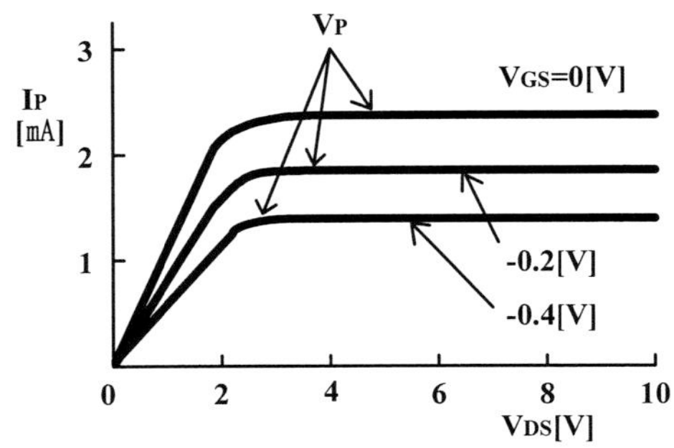

(b) 전압-전류 특성

그림 5.20 FET의 전압·전류 특성

G, S 사이의 전압 V_{GS}(게이트 전압)을 0[V]로 하고 D, S 사이의 전압 V_{DS}를 0[V]에서 점차적으로 높여가면, V_{DS}가 2[V] 정도까지는 I_D(드레인 전류)가 V_{DS}에 비례하여 증가한다.

V_{DS}가 2[V]를 초과하면 I_D는 포화가 시작되어 4[V] 이상으로 되면 2.2[mA]의 일정한 전류로 된다. 이 때 I_D가 일정한 전류로 되는 V_{DS}값을 핀치 오프 전압(pinch-off voltage)이라고 한다.

V_{GS}를 -0.2[V]로 하고, V_{DS}를 0[V]에서 점차적으로 크게 높여 가면, V_{DS}가 3[V] 이상에서 I_D는 1.8[mA]의 일정한 전류로 된다. V_{GS}를 -0.4[V]로 하고, V_{DS}를 0[V]에서 점차적으로 크게 높여 가면, V_{DS}가 2.5[V] 이상에서 I_D는 1.5[mA]의 일정한 전류로 된다.

이상의 결과에서 FET는 다음과 같은 성질이 있는 것을 알 수 있다.

1) V_{DS}가 어떤 값까지는 I_D는 V_{DS}에 비례한다.
2) V_{DS}가 V_P 이상으로 되면 I_D는 V_{DS}에 관계없이 일정한 전류로 된다.
3) 미소한 V_{GS}의 변화에 의하여 I_D를 크게 변화시킬 수 있다.

그리고 G, S 사이에 역방향 전압을 가할 수 있게 되어 있으므로, 게이트 전류는 흐를 수 없다. 따라서, 입력 임피던스가 매우 높다.

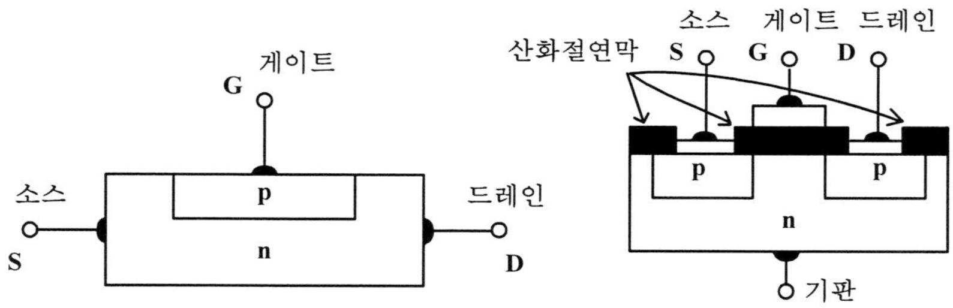

(a) 접합형 FET (n형 채널) (b) MOS형 FET (p형 채널)

그림 5.21 FET의 기본 구조

FET는 그 내부 구조에 의하여 그림 5.21과 같이 접합형 FET와 MOS형 FET(metal-oxide -semiconductor field-effect transistor : MOSFET)로 구별할 수 있다. 접합형 FET는 그림 5.21(a)와 같이 n형(p형) 반도체 안에 p형(n형) 반도체를 형성시켜 만들 수 있다.

MOS형 FET는 그림 5.21(b) 같이 n형(p형) 반도체 안에 p형(n형) 반도체를 2개 형성하고, 표면을 산화시켜 절연이 좋은 산화 절연막을 만들어, 그 위에 금속을 붙여서 게이트 전극으로 한 것이다.

또한, MOS형 FET에는 게이트에 전압을 가하지 않더라도, 드레인과 소스 사이에 전류가 흐르는 디플레션(depletion)형과, 게이트에 전압을 가하지 않으면, 드레인과 소스 사이에 전류가 흐르지 않는 인한스먼트(enhancement)형이 있다.

그리고, 접합형 MOS형 FET에는 D, S 사이에 드레인 전류가 흐르는데, 이 통로를 채널(channel)이라고 한다. 그림 5.21(a)의 경우는 n형 반도체의 안에 드레인 전류의 통로가 되므로 n형 채널이라 한다. 그림 5.21(b)의 경우는 2개의 p형 반도체 사이에 드레인 전류의 통로가 생기므로 p형 채널이라 한다. 이와 같이 각각의 FET에는 n형 채널과 p형 채널이 있다.

표 5.4는 각각의 명칭과 기호를 나타낸다. FET에 전압을 가하는 방법은 p형 채널의 경우, 접합형 및 디플레션형은 그림 5.22(a)와 같이 소스 S를 기준으로 생각하여 D에는 부(-), G에는 정(+)의 전위를 가한다.

인한스먼트형은 그림 5.22(b)와 같이 소스(S)를 기준으로 생각하여 D, G 모두 부(-)의 전위를 가한다. n형 채널의 경우, p형 채널의 경우와 반대의 극성의 전압을 가한다. 그리고 디플레션형의 경우 p, n형 채널 모두 G, S를 같은 전위, 즉, 제로 바이어스로 사용할 경우도 있다.

표 5.4 FET의 명칭과 기호

접 합 형		MOS형			
		디플레션형		인한스먼트형	
p형 채널	n형 채널	p형 채널	n형 채널	p형 채널	n형 채널

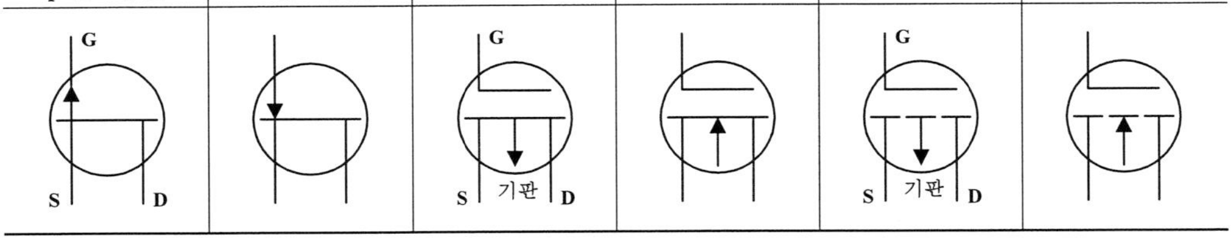

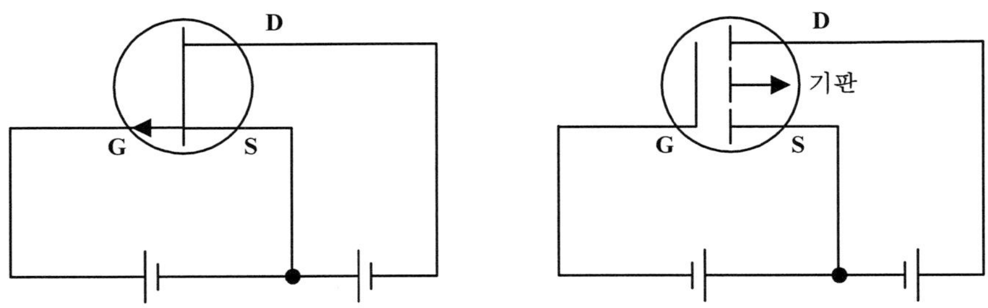

(a) 접합형(p형 채널)
(접속은 디플레이션형도 동일)

(b) 인한스먼트형
(p형 채널)

그림 5.22 FET에 전압을 가하는 방법

트랜지스터와 FET의 전극명, 동작 등을 비교한 것을 표 5.5에 나타낸다.

FET는 입력 임피던스가 수 [MΩ]인데 대해, 트랜지스터는 수 10[kΩ]이다. 따라서 FET는 입력 임피던스가 매우 높다는 특징이 있으므로, 높은 입력 임피던스가 필요한 측정기나 콘덴서 마이크로폰 등의 입력부의 증폭 회로에 사용된다. 또한 게이트 전압에 의해 FET가 ON상태나 OFF상태의 스위칭(switching)작용을 하므로, 계산기의 논리 회로 등에 사용된다.

표 5.5 트랜지스터의 FET의 동작 비교

	전극명	동 작	기 타
트랜지스터	B, E, C	베이스 전류에 의하여 컬렉터 전류를 크게 변화시킨다.	
FET	G, S, D	게이트 전압에 의하여 드레인 전류를 크게 변화시킨다. 게이트 전류는 흘리지 않는다.	입력 임피던스가 매우 높다.

5.4.5 반도체 소자의 명칭

반도체소자 명칭은 그림 5.23와 같이 정하여져 있다.

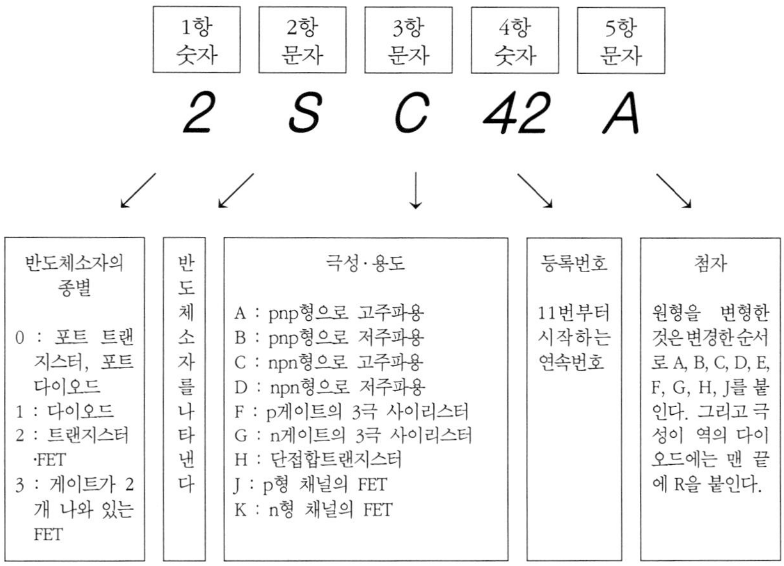

그림 5.23 반도체소자의 명칭

Chapter 05 연습문제

01 n형 반도체와 p형 반도체의 차이를 설명하시오.

02 진성 반도체 게르마늄(Ge, 가전자 4개)에 불순물 반도체 비소(As, 가전자 5개)를 혼합한 반도체는 n형 반도체일까, p형 반도체일까?

03 그림 5.4(a)의 회로에서 다이오드의 화살표 방향은 무엇을 나타내는가?

04 다이오드의 개소드 단자에 가하는 전압의 극성은?

05 트랜지스터의 $I_E = 10$[mA], $I_C = 9.95$[mA]일 때 I_B는 몇 [A]이며 I_C는 I_B의 몇 배인가?

06 접합형 n형 채널 FET와 npn형 트랜지스터의 전극명과 전압을 가하는 방법에 대하여 비교하시오.

07 npn형 및 pnp형 트랜지스터의 차이를 설명하시오.

08 다음 용어를 설명하시오.
1) 순방향 전압
2) 정전압 다이오드
3) SCR
4) FET
5) 발광 다이오드

Chapter 6

전원 회로

6.1 정류 회로
6.2 평활 회로
6.3 안정화 전원
6.4 IC를 이용한 안정화 회로

전자 기기를 동작시키기 위해서는 안정한 직류전원이 필요하다. 일반적으로 직류전원은 공장이나 각 가정에 송전되고 있는 교류전압을 직류전압으로 변환하여 사용되고 있다. 이와 같이 교류를 직류로 변환하는 조작을 정류라 한다. 정류회로의 목적은 일정한 출력전압을 얻는 것이다. 그러나 일반적으로 정류회로에 접속되어 있는 증폭기 등의 기기는 회로의 동작상태에 의하여 흐르는 전류가 크게 다르다. 즉, 정류회로의 출력전압은 일정하므로 정류회로 측면에서 본 부하가 크게 변화하는 것이 된다. 부하의 폭넓은 변동에 대하여 출력 전압은 일정하기를 요구한다. 그리고 전력손실이 적은 고효율적인 것이 중요하다.

이 장에서는 정류회로, 평활 회로, 정전압 회로, 안정화 회로 등에 대해서 알아본다.

6.1 정류 회로

전자회로 및 전자 기기는 직류전압을 전원으로 하는 것이 많다. 교류에서 직류를 얻는 전원회로를 **정류전원**(rectifying power)이라 한다. 정류회로는 반도체 다이오드를 이용하여 한 방향의 전압으로 변화하고 평활 회로는 이 전압 속에 포함되어 있는 교류분을 제거하여 직류로 만든다.

그리고 전원이나 부하의 변동에 의하여 출력전압이 변동하기 때문에 정전압 회로를 달아 일정한 직류 전압을 얻는 것을 **직류 정전압 전원** 또는 **직류 안정화 전원**이라 한다. 그림 6.1에 전원 정류회로의 구성을 나타낸다. 이 그림에서 변압회로에서는 얻고자 하는 직류 출력이 되는 교류 전압으로 전압을 변압시킨다. 그리고 정류 회로에서 교류의 정(+), 부(-) 중에서 어느 한 방향만 통과하도록 한다. 평활 회로에서는 변화가 심한 직류 전압(파도형)을 평활한 직류 전압으로 만든다.

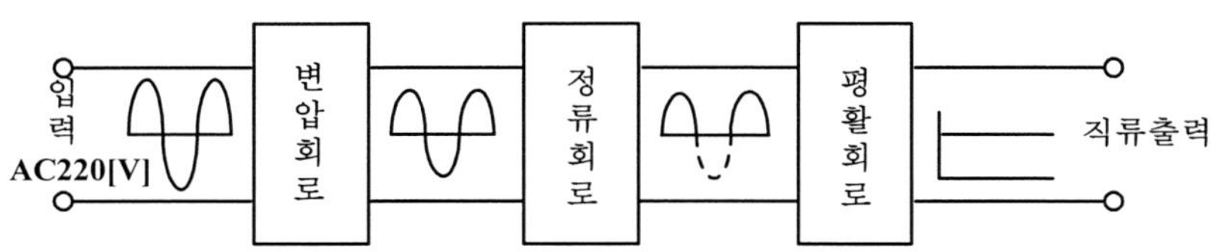

그림 6.1 전원 정류회로의 구성

6.1.1 반파 정류 회로

그림 6.2(a)의 회로에 교류 전압을 가하였을 때 변압기의 2차 측에 $v_s = V_m \sin\omega t$의 교류 전압이 변압되었다고 한다.

이 전압은 다이오드 D에 의하여 정류되기 때문에 교류의 정(+)의 반파의 기간만 부하 저항 RL에 한 방향의 전류가 흐른다.

따라서, 부하 저항의 양단의 전류 파형은 그림(b)와 같이 된다. 이와 같은 회로를 반파 **정류회로**(half wave rectifying)라 한다. 그리고 이 반파 정류회로는 다이오드의 입력 교류 전압의 반주만 출력하므로 효율이 나쁘고 **리플전압**(ripple voltage)이 크다.

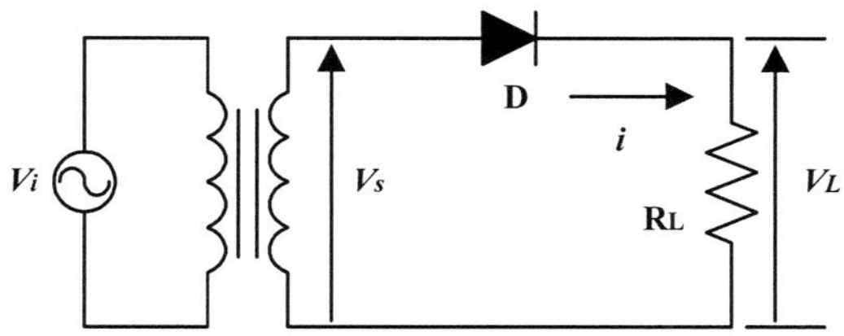

(a)

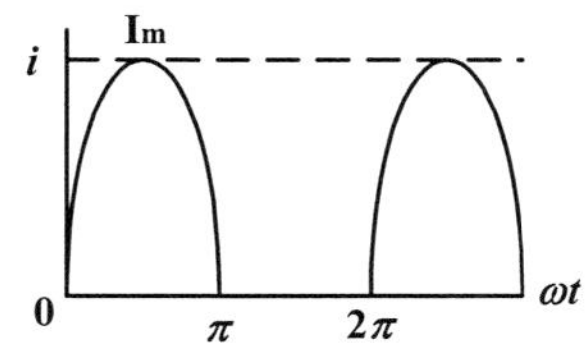

(b)

그림 6.2 반파 정류 회로

그림 6.3에 실제적인 반파 정류회로를 나타낸다. 그림(b)와 같은 정현파를 가하였을 때 출력전압 v_0의 파형을 그림(c)에 나타낸다. 여기서 입력 정현파의 주파수 f를 50[Hz]로 한 이유는 그림(b), (c)의 그래프에서 주기 T[s]의 숫자 표현이 쉽도록 하기 위해서다. 현재 우리 나라는 주파수 f가 60[Hz]이다.

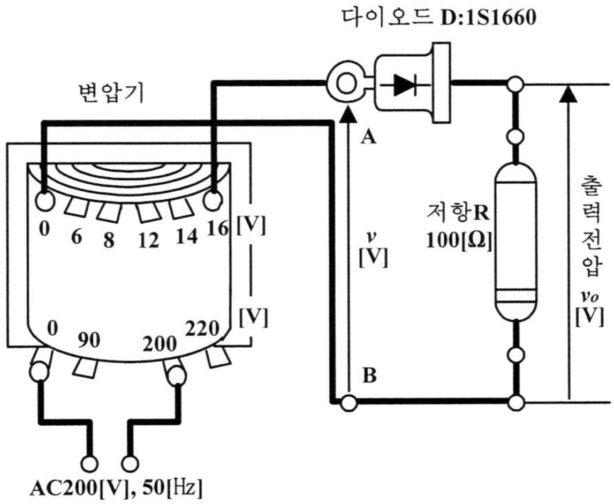

(a) 회로

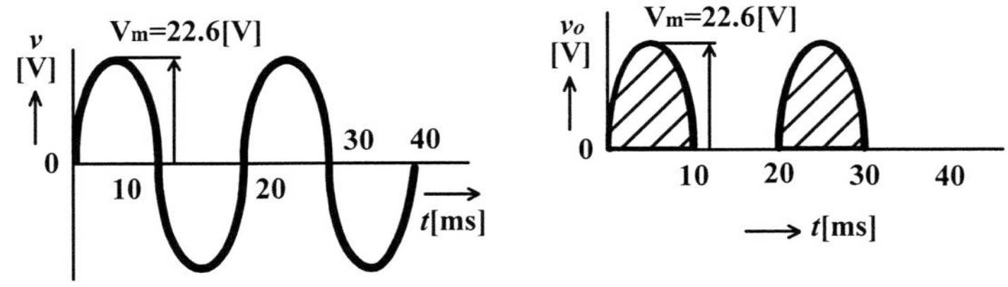

(b) 입력 정현파 (c) 출력전압

그림 6.3 실제적인 반파 정류회로

6.1.2 전파 정류 회로

전파 정류방식에 의한 전원 정류 회로를 그림 6.4에 나타낸다. 그림에서 알 수 있듯이 다이오드 2개와 중성점 탭 부착 변압기를 사용하고 있다. 변압기 2차측의 중앙에 중성점이 있으므로 상하의 전압 v_1과 v_2는 동등한 값이다. R_L은 부하 저항이다. 이 전파 정류 회로는 반파 정류 회로에 비하여 변압기의 구조가 복잡하다. 2개의 다이오드를 사용하고 있으므로 반파 정류 회로에 비하여 리플 전압이 적다.

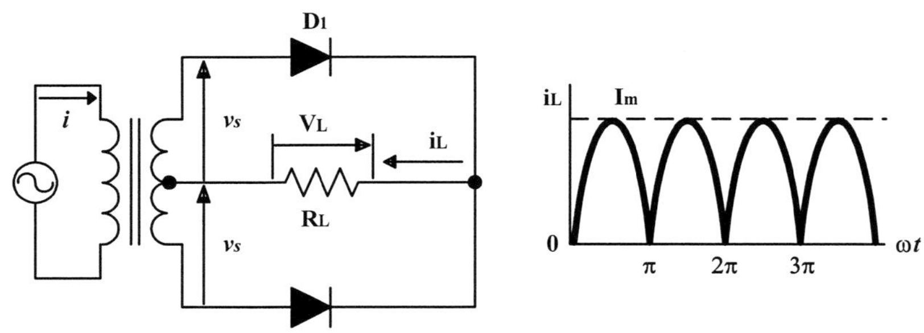

(a) (b)

그림 6.4 전파 정류 회로

전파 정류 회로의 동작은 다음과 같다. v_1이 정(+)의 반 사이클 기간에서는 D_1이 순방향, D_2는 역방향으로 전압을 가하는 것과 같게 된다. 따라서 이 반 사이클 기간에서는 D_1을 통한 부하 R_L에 흐르는 전류 i_L은 그림(b)의 0에서 π까지가 된다. 다음에 v_1이 부(-)의 반 사이클 기간에서는 v_2도 동등한 부의 반 사이클이기 때문에 다이오드 D_1에 가하는 전압은 역 방향이 되고, D_2에 가하는 전압은 순방향이 된다. 따라서 부하저항 R_L에는 다이오드 D_2에 의하여 정류 전류 i_L이 흐르므로 그림(b)의 π에서 2π까지의 전류가 흐른다. 이와 같은 그림 6.4의 전원 정류 회로를 **전파 정류 회로**(full wave rectifying circuit)라 한다.

6.1.3 브리지 정류 회로

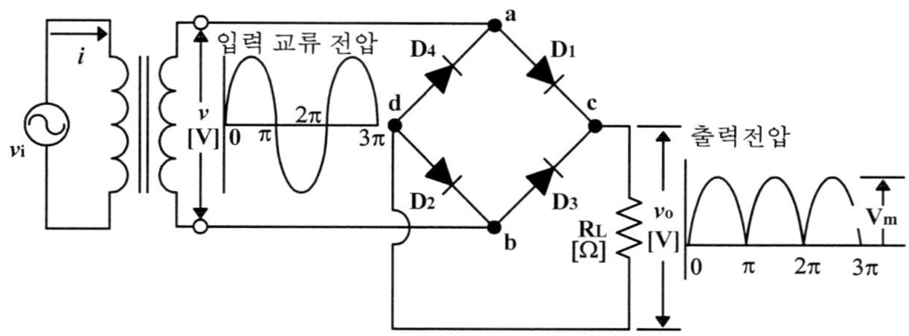

그림 6.5 브리지 정류 회로

일반적으로 전파 정류회로 그림 6.5와 같이 4개의 다이오드를 사용하는 정류회로가 많이 사용되고 이다. 이와 같은 회로를 **브리지 정류 회로**(bridge rectfying circuit)라 한다.

이 회로의 특징은 변압기의 중간 탭을 사용하지 않고 전파 정류가 되는 이점이 있다. 즉, 변압기의 2차측이 6.1.2에서 설명한 전파 정류 회로에서 사용된 변압기의 2차 측보다 반 정도로 같은 동작을 얻을 수 있어 경제적이다. 그러나 다이오드는 2배가 든다. 이 브리지 정류 회로의 동작은 다음과 같다.

2차측 전압이 정(+)의 반 사이클 사이의 기간에는 그림 6.5의 다이오드 D_1, D_2를 통하여 전류가 흘러 부하저항 R_L의 양단에 출력전압 0에서 π까지의 정의 반파가 흐른다. 다음에 부(-)의 반 사이클 기간에는 다이오드 D_3, D_4를 통하여 전류가 흘러 부하저항 R_L의 양단에는 앞에서와 같이 양(+)의 출력전압 π에서 2π까지의 반파가 흐른다.

정류 회로에 의하여 얻어진 직류 전압은 완전한 직류 전압이 아니고 출력 전압과 같은 리플 전압을 포함하고 있다. 이 리플 전압을 평활한 전압으로 만들기 위해 부하저항 R_L과 병렬 연결로 콘덴서를 연결하면 평활한 직류전압을 얻을 수 있다.

6.1.4 배전압 정류 회로

트랜지스터를 사용하지 않고 고전압의 직류 전압 출력을 얻는 정류 회로를 **배전압 정류 회로**(voltage multiplying rectilying circuit)라 한다. 그림 6.6에 2배 전압 정류 회로를 나타낸다. 교류 입력 $v_s = V_m \sin\omega t$가 인가될 때 동작을 살펴본다.

입력 전압이 부(-)일 때 다이오드 D_1의 애노드·개소드 사이의 전압(입력 전압과 콘덴서 C_1의 양단 전압과 차 전압)이 정(+)의 기간은 on상태이며 D_2는 off상태로 되기 때문에 그림에서 실선 화살방향(↓)으로 전류가 흘러 C_1에 충전되어 양단전압 D_2은 인가된 V_m의 전압과 거의 동등하게 된다. 다음은 입력 전압이 정(+)일 때 다이오드 D_2의 애노드·개소드 사이의 전압(입력 전압과 콘덴서 C_1의 양단 전압과의 합의 전압과 출력 전압과의 차 전압)이 정의 기간은 다이오드 D_2는 on상태, D_1은 off상태로 되어 그림의 점선 화살 방향(↑)으로 전류가 흘러 콘덴서 C_2의 양단전압은 거의 $2V_m$까지 충전된다. 따라서 출력 전압은 반파 정류와 동등한 일정한 직류 전압 $2V_m$을 얻을 수 있다. 그러나 부하 저항을 작게 하면 출력 전압은 급하게 감소하므로 큰 전류를 얻는 것은 부적합하며 실용적인 배전압 비율은 3~4배 정도가 사용되고 있다.

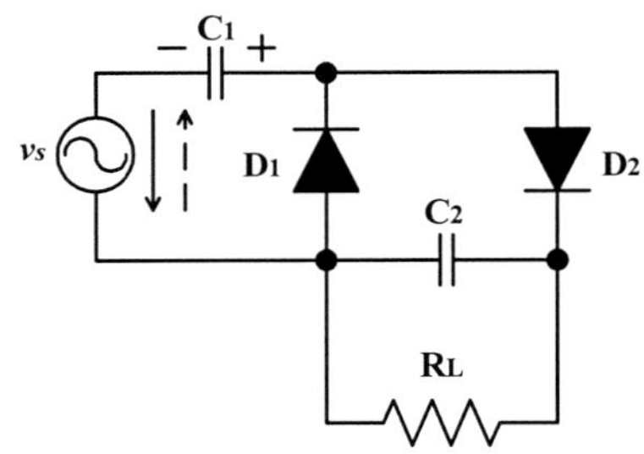

그림 6.6 배전압 전류 회로

6.2 평활 회로

정류회로의 출력에는 완전한 직류가 아닌 약간의 교류성분을 포함하게 되는데 이것을 리플 전압(ripple voltage)이라 한다. 이 리플 전압을 제거하기 위한 회로를 **평활 회로**라 한다.

6.2.1 캐패시터 평활 회로

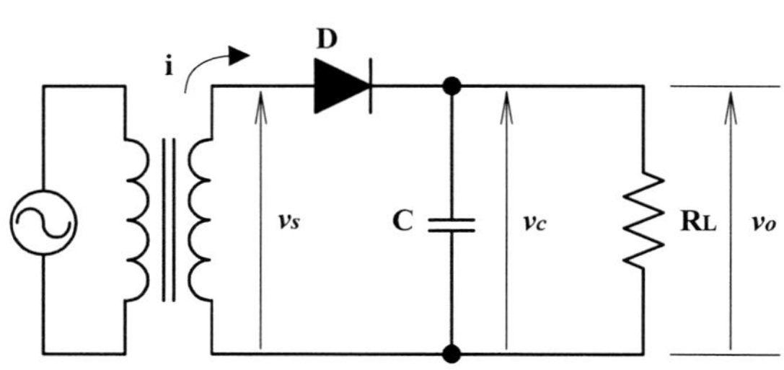

(a)

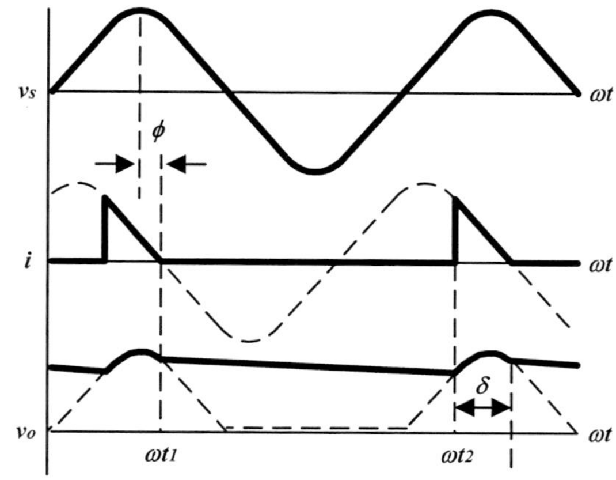

(b)

그림 6.7 캐패시터 평활 회로

그림 6.7은 반파정류 회로에 캐패시터 C를 부하저항 R_L과 병렬로 연결한 **캐패시터 평활 회로**이다.

입력전압이 정(+)의 0에서 상승 전압으로 올라갈 때 다이오드 D는 on이 되어 부하저항 R_L에 전류를 공급하고 캐패시터 C에 충전한다. 충전 시정수는 짧기 때문에 캐패시터 전압은 입력 전압의 파형을 그대로 따라간다. 입력과 동등한 전압이 된 후 입력 전압이 감소한다.

입력 전압이 피크값에서 하강할 때 다이오드 D는 off가 되어(ω_1) 전류는 캐패시터에 충전된 전압이 방전하면서 전류를 흐르게 한다. 이때의 방전은 캐패시터와 부하저항값에 의해 정해진 시정수를 가지고 지수 함수적으로 감소하게 된다. 다이오드는 이 나머지 주기 동안은 차단 상태가 된다. 이 상황은 입력 전압이 캐패시터 전압보다 충분히 커서 다이오드 D가 다시 순방향으로 될 때까지(ωt_2) 계속된다. 캐패시터의 동작은 입력 전압이 높을 때는 충전이 되고 입력 전압이 낮거나 부(-)일 경우에는 방전역할을 한다.

여기서 중요한 것은 캐패시터가 없을 경우 다이오드는 반 주기 동안 전류가 흐르지만, 충전이 된상황에서는 반 주기의 일부분에서만 다이오드가 전도상태가 된다는 것이다. 그러므로 캐패시터의 값이 커질수록 다이오드에 전류가 흐르는 부분은 더욱 줄어든다.

여기서 캐패시터 용량을 설정할 때 다이오드의 최대 피크 정류 전류를 초과하지 않도록 주의가 필요하다. 그림(b)에 입력 전압과 다이오드 D에 통전하는 전류 i 및 출력 전압 v_0를 나타낸다.

6.2.2 LC 평활 회로

캐패시터만 있는 평활 회로에서는 캐패시터의 용량이 크게 되고 그리고 다이오드가 on일 경우 펄스(pulse)전류가 흐르는 등의 결점이 있다. 이러한 것을 방지하는 목적으로 인덕턴스 L을 겸용하는 회로가 **LC 평활 회로**이다. 그림 6.8에 LC 평활 회로를 나타낸다. 이 회로의 리플율(맥동율) γ는

$$\gamma = (\sqrt{2}/3)(1/2\omega c)(1/2\omega L) \tag{6.1}$$

가 된다. 표 6.1에 각종 정류회로 및 출력 파형을 정리하여 나타낸다.

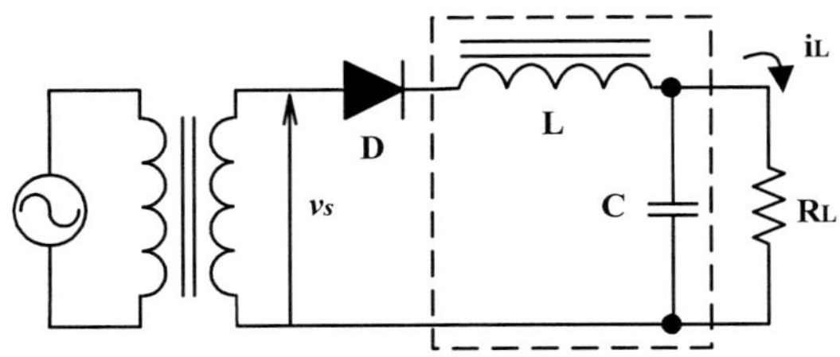

그림 6.8 LC 평활 회로

예제 6.1 $f=60[\mathrm{Hz}]$의 전파 정류회로에 $C=1000[\mu\mathrm{F}]$, $L=100[\mathrm{mH}]$의 LC 평활 회로를 접속하였다. 이 때의 리플율을 구하시오.

[풀이]

$$\gamma = (\sqrt{2}/3)(1/2\times 2\pi\times 60\times 10^{3}\times 10^{-6})(1/2\times 2\pi\times 60\times 100\times 10^{-3})$$

$$= 8.3\times 10^{-3} = 0.83\%$$

■

6.3 안정화 전원

부하에 걸리는 직류전압, 전류는 입력전압, 부하 등의 변동에 의하여 변화한다. 그러나 고성능 IC 등의 전자 회로는 일정하고 안정한 전압이 필요하기 때문에 여러 가지의 정전압회로 및 정전류회로가 사용되고 있다. 따라서 여기서는 이러한 안정화 전원 종류에 대하여 살펴본다.

표 6.1 각종 정류회로 및 출력 파형

	회 로	출력파형
반파정류 회 로	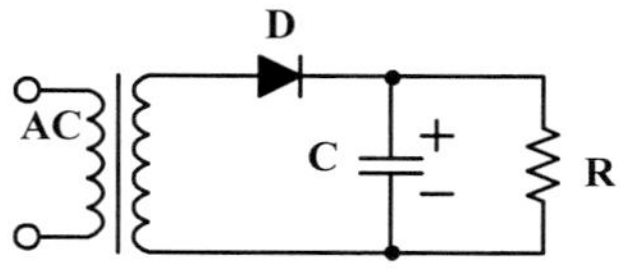	
전파정류 회 로	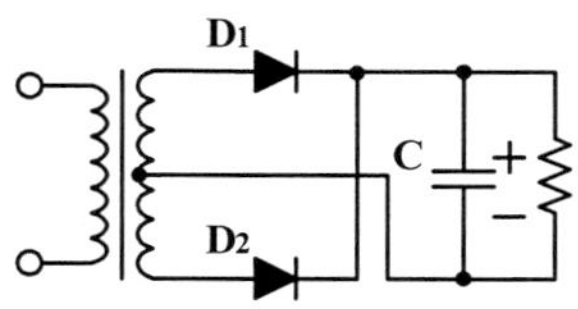	
브 리 지 정류회로	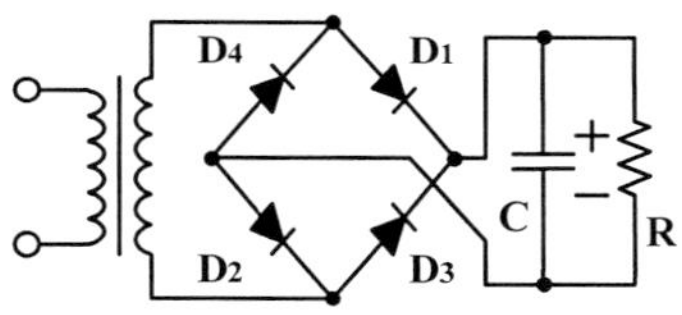	
반파배압 정류회로	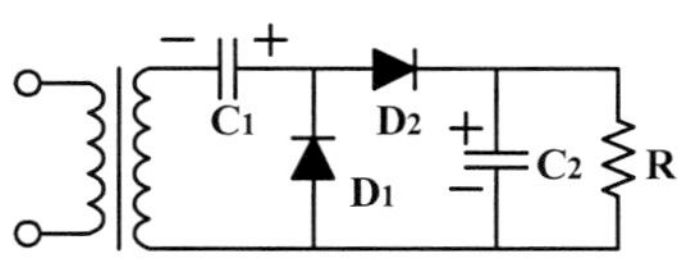	
전파배압 정류회로	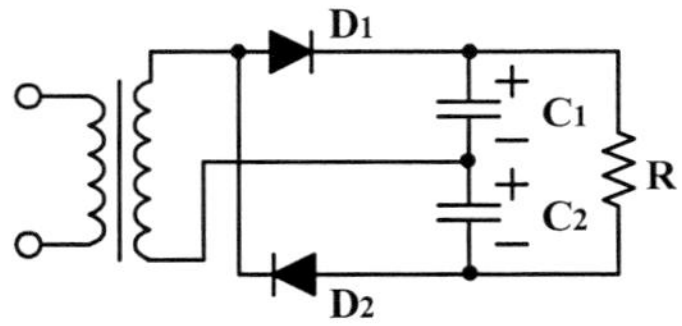	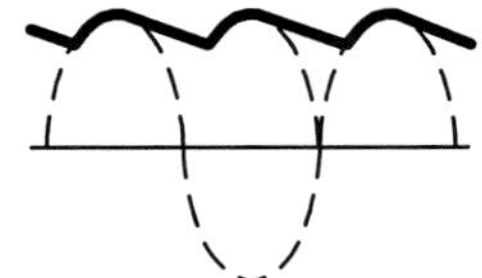

6.3.1 병렬 제어형 정전압 회로

그림 6.9는 정전압 반도체 소자로 제너 다이오드 ZD를 이용하여 부하저항 R_L을 병렬로 접속한 아주 간단한 병렬 제어형 **정전압 회로**이다. 입력전압 V_i 또는 부하 R_L이 증가하면 ZD에 흐르는 전류 I_z가 높아 R_s에 의한 전압 강하를 증가시켜 출력전압 V_0을 내리게 한다.

입력전압 V_i와 R_L이 감소하면 앞에서 설명한 동작의 반대가 된다. 그림(b)에 등가회로를 나타낸다.

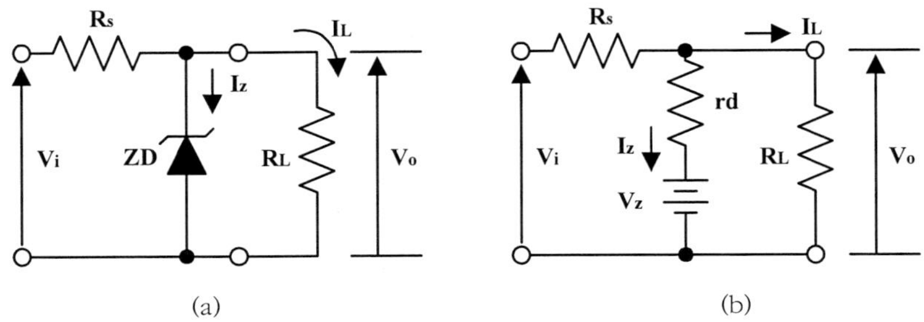

그림 6.9 제너 다이오드를 이용한 전압 안정화 회로

6.3.2 직렬 제어형 정전압 회로

그림 6.10의 **직렬 제어형 정전압 회로**는 일반적으로 많이 사용되는 회로로서 제어형 트랜지스터 Tr이 부하 R_L과 직렬로 접속되어 있다. 그림 6.10(a)에는 트랜지스터를 제어소자로 사용하며 전압기준 소자에는 제너 다이오드 ZD를 이용한 간단한 정전압 회로이다. 이 회로를 간단히 설명하면 다음과 같다. 입력전압 V_i 또는 부하 R_L이 증가하면 출력전압 V_0가 상승한다. 트랜지스터 Tr의 이미터·베이스 사이의 전위차가 크게 되어 Tr의 내부저항이 증가해서 V_0를 감소시킨다. 그리고 보다 높은 안정도를 얻기 위해서는 출력의 변동분을 일단 증폭해서 트랜지스터에 가하는 그림(b)와 같은 방법이 있다. 이 회로의 동작은 출력전압 변동을 Tr_2 트랜지스터의 베이스전류의 변화라고 생각하고 Tr_2로 증폭시켜 Tr_1의 베이스 전류로 하여 부(-) 귀환시켜 Tr_1 트랜지스터 내부저항을 제어해서 출력 전압 V_0를 일정하게 유지시키게 된다.

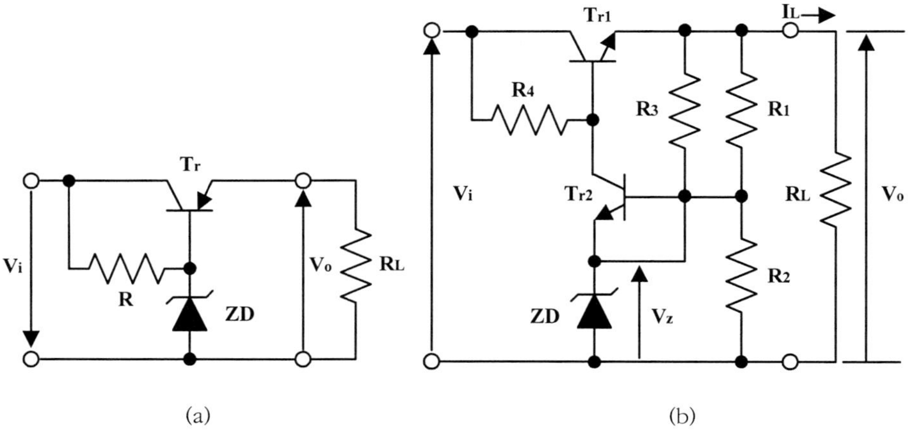

그림 6.10 직렬 제어형 정전압 회로

그림 6.11은 **Op앰프**(operational amplifier)741 IC를 이용한 실제적인 한 예의 직렬 제어형 정전압 회로를 나타낸다.

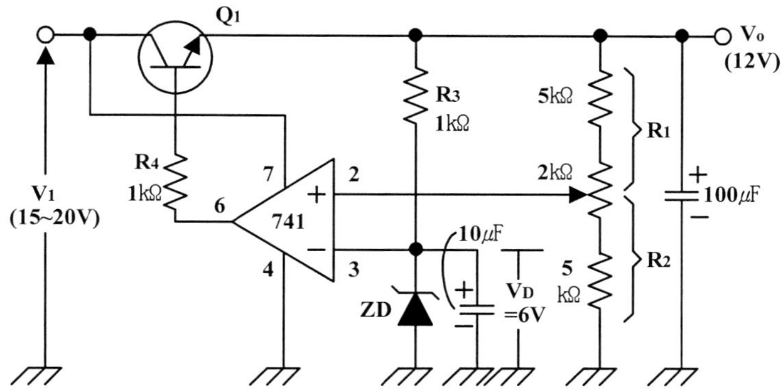

그림 6.11 Op앰프를 이용한 직렬 제어형 정전압 회로

6.4 IC를 이용한 안정화 회로

그림 6.12는 **3단자 레귤레이터** IC를 이용한 가장 간단하고 안정화된 전원회로이다. 3단자 레귤레이터는 일반적으로 정(+)의 출력전압의 IC에 78××라고 적혀있는 IC가 사용되고 음(-)의 전압이 필요할 시에는 79××의 전용 IC를 사용하면 편리하다. 출력 전압은 일반적으로 78 다음에 오는 ×× 숫자가 출력 전압이 된다. 한 예로 7805이면 5[V]가 출력된다.

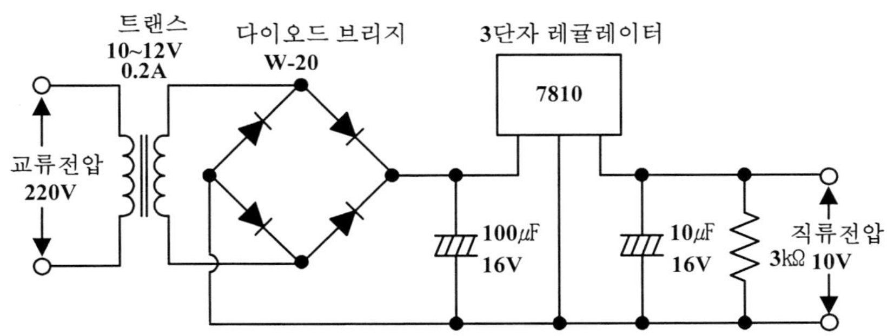

그림 6.12 3단자 레귤레이터 IC를 이용한 안정화 전원회로

3단자 레귤레이터 이외에도 안정화 전원에 이용되는 IC로 **스위칭 레귤레이터** IC도 있다.

Chapter 06 연습문제

01 그림 6.13의 전원 정류회로의 이 이름은 무엇이며 입력전압 v_i에 정현파를 가하였을 때 출력 파형을 그려보세요.

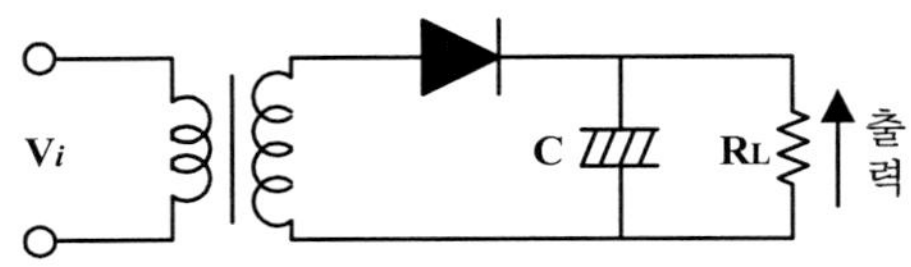

그림 6.13

02 그림 6.14의 전원 정류회로의 이름을 무엇이며 입력전압 v_i에 정현파를 가하였을 때 출력 파형을 그려보세요.

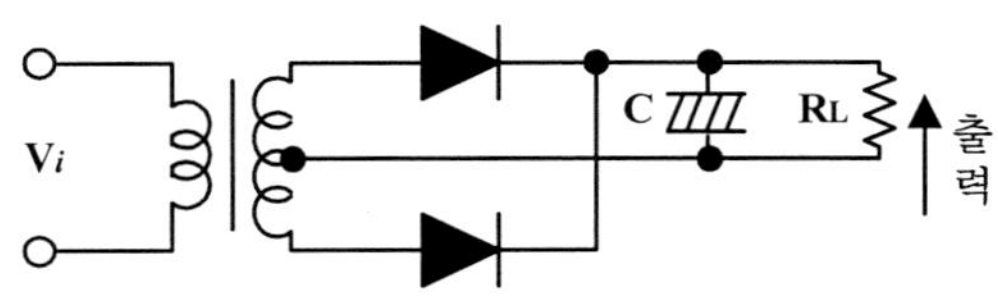

그림 6.14

03 그림 6.15의 정전압 전원회로의 설명을 다음과 같이 나열되어 있다. 여기서 맞는 설명에는 ○, 틀린 곳에 ×표하시오.

1) 회로에서 ZD의 다이오드는 제너이다.
( )

2) 일반적으로 TR_2는 TR1보다 컬렉터 손실이 큰 트랜지스터를 사용한다.
( )

3) 전압 V_s는 출력전압 V_0의 변동에 의하여 변화한다.
( )

4) TR_2의 회로는 V_s와 V_R을 비교하여 그 차를 증폭하는 비교증폭부이다.
( )

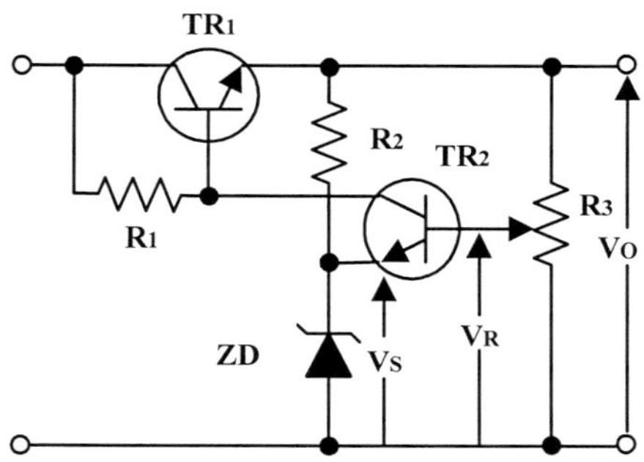

그림 6.15

Chapter 7

증폭 회로

7.1 증폭기의 원리
7.2 트랜지스터의 증폭 회로
7.3 Op 앰프(연산증폭기)

앞장에서 반도체 소자를 배웠다. 이 장에서는 반도체 소자를 이용한 증폭회로에 관하여 살펴보기로 한다. 전자회로 중에서도 가장 중요하고 많이 사용되는 것이 증폭회로이다. 오디오의 앰프 등이 증폭회로로 구성되어 있다. 메카트로닉스에서 구동기(액츄레이트)를 구동하는 드라이브 회로에는 이 증폭회로가 필수적이라 할 수 있다.

반도체소자 중에서 가장 많이 사용되고 있는 트랜지스터, Op Amp를 사용한 증폭기의 기본회로에 대하여 알아보도록 한다.

7.1 증폭기의 원리

일상생활에서 가장 접하기 쉬운 마이크와 스피커를 이용하여 증폭기의 원리를 알아보자. 마이크와 스피커를 그림 7.1과 같이 연결하여 마이크에 노래를 불러보면 스피커에는 들리지 않는다. 이유는 마이크와 스피커 사이에 증폭기(amplifiers)가 없기 때문이다. 다시 말하면 마이크는 음성을 전기신호로 바꾸는 역할을 하며 스피커는 전기신호를 음성으로 변환시키는 역할을 한다. 따라서 마이크에 들어간 음성이 아주 작은 전기신호로 변환되어 스피커를 동작시킬 수 없기 때문에 들리지 않는다.

그림 7.1

그러면 마이크에 입력된 음성이 스피커에 출력되어 들을 수 있게 하려면 어떻게 하면 될까? 그림 7.2가 일반적으로 사용되고 있는 증폭기가 들어있는 마이크와 스피커의 시스템이다. 여기서 증폭기의 역할은 마이크를 통하여 들어온 작은 전기적 신호를 큰 전기적 신호로 증폭시켜 스피커로 출력하여 들을 수 있도록 하는 것이다.

그림 7.2

그림 7.3에 트랜지스터를 사용한 증폭기의 한 예를 나타낸다. 여기서 저항 R_B는 트랜지스터의 베이스 · 이미터 사이의 전압 V_{BE}를 안정시키는 역할을 한다. R_E와 C_E는 노이즈가 들어가지 않게 하기 위해서이며 이것으로 인하여 주파수 특성이 좋게 되는 이유이다. 그리고 이 회로는 전류귀환형 바이어스(bias) 회로를 갖은 이미터 접지 방식의 증폭기라고도 한다. 트랜지스터 증폭기 중에서 일반적으로 가장 많이 사용되고 있다. 이 증폭기의 구체적인 설계법은 7.2.8절에서 상세히 설명하기로 한다.

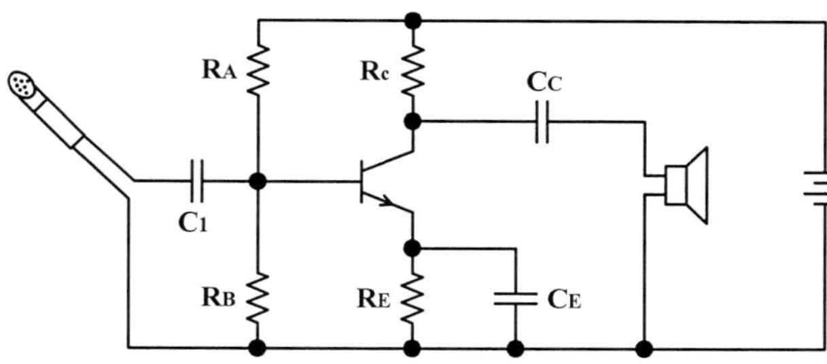

그림 7.3

그림 7.3의 회로에서 입력 마이크를 교류 전원으로 생각하고 스피커를 출력저항 R_L로 생각하여 그린 증폭기의 회로를 그림 7.4에 나타낸다.

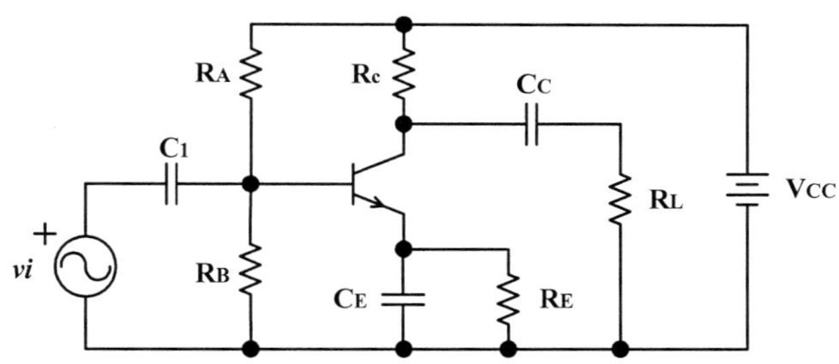

그림 7.4

7.2 트랜지스터의 증폭회로

7.2.1 증폭기의 기본회로

그림 7.5와 같이 트랜지스터 증폭회로의 단자 11'에 입력신호로 정현파를 가하였을 때 단자 22'에 어떠한 정현파출력이 나오는지 살펴보자.

증폭에 사용되는 트랜지스터의 결선방법은 그림 7.5와 같이 3종류의 기본회로가 있다. 여기서는 알기 쉽도록 교류를 입력하여 살펴보도록 한다. 그림(a)는 이미터가 입출력의 교류에 대하여 공통단자로 접속되어 있으므로 이미터 **접지 증폭회로**라 한다. 그림(b)는 베이스, 그림(c)에서는 컬렉터가 입출력의 공통 단자에 접속되어 있어 **베이스 접지 증폭회로, 컬렉터 접지 증폭회로**라 한다.

증폭 기본회로는 3가지 방법 모두 그림 7.6에 나타낸 등가회로로 나타낼 수 있다. 그러나 각각 결선 방법이 다르기 때문에 동등한 트랜지스터라도 h정수의 값은 다르다. 따라서 이미터 접지의 h정수에 첨자 e를 붙여 h_{ie}, h_{fe}, h_{oe}, h_{re}와 같이 나타낸다. 같은 방법으로 베이스 접지의 h정수에는 첨자 b, 컬렉터 접지의 h정수에는 첨자 c를 붙인다. 예를 들어 베이스 접지 전류 증폭율 h_{fb}는 그림 7.5(b)의 회로에서 v_0를 0으로 하였을 때($R_L = 0$) i_o와 i_i의 비를 나타낸다. 이 경우의 입력 교류전압 v_i 및 입력교류전류 i_i는 각각 v_{eb}, i_e이며, 출력 교류전압 v_0를 0으로 하였을 때($R_L = 0$) i_o와 i_i의 비를 나타낸다. 이 경우의 입력 교류전압 v_i 및 입력 교류전류 i_i는 각각 v_{eb}, i_e이며, 출력 교류전압 v_0 및 출력 교류전류 i_o는 v_{cb}와 i_c이다.

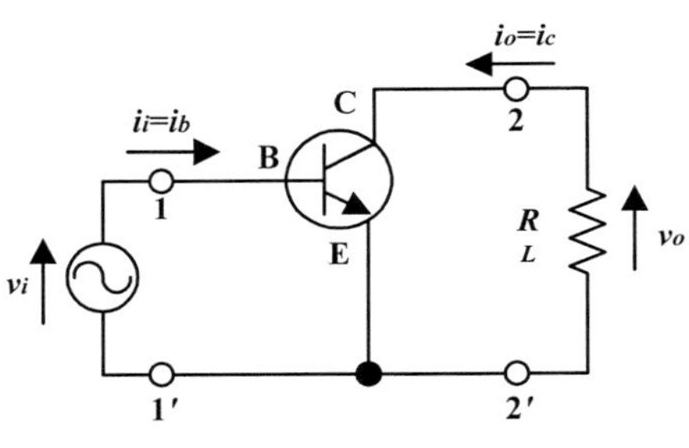

(a) 이미터접지

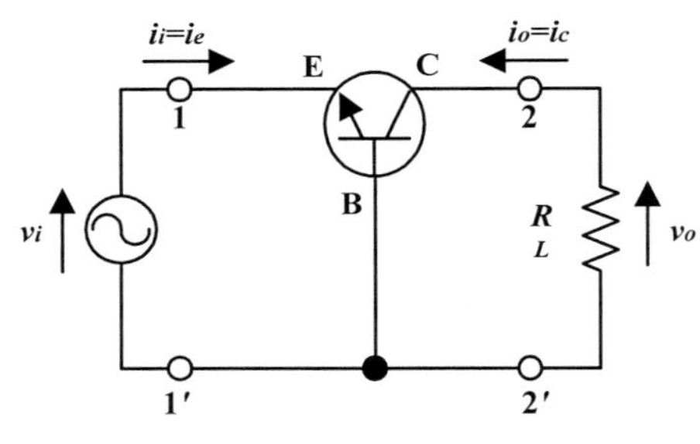

(b) 베이스접지

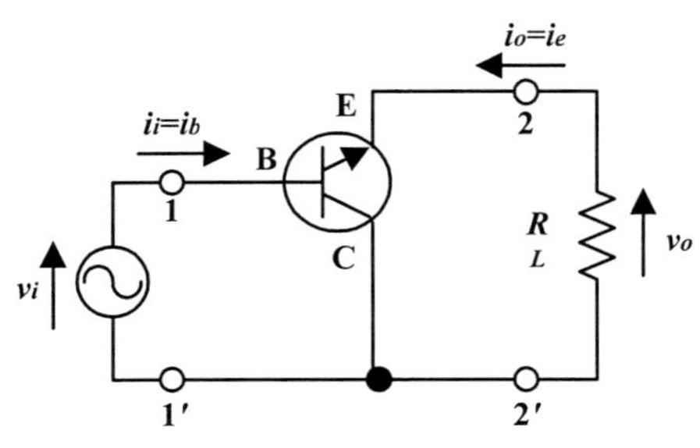

(c) 컬렉터접지

그림 7.5 증폭회로

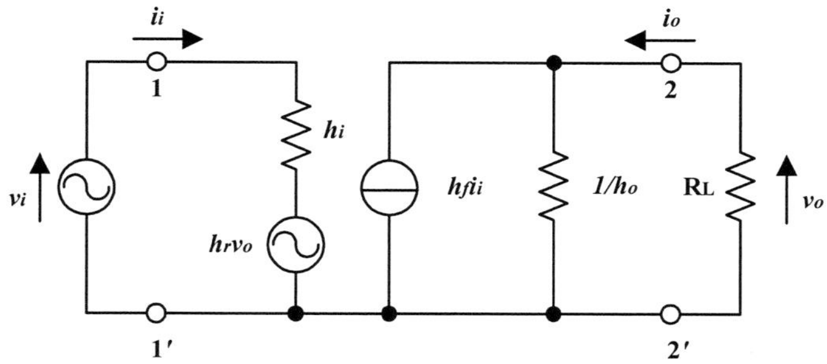

그림 7.6 그림 7.5의 증폭회로의 등가회로

동등한 트랜지스터를 서로 다른 기본회로로 사용할 경우 결선방법이 서로 다르기 때문에 각각 h정수의 값은 서로 다르지만 그것들의 사이에는 일정한 관계가 있다.

베이지접지, 컬렉터접지의 h정수와 이미터 접지의 h정수와의 관계를 표 7.1에 나타낸다.

표 7.1

기 호	이미터 접지 h정수에 의한 표시
h_{ie}	h_{ie}
h_{re}	$h_{re}(\ll 1)$
h_{fe}	$h_{fe}(\gg 1)$
h_{oe}	h_{oe}
h_{ib}	$\frac{h_{ie}}{1+h_{fe}}$
h_{rb}	$\frac{h_{ie}h_{oe}}{1+h_{fe}}-h_{re}$
h_{fb}	$-\frac{h_{fe}}{1+h_{fe}}$
h_{ob}	$\frac{h_{oe}}{1+h_{fe}}$
h_{ic}	h_{ie}
h_{rc}	$1-h_{re}(\fallingdotseq 1)$
h_{fc}	$-(1+h_{fe})$
h_{oc}	h_{oe}

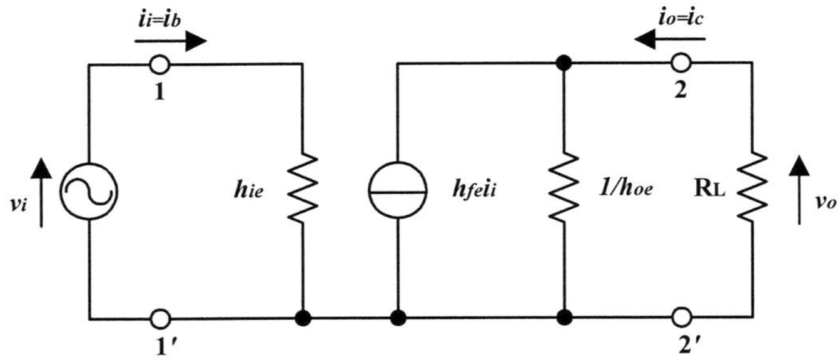

그림 7.7 이미터접지 증폭회로

7.2.2 트랜지스터의 h정수

그림 7.5(a)의 회로에서 트랜지스터의 컬렉터 전압 V_{CE}를 일정하게 유지시켜 베이스 전류 I_B를 증가시키면 컬렉터 전류 I_C는 증가한다. 이 변화분을 ΔI_B, ΔI_C라 하면 $\Delta I_C/\Delta I_B$를 이미터접지의 **전류증폭률**이라 한다. 기호 h_{fe}로 나타낸다.

$$h_{fe} = \left[\frac{\Delta I_C}{\Delta I_B}\right] \ (V_{CE} = \text{일정}) \tag{7.1}$$

많이 사용되고 있는 트랜지스터의 h_{fe}값은 20~150 정도이다.

다음은 트랜지스터의 베이스 전류 I_B를 일정하게 유지시켜 컬렉터 전압을 ΔV_{CE}만 변화시키면 컬렉터 전류는 ΔI_C만 변화한다.

$\Delta I_C/\Delta V_{CE}$를 **출력컨덕턴스**라 하며 기호 h_{oe}로 표시하고 단위는 지멘스 [S]이다.

$$h_{oe} = \left[\frac{\Delta I_C}{\Delta V_{CE}}\right] \ (I_B = \text{일정}) \tag{7.2}$$

대표적인 트랜지스터의 h_{oe}의 값은 수십 마이크로 지멘스이다. 일반적으로 부하 컨덕턴스에 비하여 대단히 작으므로 계산시에는 무시하는 경우가 많다.

V_{CE}를 일정하게 유지시켜 베이스전압 V_{BE}를 ΔV_{BE}만 변화시키면 베이스 전류 I_B는 ΔI_B만 변화한다. $\Delta V_{BE}/\Delta I_B$를 **입력저항**이라 한다.

기호 h_{ie}로 표시하며 단위는 $[\Omega]$이다.

$$h_{ie} = \left[\frac{\Delta V_{BE}}{\Delta I_B}\right] \ (V_{CE} = \text{일정}) \tag{7.3}$$

대표적인 트랜지스터의 h_{ie}의 값은 수백~1000[Ω] 정도이다.

그리고, 베이스 전류 I_B를 일정하게 유지시켜 컬렉터 전압을 ΔV_{CE}만 변화시키면 베이스전압 ΔV_{BE}만 변화한다. $\Delta V_{BE}/\Delta V_{CE}$를 전압귀환율이라 한다. 기호 h_{re}로 표시한다.

$$h_{re} = \left[\frac{\Delta V_{BE}}{\Delta V_{CE}}\right] \ (I_B = \text{일정}) \tag{7.4}$$

대표적인 트랜지스터의 h_{re}는 0.0001 정도로 아주 작으므로 실제적으로 계산할 때는 무시하는 경우가 많다.

식(7.1)에서 식(7.4)에 정의된 정수를 트랜지스터의 이미터접지의 h정수라 한다.

7.2.3 이미터접지 증폭회로

그림 7.5(a)의 회로는 h_{re}값이 상당히 작으므로 그림 7.7과 같은 등가회로로 바꿔 생각할 수 있다. 그림에서 전류증폭도 i_o/i_i 및 전압증폭도 v_o/v_i를 구하여 보자.

(1) 전류증폭도

그림 7.7에서

$$i_o = \frac{h_{fe}\, i_i}{\dfrac{1}{h_{oe}} + R_L} \cdot \frac{1}{h_{oe}} = \frac{h_{fe}}{1 + h_{oe} R_L} i_i \tag{7.5}$$

가 된다. 전류증폭도를 A_i라 하면

$$A_i = \frac{i_o}{i_i} = \frac{h_{fe}}{1 + h_{oe} R_L} \tag{7.6}$$

일반적으로 $h_{oe}R_L$은 1에 비하여 대단히 작으므로

$$A_i \fallingdotseq h_{fe} \tag{7.7}$$

로 생각하여도 좋다.

(2) 전압증폭도

그림 7.7에서

$$v_o = -R_L i_0$$

식(7.5)를 이용하여

$$v_o = -\frac{h_{fe} R_L}{1+h_{oe} R_L} i_i \fallingdotseq -h_{fe} R_L i_i \tag{7.8}$$

가 된다. 그래서 $i_i = \dfrac{v_i}{h_{ie}}$이므로 이것을 식(7.8)에 대입하여

$$v_o \fallingdotseq -\frac{h_{fe}}{h_{ie}} R_L v_i \tag{7.9}$$

가 된다. 따라서 전압증폭도를 A_v라 하면

$$A_v = \frac{v_o}{v_i} = -\frac{h_{fe}}{h_{ie}} R_L \tag{7.10}$$

이 얻을 수 있다. 여기서 A_v의 값이 부(-)인 것은 입력전압 v_i와 출력전압 v_0가 역위상이 되어 있다는 의미이다.

전압 증폭도 A_v와 전류증폭도 A_i의 곱 $A_v A_i$를 전력증폭도 A_p라 한다. 예를 들어 h_{fe}를 50이라 하면 A_i는 약 50이 된다. 이 증폭회로 다음에 같은 종류의 트랜지스터가 접속되어 있다고 하면, 부하는 다음 단의 트랜지스터 h_{ie}와 비슷하므로 A_v도 50이 된다. 그러므로 A_p는 2500이 된다.

7.2.4 컬렉터접지 증폭회로

그림 7.5(c)의 컬렉터접지 증폭회로에서 h_{rc}는 1에 가까운 값이므로 등가회로는 그림 7.8과 같이 된다. 전류 증폭도는 다른 기본 증폭회로와 동등하게

$$A_i \fallingdotseq h_{fc} \tag{7.11}$$

가 된다. 표 7.1의 관계에서

$$A_i \fallingdotseq h_{fc} = -(1+h_{fe}) \fallingdotseq -h_{fe}$$

이므로 전류증폭도의 크기는 이미터접지 증폭회로의 경우와 거의 동등하다.

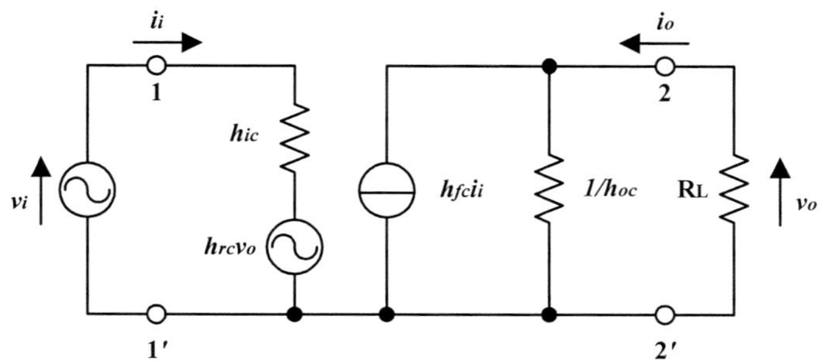

그림 7.8 컬렉터접지 증폭회로

그리고 식(7.8)과 동등하게

$$v_o \fallingdotseq -h_{fc}R_L i_i \fallingdotseq h_{fe}R_L i_i \tag{7.12}$$

가 된다. 그림 7.8에서

$$v_i = h_{ic}i_i + h_{rc}v_o \tag{7.13}$$

를 얻을 수 있다. 따라서

$$i_i = \frac{v_i - h_{re}v_o}{h_{ic}} \tag{7.14}$$

가 된다. 여기서 $h_{ic} = h_{ie}$, $h_{rc} \fallingdotseq 1$이므로

$$i_i = \frac{v_i - v_o}{h_{ic}} \tag{7.15}$$

로 생각할 수 있다.

이 식을 식(7.12)에 대입하여 정리하면

$$v_o = \frac{h_{fe}R_L}{\left(1+\dfrac{R_L}{h_{ie}}h_{fe}\right)h_{ie}}\, v_i \tag{7.16}$$

가 된다. 따라서 전압증폭도 A_v는

$$A_v = \frac{h_{fe}R_L}{\left(1+\frac{R_L}{h_{ie}}h_{fe}\right)h_{ie}} \tag{7.17}$$

이다. 여기서 $\frac{h_{fe}R_L}{h_{ie}}$가 1에 비하여 상당히 크므로

$$A_v \fallingdotseq 1 \tag{7.18}$$

이 된다. 컬렉터접지 증폭회로의 접압증폭도는 거의 1(1보다 조금 작다)이고 v_i와 v_o는 동위상이다.

식(7.11)과 식(7.18)에서 알 수 있듯이 컬렉터접지 증폭회로에서 전류는 증폭하지만 전압은 증폭하지 않는다. 따라서 전력증폭도는 이미터 접지 증폭회로 경우에 비하여 작다.

컬렉터접지 증폭회로는 **이미터 플로어**(emitter follower)라고도 한다.

7.2.5 게인과 데시벨

출력전력 P_o와 입력전력 P_i와의 비를 **전력 게인**(power gain)이라 한다. 보통은 대수를 사용하여

$$G_P = 10\log_{10}\frac{p_o}{p_i} = 10\log_{10}\left|\frac{i_o v_o}{i_i v_i}\right| \tag{7.19}$$
$$= 10\log_{10}A_P[\text{dB}]$$

로 나타낸다. 몇 개로 접속된 증폭회로의 종합 증폭도 A_T는 각 증폭회로의 증폭도 A_1, A_2, …의 곱으로 계산하여야 하지만 대수를 사용하면 전체의 게인 G_T는 각 증폭회로의 게인 G_1, G_2, …의 합으로 계산할 수가 있다.

$$G_1 = 20\log_{10}A_1$$
$$G_2 = 20\log_{10}A_2$$
$$\cdots\cdots\cdots$$
$$G_n = 20\log_{10}A_n$$

이라고 하면 종합게인 G_T[dB]는

$$G_T = G_1 + G_2 + \cdots + G_n \tag{7.20}$$

이 된다. 그리고 증폭도의 범위가 클 경우 대수를 사용하므로서 수치의 범위가 좁아지는 장점도 있다. 대수로 구한 그 값은 실용상 값이 너무 작으므로, 값을 10배한 데시벨 [dB]을 게인의 단위로 사용한다.

통신 등은 실용상의 회로와 같이 회로의 임피던스가 규격으로 일정할 경우 전력은 전압의 2승에 비례한다. 입출력의 전압을 각각 v_i, v_o라 하면 전력 게인 G_p는

$$G_P = 10\log\frac{{v_o}^2}{{v_i}^2} = 20\log_{10}\frac{v_o}{v_i} = 20\log_{10}A_v \tag{7.21}$$

가 된다.

그리고 데시벨은 전력 P 및 전압 V 등의 크기를 나타내는 것에도 이용된다. 일정한 표준이 되는 전력 및 전압 P_s 및 전압 V_s 등을 정하여 놓고 전력 P 및 전압 V비를 대수의 데시벨로 나타내어 표시하면 전력 및 전압은

$$10\log_{10}\frac{P}{P_s}\,[\mathrm{dB}], \quad 20\log_{10}\frac{V}{V_s}\,[\mathrm{dB}] \tag{7.22}$$

가 된다. 여기서 표준으로 한 전력 P_s 및 전압 V_s는 모두 0[dB]이다.

예제 7.1 전압 증폭도가 500배이면 데시벨의 게인은 얼마일까?

[풀이]

$$\begin{aligned} 20\log 500 &= 20(\log_{10}5 + \log_{10}100) \\ &\fallingdotseq 20(0.7+2) \\ &= 54\,[\mathrm{dB}] \end{aligned}$$

■

예제 7.2 어떤 증폭회로에 입력 1[mW]를 가하였을 때 출력으로 0.1[W]가 얻어졌다면 이때의 게인은 얼마일까?

[풀이] $G_p = 10\log\frac{P_o}{P_i}$

$= 10\log\frac{0.1}{1\times10^{-3}}$

$= 20[\mathrm{dB}]$

■

예제 7.3 어떤 증폭회로에 입력 전압을 5[mV] 변화시켰더니 출력전압이 5[V]로 변화하였다. 이 증폭기의 게인은 몇 [dB]인가?

[풀이] $G_P = 20\log_{10}\frac{V_o}{V_i}$

$= 20\log_{10}\frac{5}{5\times10^{-3}}$

$= 60[\mathrm{dB}]$

■

예제 7.4 증폭도 $A_1 = 10$, $A_2 = 1000$인 증폭기를 직렬로 2단 접속한 경우 종합 게인을 데시벨 [dB]로 구하시오.

[풀이] $A_T = A_1 \times A_2 = 10\times1000 = 10000$

$G_T = 20\log_{10}10000$

$= 80[\mathrm{dB}]$

■

7.2.6 귀환증폭회로

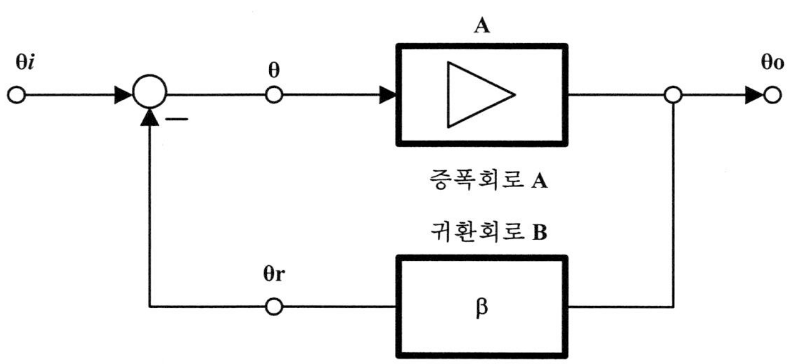

그림 7.9 부귀환 원리

그림 7.9에서 θ_i는 입력전압 또는 입력전류이며 θ_o는 출력전압 또는 출력전류이다. A는 증폭도 A의 증폭회로이며 B는 출력전압 또는 출력전류 θ_o의 일부 θ_r을 입력측에 귀환시키는 회로이다. 이와 같이 출력의 일부를 입력측에 되돌리는 것을 **귀환**(feed back, 피드백)이라 한다. 그리고 이 회로를 **귀환회로**라 한다.

귀환회로에 관하여 증폭회로의 증폭도를 구하여 보자. $\theta = \theta_i - \theta_r$로서 증폭회로 A의 입력신호로 가하여진다. 그림 7.9에서 증폭도 A는 θ_o/θ로 정의된다. θ_i, θ_o가 각각 입출력의 전압이면 **전압증폭도**이고 전류이면 **전류증폭도**이다.

증폭회로의 입력신호와 출력신호의 관계는

$$\theta_o = A(\theta_i - \theta_r) \tag{7.23}$$

귀환회로에 관하여 θ_r과 θ_o의 비를 **귀환율**이라 한다. 이것을 β로 하면

$$\theta_r = \beta\theta_o \tag{7.24}$$

가 된다. 식(7.24)를 식(7.23)에 대입하면

$$\begin{aligned}\theta_o &= A\theta_i - A\beta\theta_o \\ &= \frac{A}{1+A\beta}\theta_i\end{aligned} \tag{7.25}$$

를 얻을 수 있다. 이 귀환증폭회로 전체의 증폭도 A'는 θ_o/θ_i이므로 식(7.25)에서

$$A' = \frac{A}{1+A\beta} \tag{7.26}$$

가 된다. 여기서 β를 0으로 하면 A'는 A와 동등하다. $A\beta$가 정(+)이면

$$A' < A \tag{7.27}$$

가 된다.

그림 7.9와 같은 구성을 **귀환증폭회로**라 한다. 식(7.27)이 성립되는 경우를 **부귀환**(negative feedback, NFB)이라 한다.

증폭회로는 트랜지스터를 사용하여 구성되어 있다. 증폭도 A는 트랜지스터의 동작상태 및 주파수에 의하여 변화한다. $A\beta$의 정(+)의 값을 1에 비하여 대단히 크게 하면 식(7.26)에서

$$A' \fallingdotseq \frac{1}{\beta} \tag{7.28}$$

이 된다. 귀환회로는 트랜지스터를 포함하고 있지 않는 회로이지만 저항으로만 구성되어 있으면 β는 주파수가 변화하여도 변화하지 않고 일정하게 된다.

이상과 같이 부귀한 증폭회로에서 $A\beta$의 값을 크게 하므로 트랜지스터의 동작상태 및 주파수에 크게 영향을 받지 않는 증폭회로를 얻을 수가 있다. 그리고 $A\beta$가 부이며 절대값이 1보다 작으면

$$A' > A \tag{7.29}$$

가 된다. 위 식이 성립되는 경우를 **정귀환**이라 한다. $A\beta = -1$이 되면 A'는 무한대가 되며 회로는 발진상태가 된다.

부귀환 증폭회로는 출력측의 신호 θ_o가 전압 또는 전류에 대하여 **전압귀환형**과 **전류귀환형**으로 구별된다. 그리고 입력측의 신호 θ_i, θ_r이 전압 또는 전류에 의하여 **직렬귀환형**과 **병렬귀환형**으로 구분된다. 이것들을 조합한 4종류의 부귀한 기본회로를 그림 7.10에 나타낸다.

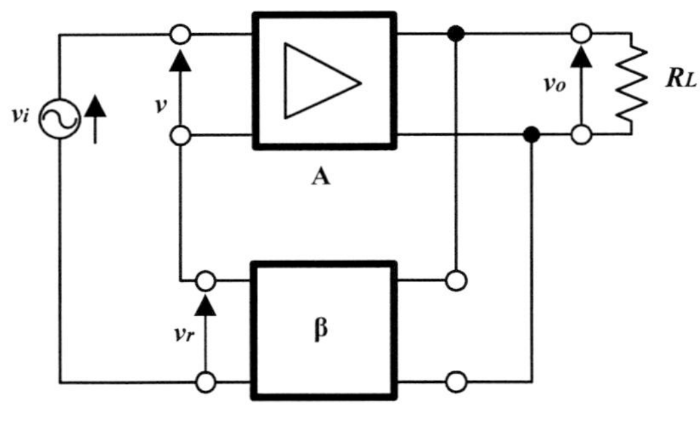

(a) 전압직렬

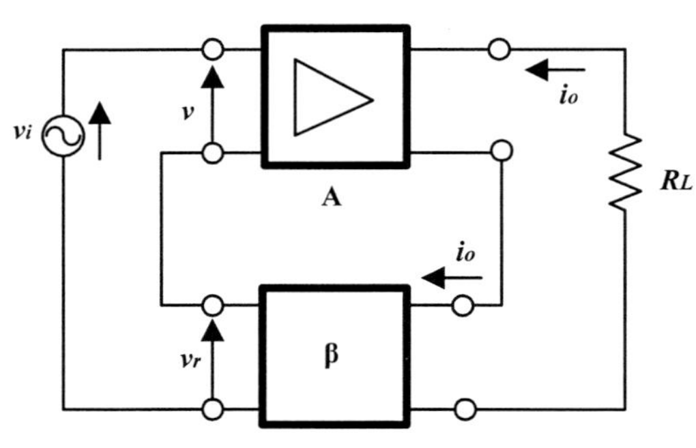

(b) 전류직렬

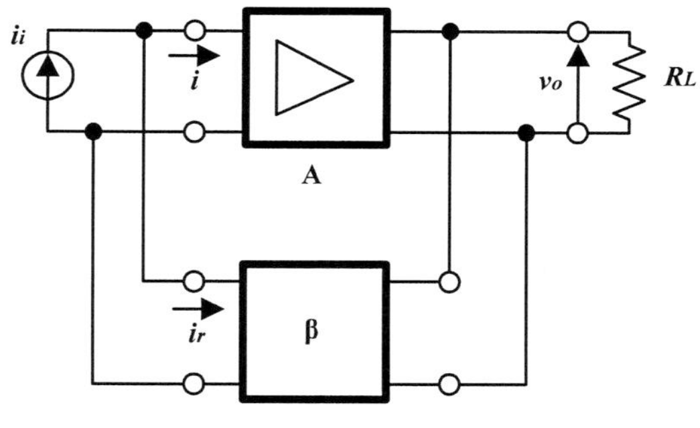

(c) 전압병렬

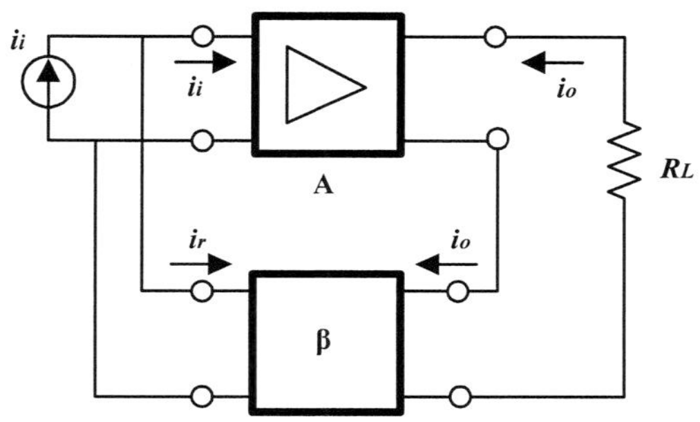

(d) 전류병렬

그림 7.10 부귀환 기본회로

귀환이 없는 경우에 비하여 전압귀환형에서는 출력 임피던스가 감소하고 전류귀환형에서는 증가한다. 그리고 직렬귀환형은 귀환이 없는 경우에 비하여 입력 임피던스가 증가하고, 병렬 귀환형에서는 감소한다.

(1) 전류직렬 부귀환 증폭회로

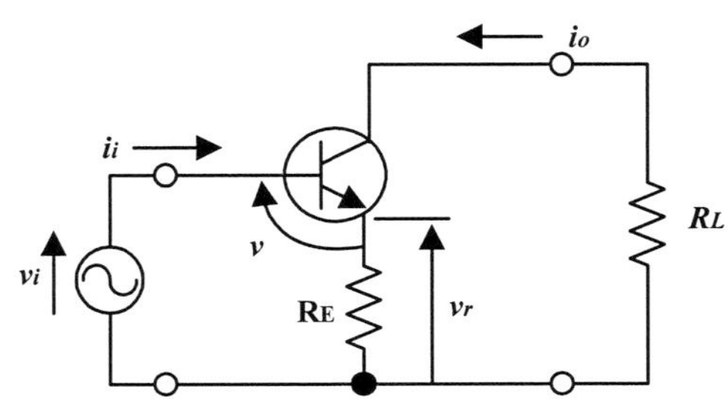

(a)

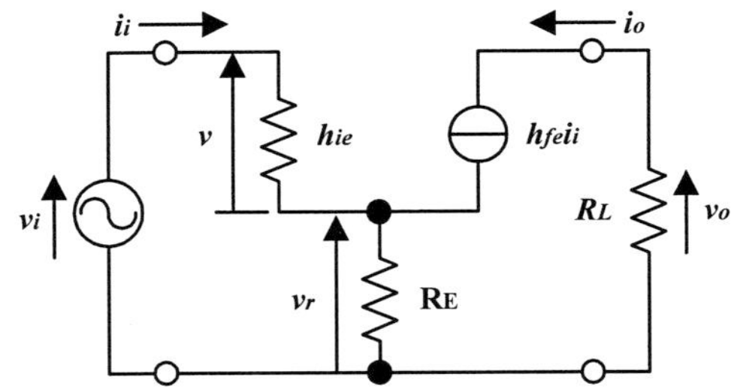

(b)

그림 7.11 전류직렬 부귀환 증폭회로

그림 7.11(a)는 전류직렬 부귀환 증폭회로의 예이다. 이 회로의 등가회로를 (b)에 나타낸다. θ_i, θ_r를 입출력 전압이라고 하면

$$-v_o = i_o R_L, \quad v_r = i_o R_E$$

이므로

$$A_v = \frac{v_o}{v} = \frac{-h_{fe} i_i R_L}{h_{ie} i_i} = \frac{-h_{fe} R_L}{h_{ie}} \tag{7.30}$$

$$\beta = \frac{v_r}{v_o} = \frac{-R_E}{R_L} \tag{7.31}$$

전체의 전압증폭도 $A_v{}'$는 식(7.26)의 계산과 동등하게

$$A'_v = \frac{v_o}{v_i} = \frac{A_v}{1 + A_v \beta} = \frac{-\dfrac{h_{fe} R_L}{h_{ie}}}{1 + \dfrac{h_{fe} R_E}{h_{ie}}} \tag{7.32}$$

가 된다. h_{fe}는 보통 수십 이상이며 $h_{fe}R_E$는 h_{ie}에 비하여 대단히 크게 할 수 있으므로 전압 증폭도는 $\frac{-R_L}{R_E}$에 가깝게 되어 트랜지스터의 동작상태와는 무관계이다.

(2) 전압병렬 부귀환 증폭회로

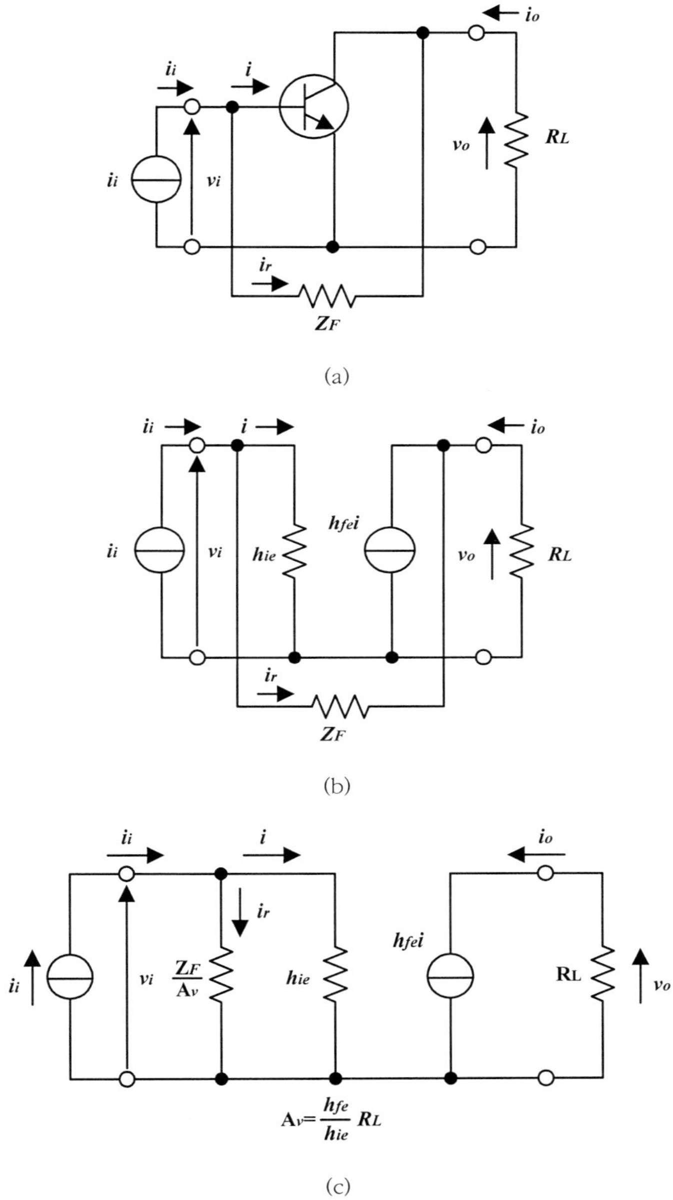

그림 7.12 전압병렬 부귀환증폭회로

그림 7.12(a)는 출력전압이 Z_p를 통하여 입력회로에 병렬로 귀환되는 전압병렬 부귀환 증폭회로의 예이다. 등가회로를 그림(b)에 나타낸다.

θ_i, θ_o를 입출력 전압으로 하고 i_i, i_o를 입출력 전류라 하면 그림(b)에서 전류증폭도 A_i는

$$A_i = \frac{\theta_o}{\theta} = \frac{i_o}{i} = h_{fe} \qquad (7.33)$$

귀환율 β는

$$\beta = \frac{i_r}{i_o} = \frac{\dfrac{-v_o}{Z_F}}{i_o} = \frac{i_o \dfrac{R_L}{Z_F}}{i_o} = \frac{R_L}{Z_F} \qquad (7.34)$$

가 된다. 전체의 전류 증폭율 A_i'는 식(7.26)과 동등하게

$$A'_i = \frac{i_o}{i_i} = \frac{A_i}{1+A_i\beta} = \frac{h_{fe}}{1+\dfrac{h_{fe}R_L}{Z_F}} \qquad (7.35)$$

를 얻을 수 있다. $(h_{fe}R_L)/Z_F$가 1에 비하여 대단히 크게 되면, 전류 증폭도 A_i는 Z_F/R_L에 근접하여 A_i'는 트랜지스터의 특성 h_{fe}와는 관계가 없다.

그리고 이 증폭회로는 다음과 같이 생각할 수도 있다. 그림 7.12(b)에서

$$i_r = \frac{v_i - v_o}{Z_F} \qquad (7.36)$$

가 된다. 보통 $v_i \ll v_o$이며 $A_v = \dfrac{v_o}{v_i}$라 하면

$$i_r = \frac{-v_o}{Z_F} = v_i \frac{-A_v}{Z_F} \qquad (7.37)$$

로 생각할 수 있다. 보통 Z_F는 R_L에 비하여 상당히 크므로 i_r은 i_o에 비하여 무시할 수 있다. 그림(b)는 그림(c)와 같이 입력측에 Z_F/A_v의 임피던스가 병렬로 접속된 것과 동등한 동작을 한다. Z_F가 $1/\omega C_F$과 같은 캐패시터가 접속되었다고 가정하면, 입력회로에는 h_{ie}와 병렬로 A_vC_F로 큰 캐패시터가 접속된 것과 동등하게 된다.

7.2.7 전력증폭회로

지금까지 전압증폭 · 전류증폭에 관하여 알아보았다. 증폭회로의 제일 끝부분에 해당하는 것은 앞에서 설명한 것과 같은 스피커 등을 부하로 생각할 수 있다. 이과 같은 증폭회로는

부하에 해당하는 곳에 가능한 큰 전력을 공급할 필요가 있다. 여기서는 이와 같은 증폭회로 즉 전력 증폭회로에 관하여 알아보자.

트랜지스터는 컬렉터에서 소비되는 최대전력 P_{CM}이 결정되어 있다. 컬렉터에서 손실전력이 최대전력 P_{CM}의 값을 초과하게 되면 트랜지스터는 파손하게 된다.

그림 7.13(a)의 회로에 사용되고 있는 트랜지스터를 이상화한 $V_{CE}-I_C$ 특성곡선을 그림(b)에 나타낸다. 그림(a)의 회로에서 베이스의 바이어스 전류를 일정하게 하면 부하직선은 그림(b)와 같이 그을 수 있다. 점 Q는 동작정지점이다. 입력신호를 가하여 동작정지점 Q를 중심으로 A에서 B까지 변화시키면 컬렉터 전압 v_{ce}의 진폭은 거의 $V_{cc}/2$이며 컬렉터전류 i_c의 진폭은 거의 I_{CQ}이므로 부하저항 R_L에 가하여지는 전력 P_O는

$$P_o = \frac{\frac{V_{cc}}{2}}{\sqrt{2}} \cdot \frac{I_{CQ}}{\sqrt{2}} = \frac{1}{4} V_{cc} I_{CQ} \tag{7.38}$$

가 된다. 컬렉터 전류 I_C는 I_{CQ}점을 중심으로 하여 상하의 대칭에 대하여 시간적으로 변화하므로 컬렉터 전류의 평균값은 I_{CQ}이다. 이것은 컬렉터 전원에서 공급된다. 따라서 컬렉터전원 V_{CC}에서 공급되는 직류전력 P_{DC}는

$$P_{DC} = V_{CC} I_{CQ} \tag{7.39}$$

가 되며 P_O와 P_{DC}의 비를 **전원효과**라 하며 이것을 η로 표시하면

$$\eta = \frac{P_O}{P_{DC}} = \frac{\frac{1}{4} V_{cc} I_{CQ}}{V_{cc} I_{CQ}} = 0.25(=25\%) \tag{7.40}$$

이다.

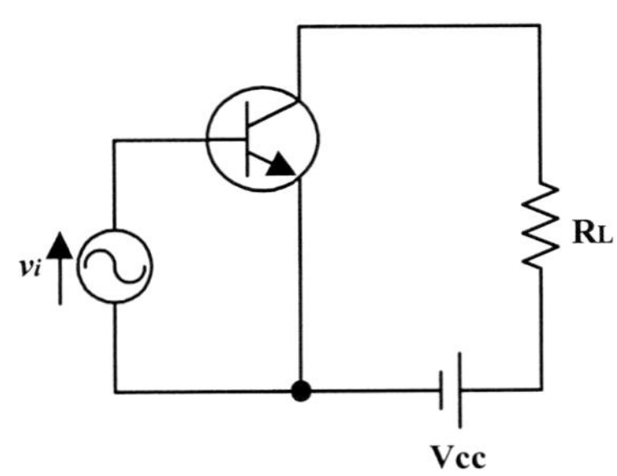

(a)

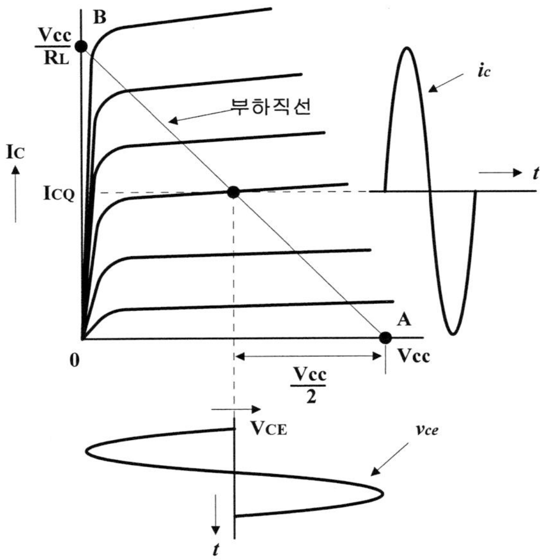

(b)

그림 7.13 A급 증폭

부하직선은 트랜지스터의 안전동작 영역에 들어와 있어야 한다. 이 조건을 만족시키기 위하여 V_{CC}, I_C, R_L의 값을 결정할 필요가 있다. 그림 7.13에 나타낸 증폭회로에서는 컬렉터 전압은 입력신호의 1사이클에 거쳐 항상 흐르고 있다. 이와 같은 동작을 **A급 증폭**이라 한다. 출력 파형은 입력 파형과 거의 동등하며 파형이 일그러지는 현상은 적다.

베이스의 바이어스전류를 0으로 하면 트랜지스터에 관하여 동작 정지점은 그림 7.14와 같이 Q' 점으로 옮긴다. 이 상태로서 입력신호를 가하면, 그림과 같이 컬렉터 전류는 반사이클만 흐른다. 이와 같은 동작을 **B급 증폭**이라 한다. 이 경우 출력파형은 입력파형과 동등하지 않고 이대로는 파형이 많이 일그러지므로 B급 증폭 동작은 그림 7.15와 같이 **B급 푸시풀**(pushpull) **증폭회로**로 사용된다. 이 회로는 전원 효율이 좋다. 그리고 그림 7.14에서 Q와 Q' 의 중간에 동작 정지점을 설정한 것을 **AB급 증폭**이라 한다.

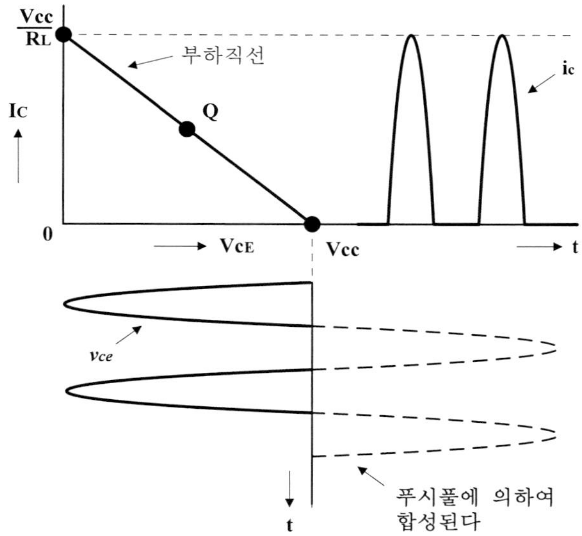

그림 7.14 B급 증폭기

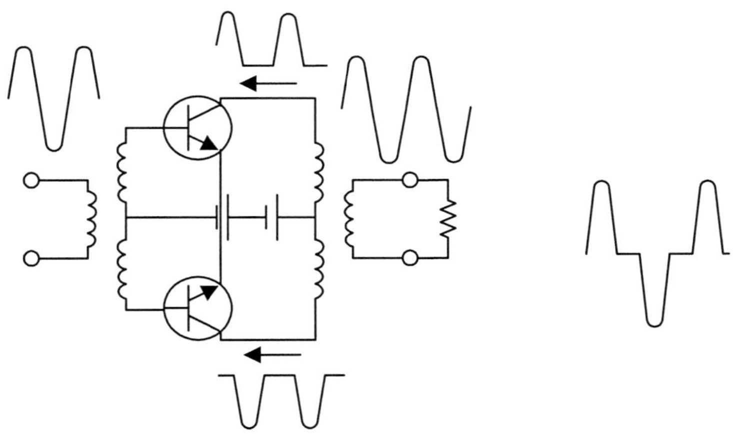

(a) (b)

그림 7.15 B급 푸시풀 증폭회로

7.2.8 증폭회로의 설계(실제 예)

앞의 7.1절에서 설명한 그림 7.4의 증폭회로를 가지고 실제로 증폭기를 설계하여 보자. 먼저 회로를 설계하기 전에 입력전압은 어느 정도이며 출력전압은 어느 정도 필요한가 등 초기설정을 해두어야 한다. 초기설정은 일반적으로 입력전압, 출력전압, 주파수, 전원전압,

사용하는 트랜지스터의 종류, 안정도 등으로 결정한다. 초기 설정의 예는 다음과 같다.

□ 초기설정

- 목적 : 20[mV](p-p값)의 교류 입력 전압을 3[V](p-p값)로 증폭
- 트랜지스터 : 2SC1815

$$h_{FE} \fallingdotseq h_{fe} \fallingdotseq 450, \quad h_{ie} \fallingdotseq 6[\text{k}\Omega]$$

- 교류입력전압 : $v_i = 20$[mV](p-p값) ≒ 7.07[mV] (실효값)
- 교류출력전압 : $v_o = 3$[V](p-p값) ≒ 1.06[V] (실효값)
- 전원전압 : $V_{CC} = 12[\text{V}]$
- 주파수 : $f = 1$[kHz]
- 캐패시터 : $C_1 = 220[\mu\text{F}]$, $C_E = 1000[\mu\text{F}]$, $C_C = 220[\mu\text{F}]$
- 안정지수 : $S = 5$

이상의 초기설정을 기본으로 실제의 증폭기 회로를 설계한다. 그림 7.16에 초기 설정 후의 각 부의 값을 나타낸다. 제3장에서 배운 실효값의 공식을 참고로 나타내면

$$\text{실효값} = \frac{(p-p\text{값})}{2\sqrt{2}}$$

이다.

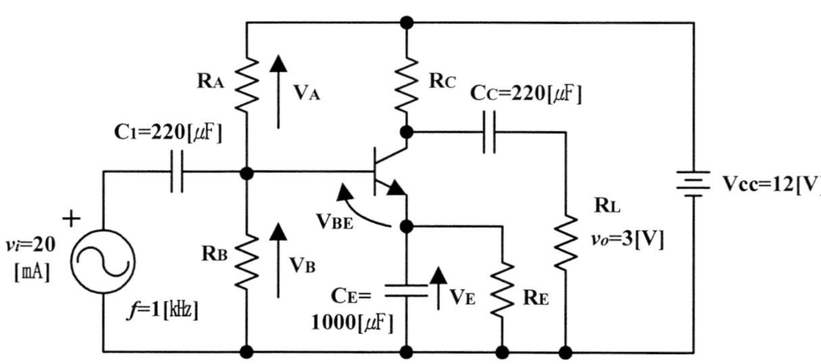

그림 7.16 설계용 증폭회로

(1) R_C, R_L의 값을 결정

먼저 h_{fe}, h_{ie}, v_i가 결정되어 있으므로

$$i_B = \frac{v_i}{h_{ie}} = \frac{20\times10^{-3}}{6000} \fallingdotseq 3.33\times10^{-6}[\mathrm{A}] \tag{7.41}$$

$$\fallingdotseq 3.33[\mu\mathrm{A}](p-p) = 1.18[\mu\mathrm{A}](\text{실효값})$$

가 된다. 그리고 i_c는

$$i_C = h_{fe}\, i_B = 450\times3.33[\mu\mathrm{A}] \tag{7.42}$$

$$\fallingdotseq 1.5[\mathrm{mA}](p-p) \fallingdotseq 0.53[\mathrm{mA}](\text{실효값})$$

가 되며 교류의 출력전류 i_C가 구하여진다.

여기서 출력측의 정합(matching)을 생각하면

$$R_C = R_L \tag{7.43}$$

이므로 교류의 출력측 병렬합성 저항을 생각해서

$$\frac{R_C R_L}{R_C + R_L} = \frac{v_o}{i_c} \tag{7.44}$$

v_o는 초기설정에 의해 $3[\mathrm{V_{p-p}}]$, i_c는 식(7.42)에 의해 $1.5\times10^{-3}[\mathrm{A_{p-p}}]$이므로

$$\frac{R_C R_L}{R_C + R_L} = \frac{v_o}{i_c} = \frac{v_{CE}}{i_c} \tag{7.45}$$

$$= \frac{3[\mathrm{V_{p-p}}]}{1.5\times10^{-3}[\mathrm{A_{p-p}}]}$$

$$= 2000[\Omega] = 4[\mathrm{k}\Omega]$$

식(7.43)과 (7.45)에 의하여

$$R_C = R_L = 4000[\Omega] = 4[\mathrm{k}\Omega] \tag{7.46}$$

이 구하여진다.

(2) 교류부하선의 기울기 결정

다음은 교류 부하선의 기울기를 구하여 보면 식(7.45)에 의해 그림 7.17과 같이 $v_o = 3$[V]의 점과 $i_C = 1.5$[mA]의 점을 연결한 선이 교류 부하선의 기울기가 된다. 그리고 A급 증폭기의 경우 이상적인 동작점의 위치는 교류 부하선을 2등분한 점과 원점을 연결한 선상 위에 있다.

(3) RE 및 직류부하선의 결정

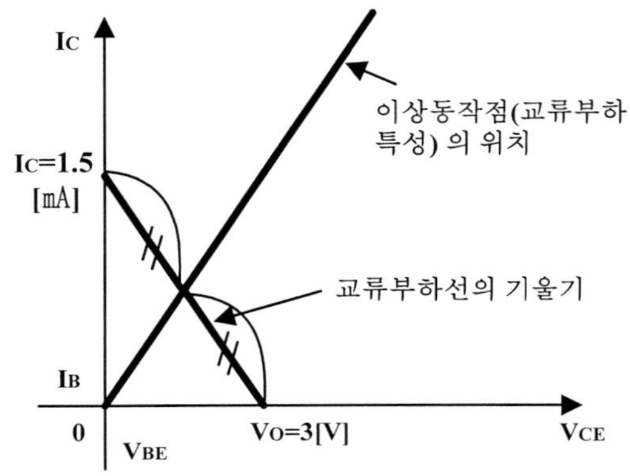

그림 7.17 교류 부하선의 기울기

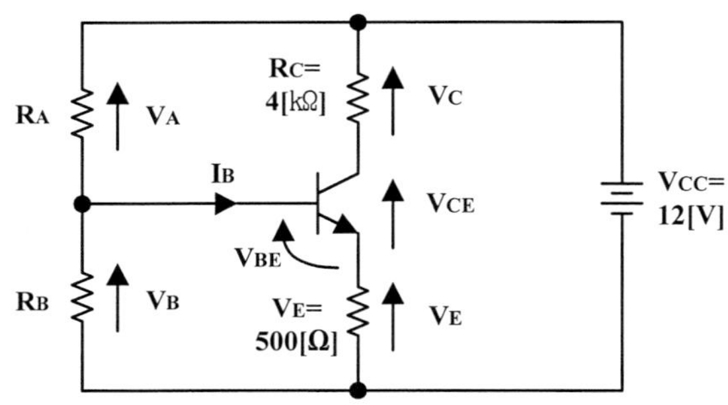

그림 7.18 직류에 관한 회로

그림 7.16은 교류신호와 직류전류가 같이 되어 있어 이해하기가 어렵다. 그래서 이해하기 쉽도록 하기 위하여 먼저 그림 7.16의 회로에서 직류에 관한 회로를 별도로 그려보면 그림 7.18과 같다.

일반적으로 R_E는 약 $400[\Omega] \sim 1[k\Omega]$이 적당하다고 알려져 있으므로 $R_E = 500[\Omega]$으로 한다. 그리고 출력측의 직류전압에 주목하여 보면 그림 7.18에서 다음 식이 성립된다.

$$R_C I_C + V_{CE} + R_E I_C = V_{CC} \tag{7.47}$$

여기서 $I_E = I_C + I_B$로서 $I_B \ll I_C$로 생각하면 $I_E = I_C$가 된다.

트랜지스터의 V_{CE}가 0으로 되는 조건의 I_C값은 식(7.47)에서 구할 수 있다.

$$I_C = \frac{V_{CC}}{R_C + R_E} = \frac{12}{4000 + 500} = 2.67[\mathrm{mA}] \tag{7.48}$$

그리고 $I_C = 0$의 조건을 식(7.47)에 대입하면

$$V_{CE} = V_{CC} \tag{7.49}$$

가 된다. 따라서 그림 7.19에 나타내는 것과 같이 $V_{CE} = 0$일 때 I_C의 값이 2.67[mA]의 점에 $I_C = 0$일 때의 $V_{CE}(V_{CC} = 12[\mathrm{V}])$의 점을 연결하면 직류 부하선이 구하여진다.

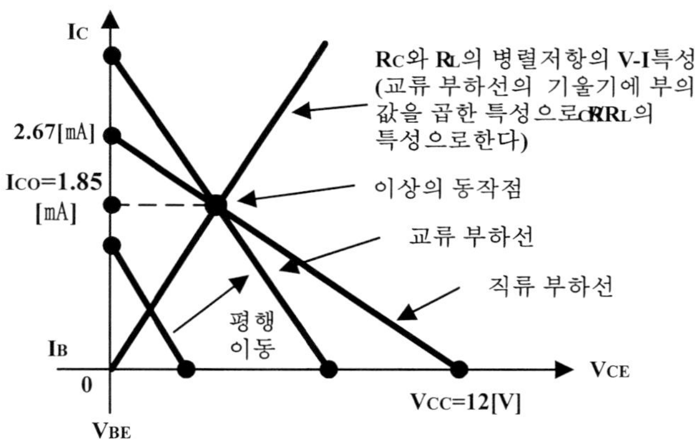

그림 7.19 직류 부하선과 동작점

(4) 동작점 및 바이어스점의 결정

직류 부하선과 그림 7.17에서 구한 교류 부하 특성과의 교점이 회로상의 이상적인 동작점이 된다.

다음은 그림 7.19에서 동작점의 직류전류값 I_{CC}를 구해 그 값에서 V_A, V_B의 값을 계산으로 구하면 V_A, V_B의 값으로 다음의 (5)에서 구할 R_A, R_B의 산출에 도움이 된다. 동작전류 I_{CC}의 값은 $R_C // R_L$의 특성과 직류 부하선의 특성식에서 구한다.

$R_C // R_L$의 특성식의 기울기는 식(7.45)에서 유도할 수가 있다.

$$\frac{I_C}{V_{CE}} = \frac{1.5\times10^{-3}[\mathrm{A_{P-P}}]}{3[\mathrm{V_{P-P}}]}$$

여기서 i_C가 I_C, v_O가 V_{CE}로 교류에서 직류로 변하여 있다. 기울기에 관하여서는 교류 및 직류가 지금의 경우 등등하다고 볼 수 있다.

다음은 직류 부하선의 식을 생각하면

$$I_C = \frac{-2.67[\mathrm{mA}]}{12[\mathrm{V}]} V_{CE} + 2.67[\mathrm{mA}] \tag{7.51}$$

가 된다.

식(7.51)의 V_{CE}에 식(7.50)에서 구한 V_{CE}의 식을 대입하므로 I_C 즉, 동작전류 I_{CO}를 구하여 보면

$$I_{CO} = -\frac{2.67\times10^{-3}}{12}\times\frac{3}{1.5\times10^{-3}} I_{CO} + 2.67\times10^{-3} \tag{7.52}$$

이 된다. I_{CO}에 관하여 식을 정리하여 보면

$$I_{CO} = \frac{6}{8.67}\times2.67\times10^{-3} = 1.85[\mathrm{mA}] \tag{7.53}$$

따라서 그림 7.18에서 V_E, V_B, V_A, I_B는

$$V_E = I_{CO}R_E = 1.85\times10^{-3}\times500 \fallingdotseq 0.9[\mathrm{V}] \tag{7.54}$$

$$V_B = V_E + V_{BE} = 0.9 + 0.7 = 1.6[\mathrm{V}] \tag{7.55}$$

$$V_A = V_{CC} - V_B = 12 - 1.6 = 10.4[\mathrm{V}] \tag{7.56}$$

$$I_B = \frac{I_{CO}}{h_{FE}} = \frac{1.85\times10^{-3}}{450} \fallingdotseq 4.1[\mu\mathrm{A}] \tag{7.57}$$

가 된다.

(5) R_A, R_B의 값을 결정

이상의 (1)~(4)에서 직류분에 관한 각 값을 대부분 구할 수 있었다. 남은 값은 R_A와 R_B의 값이다. 여기서 안정지수 S는 식(7.58)과 같이 주어져 이 식과 V_A, V_B 분압비에서 R_A, R_B의 값을 구하여 본다.

$$S = \frac{(1+h_{FE})(1+X)}{(1+h_{FE}+X)} \tag{7.58}$$

초기 설정에서 $S=5$, $h_{FE}=450$의 값을 식(7.58)에 대입하면

$$5 = \frac{(1+450)(1+X)}{1+450+X}$$

$$\therefore\ X \fallingdotseq 4.04 \tag{7.59}$$

가 구하여진다. X는 전류귀환형 바이어스 회로에서는

$$X = \frac{1}{R_E}\left(\frac{R_A R_B}{R_A + R_B}\right) \tag{7.60}$$

가 된다. 그리고 V_A와 V_B의 분압비를 생각하게 되면 식(7.61)이 성립된다.

$$\frac{V_B}{V_A} = \frac{\dfrac{R_B(h_{IE}+R_E+h_{FE}R_E)}{R_B+h_{IE}+R_E+h_{FE}R_E}}{R_A} \tag{7.61}$$

여기서 $R_B \ll (h_{IE}+R_E+h_{FE}R_E)$라 하면

$$\frac{V_B}{V_A} \fallingdotseq \frac{R_B}{R_A} \tag{7.62}$$

가 된다. 우변과 좌변을 바꿔 구체적으로 전압값을 대입하여 보면

$$\frac{R_B}{R_A} = \frac{V_B}{V_A} = \frac{1.625[\mathrm{V}]}{10.4[\mathrm{V}]} \fallingdotseq 0.156$$

$$\therefore\ R_B = 0.156\,R_A \tag{7.63}$$

가 되므로 이 식을 X에 대입해서

$$4.04 = \frac{1}{500} \times \frac{R_A \times 0.156\,R_A}{R_A + 0.156\,R_A} \tag{7.64}$$

가 성립된다. 따라서

$$R_A \fallingdotseq 15.0[\text{k}\Omega] \tag{7.65}$$

이 된다. 식(7.63)에 R_A값을 대입하면

$$R_B \fallingdotseq 2.34[\text{k}\Omega] \tag{7.66}$$

이 된다. 이것으로 회로의 설계가 완료되었다. 이상의 값을 회로에 기입하여 보면 그림 7.20과 같은 증폭회로가 된다.

7.2.9 실제의 회로와 설계상의 주의점

이상의 회로설계에 의하여 실제로 회로를 만들어 보면 설계와 똑같이 동작하지 않을 때가 있다. 예를 들면 출력전압은 이론적으로 3[V](p-p)이지만 실제로는 약 2.8[V](p-p) 정도가 된다. 이것은 저항의 오차 및 캐패시터의 오차 등이 합하여 발생한 원인으로 생각할 수 있다. 실제로 이와 같은 교류의 작은 신호를 취급할 경우 R_B와 R_A가 수십 [Ω] 틀려도 출력전압은 0.1~0.5[V] 정도의 차가 발생한다. 그리고 부유용량에 의한 영향으로 이상발진이 발생할 수도 있다. 또 트랜지스터도 규격표에서 h_{FE} 및 h_{ie}의 값이 큰 오차가 있으며 V_{CC} 및 V_i를 조금 변화시켜도 h파라미터가 변화할 가능성이 있다.

이상 회로를 설계하는 경우에 저항 및 전압값 그리고 전류값 등에 큰 여유를 가지고 설계할 필요가 있다. 그리고 제작할 경우에는 가능한 배선을 짧게 하고 접지(G)를 꼭 시키는 등에도 주의를 할 필요가 있다.

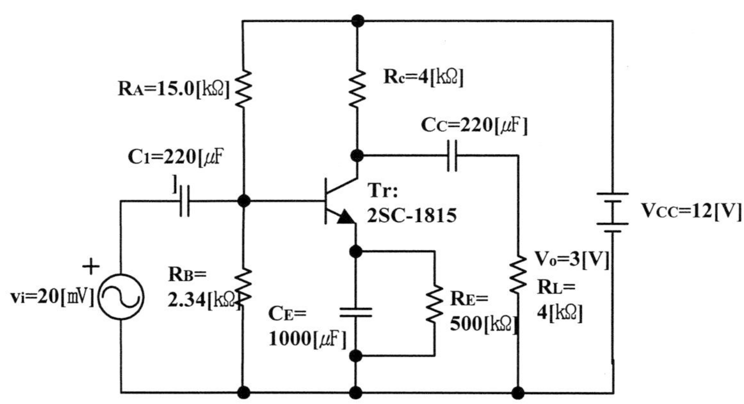

그림 7.20 설계값을 기인한 회로

예제 7.5 어떤 부귀환 증폭기에서 귀환이 없는 전압게인을 60[dB] 입력측에 귀환되는 귀환율이 0.009라면 이 부귀환 증폭기의 게인은 얼마일까?

[풀이] 60[dB]=1000배이므로

$$A = \frac{A}{1-\beta A}$$
$$= \frac{1000}{1-\{1000\times(-0.09)\}} = 100$$

■

예제 7.6 앞 절의 설명 중에서 증폭율 h_{fe}와 h_{FE}의 차이점은?

[풀이] $h_{fe} =$ 교류의 전류증폭율
$h_{FE} =$ 직류의 전류증폭율

■

예제 7.7 A급 증폭기에서 컬렉터 전류는 얼마동안 흐르게 되는가?

[풀이] 1주기

■

예제 7.8 A급 증폭기의 최대 출력이 3.2[W]일 경우의 컬렉터 전압과 전류의 직류분이 각각 250[V], 34[mA]이었다면 효율 η는?

[풀이]

$$\eta = \frac{P_O}{P_{DC}}\times 100$$
$$= \frac{3.2}{250\times 34\times 10^{-3}}\times 100 = 38[\%]$$

■

예제 7.9 B급 푸시풀 전류 증폭기의 평균 직류 컬렉터 전류는 어떻게 변화하는가?

[풀이] 증폭이 가능한 최대의 신호를 가했을 때 컬렉터 전류는 최대가 된다.

■

7.3 Op앰프(연산증폭기)

Op앰프(Operational Amplifier)란 아날로그 IC의 중심이 되는 증폭기이다. 과거에는 진공관을 사용한 Op앰프가 만들어졌지만 현재에는 트랜지스터 및 FET(전계효과 트랜지스터)를 IC화하여 만들어지고 있다.

표 7.2는 Op앰프와 트랜지스터의 비교를 나타낸 것이다. Op앰프는 트랜지스터에 비하여 증폭도, 입력 임피던스가 상당히 크고, 출력 임피던스가 작은 특징을 가지고 있다. 그리고 회로 설계도 매우 간단하여 초심자라도 증폭도를 간단히 설계할 수 있다. 이와 같이 간편하게 사용할 수 있는 것이 Op앰프의 특징이지만 가격과 주파수 특성 그리고 고출력 전압특성 등은 트랜지스터 쪽이 유리하다.

표 7.2 Op앰프와 트랜지스터의 비교

	트랜지스트	Op 앰프	
외형과 기호	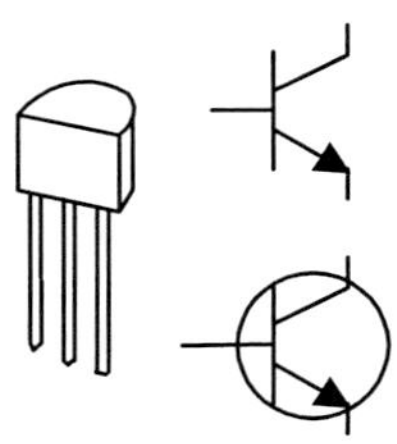	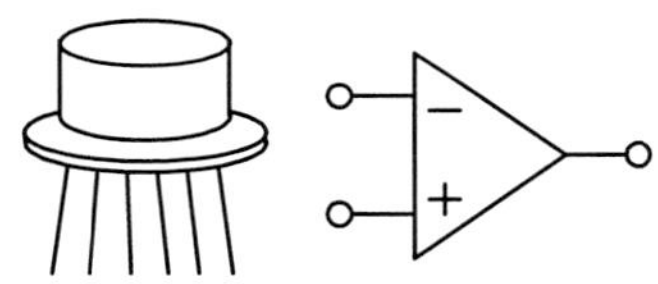	
		이상	현실
증폭도	20~2000배(전류증폭도)	∞ (전압증폭도)	1×10^4~5×10^5
입력 임피던스	작다	∞	수백[kΩ]~수십[MΩ]
출력 임피던스	크다	0	150[Ω] 이하, 1[Ω] 이하의 것도 있다
회로 설계	어렵다	매우 간단	
사용빈도	많다	적다	
전원	1개	2개(+전원과 −전원) (1개의 경우도 있다)	
주파수 영역	넓다	좁다	
고전압 출력	약 1000[V]까지 가능	최고 약 50[V]까지, 일반적으로 15[V]	
가격	싸다 (평균 100원)	비싸다 (평균 1,000원)	

7.3.1 Op앰프의 조건

Op앰프란 증폭도와 입력 임피던스가 무한대(∞)이며, 출력 임피던스가 매우 작은(0에 가깝다)증폭기를 말한다. 그러나 실제로 사용되고 있는 Op앰프의 증폭도는 $1\times10^4 \sim 5\pm10^5$ 정도이며, 입력 임피던스는 수백 [kΩ]~수십 [MΩ]의 것이 많다. 출력 임피던스는 75[Ω]과 150[Ω]의 것이 많으며 1[Ω] 이하의 것도 있다.

7.3.2 Op앰프의 기본성질

그림 7.21은 Op앰프를 나타낸다. 이 그림에서 알 수 있듯이 Op앰프는 점선(파선)으로 나타내는 것과 같이 접지(G)는 공통으로 되어 하나의 단자로 묶어져 있다. 그리고 Op앰프회로를 설계할 때는 다음의 기본적인 성질을 이해하면 매우 간단하게 설계할 수 있다.

□ 성질 1

Op앰프의 특징은 (-)입력단자와 (+)입력단자의 전위차는 0[V]이다. 즉,

$$V_i = 0[\mathrm{V}] \tag{7.67}$$

이다. 이것을 가상단락이라 하며 증명은 다음과 같다.

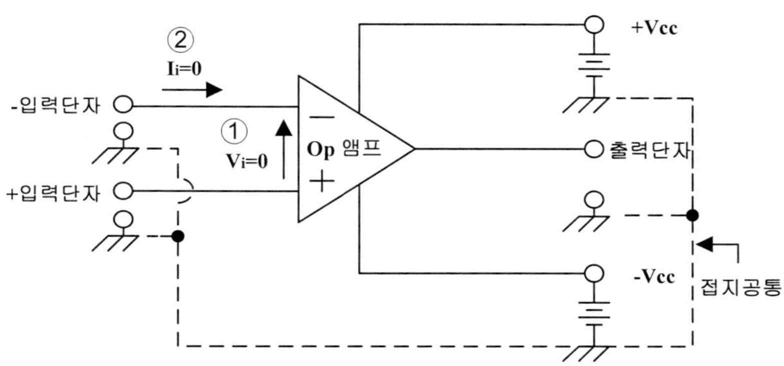

그림 7.21 Op앰프

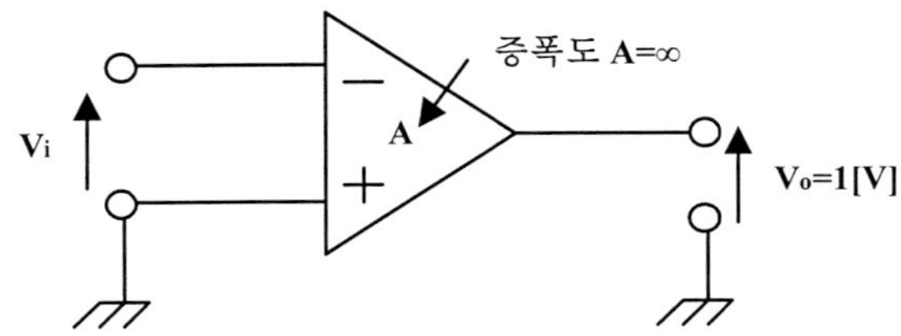

그림 7.22 가상단락

그림 7.22에서 증폭도 A가 ∞이라고 가정하고 출력전압 V_0가 1[V]이라고 한다.

$$V_o = A\,V_i \tag{7.68}$$

따라서

$$V_i = \frac{V_o}{A} \tag{7.69}$$

가 성립된다. $V_o = 1[\mathrm{V}]$, 증폭도 $A = \infty$를 위 식에 대입하면

$$V_i = \frac{V_o}{A} = \frac{1[\mathrm{V}]}{\infty} \fallingdotseq 0[\mathrm{V}]$$

가 된다. 따라서

$$V_i = 0[\mathrm{V}]$$

라고 생각할 수 있다.

□ 성질 2

Op앰프의 입력 임피던스는 ∞이므로 (-)입력단자에서 (+)입력단자에 그리고 (+)단자에서 (-)단자 어느 쪽이라도 전류는 흐르지 않는다. 따라서

$$I_i = 0[\mathrm{A}] \tag{7.70}$$

로 생각할 수 있다.

7.3.3 Op앰프를 이용한 기본회로

(1) 부호변환기

그림 7.23의 회로는 **부호변환기**이다. 이 회로는 입력저항 R_i와 피드백저항 R_f가 동등하므로 증폭도는 1이다. 그러나 입력단자에 입력된 입력 파형과 출력단자의 출력 파형은 부호가 서로 반대가 된다. 즉

$$V_o = -V_1 \tag{7.71}$$

그리고 Op앰프 성질 1의 식(7.67)에 의하여 $V_i = 0[\mathrm{V}]$이므로

$$V_1 = V_{Ri}$$

오옴법칙에 의하여

$$\begin{aligned} I_1 &= \frac{V_{Ri}}{R_i} \\ &= \frac{V_1}{R_i} \\ &= \frac{1}{1\times 10^3} = 1\times 10^{-3} = 1[\mathrm{mA}] \end{aligned} \tag{7.72}$$

가 된다.

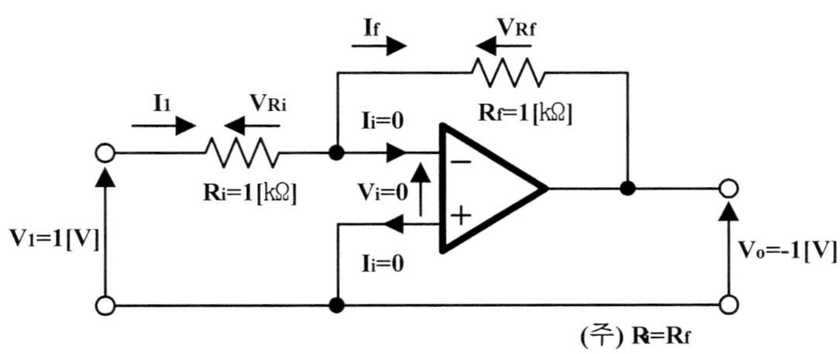

그림 7.23 부호변환기

다음에 I_f를 구한다. 키르히호프의 전류의 법칙에 의하여

$$I_f = I_1 - I_i \tag{7.73}$$

Op앰프의 성질 2에서 식(7.70)의 $I_i = 0[\text{A}]$이므로

$$I_f = I_1 = 1[\text{mA}] \tag{7.74}$$

에 의하여

$$\begin{aligned} V_{Rf} &= I_f R_f \\ &= I_1 R_f \\ &= 1[\text{mA}] \times 1[\text{k}\Omega] = 1[\text{V}] \end{aligned} \tag{7.75}$$

가 된다. 따라서 구하는 출력전압 V_o는

$$\begin{aligned} V_o &= V_i - V_{Rf} \\ &= 0[\text{V}] - 1[\text{V}] = -1[\text{V}] \end{aligned} \tag{7.76}$$

가 된다. 그리고 그림 7.23의 기호를 사용하여 생각하면

$$\begin{aligned} V_o &= V_i - V_{Rf} \\ &= 0[\text{V}] - I_f R_f = -I_1 R_f \\ &= -\frac{V_{Ri}}{R_i} R_f \\ &= -\frac{V_1 - V_i}{R_i} R_f \\ &= -\frac{V_1 - 0}{R_i} R_f = -\frac{R_f}{R_i} V_1 \end{aligned}$$

$$\therefore \; V_o = -\frac{R_f}{R_i} V_1 \tag{7.77}$$

그리고 $R_f = R_i$에서는 식(7.71)의

$$V_o = -V_1$$

이 성립된다.

그림 7.23의 부호 변환기에서 그림 7.24(a)의 파형을 입력하면 출력에는 (b)와 같은 파형이 출력된다.

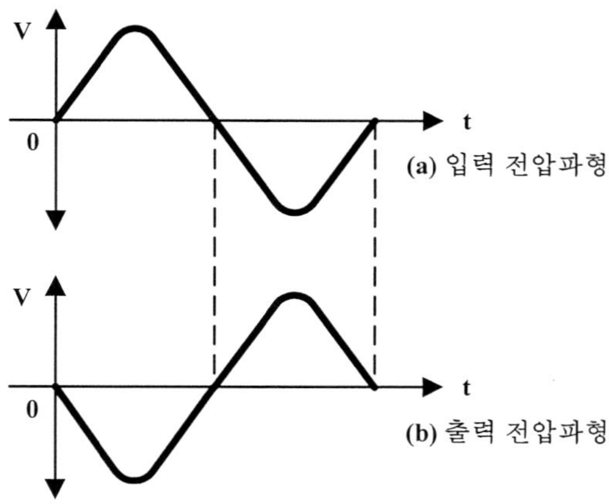

그림 7.24 부호변환기의 입출력 전압파형

(2) 반전증폭기

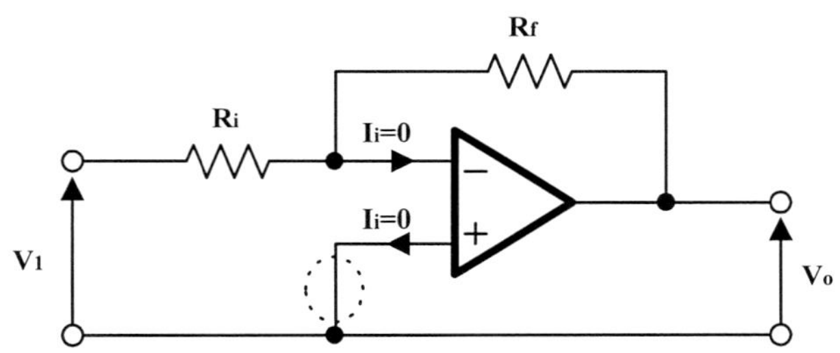

그림 7.25 반전증폭기

그림 7.25의 회로가 기본적인 반전증폭기의 회로이다. 반전 증폭기의 회로는 기본적으로는 부호 변환기와 동등하다. 그러나 다른 부분은 부호변환기일 때는 입력저항 R_i와 피드백 저항 R_f의 관계가 $R_i \ll R_f$로 되는 것이다. 이 때

$$V_o = -\frac{R_f}{R_i} V_1 \tag{7.78}$$

의 관계가 성립된다. 이것은 부호 변환기의 입출력의 관계에서 증명하였으므로 여기서는 생략한다.

그리고, 회로를 설계할 때는 보통 그림 7.25의 점선원 부분에 $(R_iR_f)/(R_i+R_f)$의 값 R_i와 R_f의 병렬합성 저항의 값과 동등한 값의 저항을 접속한다. 이것은 출력 오프셋(offset)전압을 작게 하는 효과가 있다. 계산상에서는 $I_i=0[\mathrm{A}]$로 취급하므로 여기서는 전압강하는 0[V]이다.

반전 증폭기의 구체적인 예를 들어보자. $R_f=10[\mathrm{k\Omega}]$, $R_i=1[\mathrm{k\Omega}]$이라고 하면

$$V_o = -\frac{10[\mathrm{k\Omega}]}{1[\mathrm{k\Omega}]}V_1 = -10V_1 \tag{7.79}$$

이 된다. 출력전압은 입력전압의 10배의 값으로 부호가 변환(반전)되어 있는 것을 알 수 있다.

다음은 반전증폭기의 응용 예를 살펴본다. 그림 7.26은 증폭도를 자유로이 변화할 수 있는 반전 증폭기의 한 예를 나타낸다. 이 반전증폭기에서는 입력저항 R_i와 피드백저항 R_f와의 비로 증폭도가 결정된다. 실제로 그림 7.25의 R_f가 가변저항이면 그 R_f의 값을 변화시키므로서 출력전압은 $0\sim-10V_1[\mathrm{V}]$로 변화시킬 수 있다. 즉 R_f의 값에 의하여 자유롭게 증폭도를 선택할 수 있다.

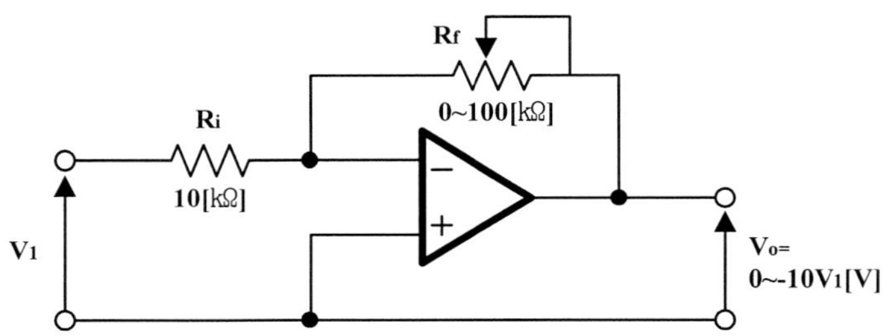

그림 7.26 증폭도를 변화할 수 있는 반전증폭기

그림 7.27은 반전증폭기의 입력 파형과 출력 파형을 나타낸다. 그림 (a)의 교류 파형을 입력시키면 그 입력에 대하여 (b)와 같이 반전하고 증폭된 교류 파형이 출력된다.

이상에서 그림 7.25의 반전증폭기의 전압게인 A_v는

$$A_v = \frac{V_o}{V_1} = -\frac{R_f}{R_i} \tag{7.80}$$

로 나타낼 수 있다.

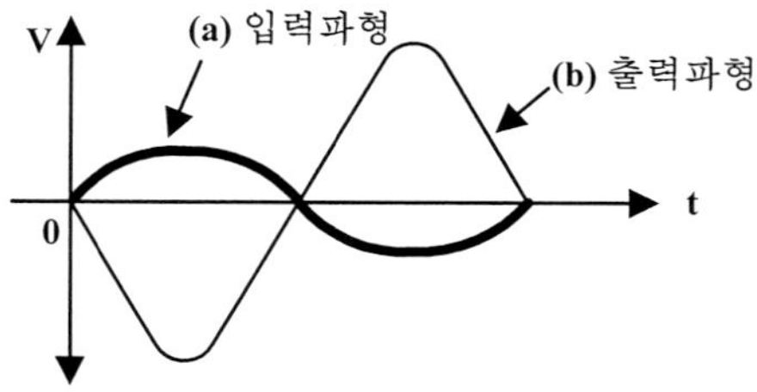

그림 7.27 반전증폭기의 입출력 파형

(3) 비반전증폭기

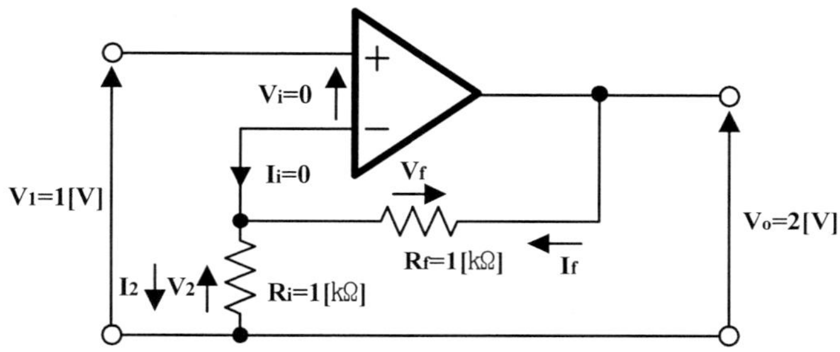

그림 7.28 비반전증폭기

그림 7.28의 회로가 기본적인 비반전증폭기이다. 그림 7.25의 반전증폭기일 때는 반전입력단자(-입력단자)에 입력전압을 가하였지만 비반전 증폭기는 비반전 입력단자(+입력단자)에 입력전압을 가한다. 이 때문에 출력파형은 입력파형에 대하여 반전하지 않는다. 여기서 입출력 관계는

$$V_o = \frac{(R_i + R_f)}{R_i} V_1 \tag{7.81}$$

이 된다. 이상의 관계를 다음에 증명하여 보자.

Op앰프의 입력전압 V_i, R_i에 걸리는 전압을 V_2로 놓으면 키르히호프의 전압의 법칙에 의하여

$$V_2 = V_1 - V_i \tag{7.82}$$

가 성립된다.

Op앰프의 성질 1의 식(7.67)의 $V_i = 0$이므로

$$V_2 = V_1 \tag{7.83}$$

또, 그림 7.28의 회로에서 I_2는 오옴법칙에 의하여

$$I_2 = \frac{V_2}{R_i} \tag{7.84}$$

가 된다.

다음은 피드백저항 R_f에 흐르는 전류를 I_f라 하면 키르히호프의 전류의 법칙에 의해

$$I_2 = I_f + I_i \tag{7.85}$$

또 Op앰프 성질 2에서 $I_i = 0$이므로

$$I_2 = I_f$$
$$\therefore \; V_f = R_f I_f = R_f I_2 \tag{7.86}$$

I_2에 식(7.84)를 대입해서

$$V_f = R_f \frac{V_2}{R_i} \tag{7.87}$$

V_2에 식(7.83)을 대입하면

$$V_f = \frac{R_f}{R_i} V_1 \tag{7.88}$$

출력전압 V_o는

$$V_o = V_2 + V_f \tag{7.89}$$

가 된다. V_2에서 식(7.83), V_f에 식(7.88)을 대입하여

$$V_o = V_1 + \frac{R_f}{R_i} V_1$$
$$= \left(1 + \frac{R_f}{R_i}\right) V_1$$

$$= \frac{R_i + R_f}{R_i} V_1 \tag{7.90}$$

을 얻을 수 있다.

실제로 저항과 입력전압에 구체적인 수치를 넣어서 출력전압을 구하여 본다. 입력전압 $V_1 = 1[\mathrm{V}]$, 입력저항 $R_i = 1[\mathrm{k\Omega}]$, 피드백저항 $R_f = 1[\mathrm{k\Omega}]$로 설정하고 계산하여 보면 식(7.83)에 의하여

$$V_2 = V_1 = 1[\mathrm{V}]$$

식(7.84)에 의하여

$$I_2 = \frac{1[\mathrm{V}]}{1[\mathrm{k\Omega}]} = 1[\mathrm{mA}]$$

식(7.86)에서

$$I_f = I_2 = 1[\mathrm{mA}]$$

이상에서 출력전압 V_o을 구하여 보면

$$V_o = V_2 + V_f = 2[\mathrm{V}]$$

가 된다.

그림 7.29는 비반전증폭기의 입력파형과 출력파형을 나타낸다. 입력의 교류 파형에 대하여 동상이며 증폭된 교류 파형이 출력된다.

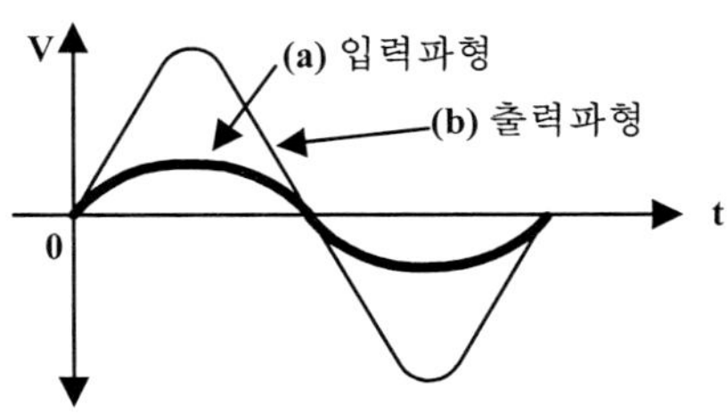

그림 7.29 비반전증폭기의 입출력 파형

비반전 증폭기의 게인 A_V는

$$A_V = \frac{V_o}{V_1}$$

$$= 1 + \frac{R_f}{R_i} \qquad (7.91)$$

비반전증폭기는 발진회로로서는 사용되지만 실제로 증폭회로로는 별로 사용되지 않는다.

(4) 가산기

기본적인 **가산기** 회로를 그림 7.30에 나타낸다. 실제로 가산기에는 **반전증폭형 가산기**와 **비반전 증폭형 가산기**의 2종류가 있다. 그림 7.30의 회로는 반전증폭형 가산기이다. 비반전 증폭형 가산기는 별로 사용하지 않기 때문에 여기서는 반전증폭형 가산기에 대하여 살펴본다.

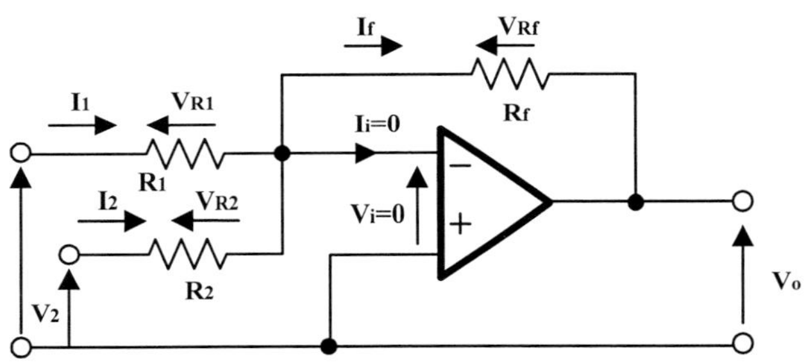

그림 7.30 가산기

그림 7.30은 반전증폭형 가산기이므로 입력신호를 반전 입력단자(-입력단자)에 입력시킨다. 그림에서 입력저항 R_1, R_2와 피드백저항 R_f의 관계는 $R_1 = R_2 = R_f$가 성립되면 증폭도가 1이 되는 반전가산기가 된다. 만약 $R_1 = R_2 < R_f$의 관계가 되면 증폭기능을 가진 반전가산기가 되며 입력전압의 합이 증폭되고 동시에 극성이 반전한 출력전압을 얻을 수 있다.

$R_1 = R_2 = R_f$의 회로에 관하여 살펴보면 입출력관계는

$$V_o = -(V_1 + V_2) \qquad (7.92)$$

가 된다

이하에서 이 관계를 증명하여 보자. 먼저 입력전압을 V_1, V_2 입력저항을 R_1, R_2, 피드백저항을 R_f, 출력전압을 V_o로 하면 키르히호프의 전압의 법칙에 의하여

$$V_1 = V_i + V_{R1}$$
$$V_2 = V_i + V_{R2} \tag{7.93}$$

Op앰프 성질 1의 식(7.67)을 식(7.93)에 대입하면

$$V_{R1} = V_1$$
$$V_{R2} = V_2$$

가 된다. 그리고 오옴의 법칙에 의해

$$I_1 = \frac{V_{R1}}{R_1} = \frac{V_1}{R_1}$$
$$I_2 = \frac{V_{R2}}{R_2} = \frac{V_2}{R_2} \tag{7.94}$$

키르히호프의 전류의 법칙에 의해

$$I_1 + I_2 = I_f + I_i \tag{7.95}$$

Op앰프의 성질 2의 $I_i = 0[\mathrm{A}]$에 의해

$$I_1 + I_2 = I_f \tag{7.96}$$

여기서 출력전압 V_0는 키르히호프의 전압의 법칙에서

$$V_o = V_i - V_{Rf} \tag{7.97}$$

$V_i = 0[\mathrm{V}]$이므로

$$V_o = -V_{Rf} = -I_f R_f \tag{7.98}$$

식(7.96)을 대입하여

$$V_o = -(I_1 + I_2) R_f \tag{7.99}$$

식(7.94)를 대입하면

$$V_o = -\left(\frac{V_1}{R_1} + \frac{V_2}{R_2}\right) R_f \tag{7.100}$$

$$= -\left(\frac{R_f}{R_1} V_1 + \frac{R_f}{R_2} V_2\right)$$

여기서 $R_1 = R_2 = R_f$라고 하면

$$V_o = -(V_1 + V_2) \tag{7.101}$$

가 된다. 이것으로 식(7.92)가 증명되었다.

실제로 저항과 입력전압에 구체적인 수치를 넣어서 출력전압을 구하여 보자. 입력전압 $V_1 = 2[\mathrm{V}]$, $V_2 = 1[\mathrm{V}]$, 입력저항 $R_1 = R_2 = 1[\mathrm{k\Omega}]$, 피드백저항 $R_f = 1[\mathrm{k\Omega}]$으로 설정하여 계산하여 보자.

가산기의 증명식(7.94)에 의해

$$I_1 = 2[\mathrm{mA}], \quad I_2 = 1[\mathrm{mA}]$$

식(7.96)으로부터

$$I_f = 2[\mathrm{mA}] + 1[\mathrm{mA}] = 3[\mathrm{mA}]$$

식(7.99)에서

$$V_o = -(2[\mathrm{mA}] + 1[\mathrm{mA}]) \times 1[\mathrm{k\Omega}] = -3[\mathrm{V}]$$

가 된다.

(5) 감산기

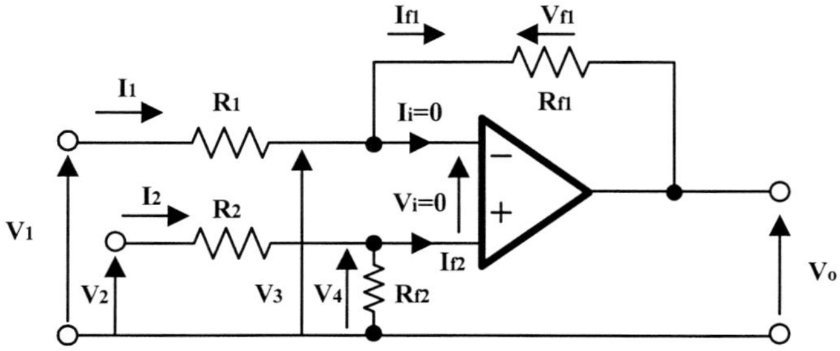

그림 7.31 감산기

그림 7.31의 회로가 Op앰프를 사용한 기본적인 **감산기**이다. 감산기는 반전 입력단자(-입력단자)와 비반전 입력단자(+입력단자)의 2개의 입력 단자에 각각 다른 입력전압을 가하여 각각의 전압의 차를 출력전압으로 얻는 회로이다. 즉

$$V_o = V_2 - V_1 \tag{7.102}$$

의 관계가 있다. 위의 식을 증명하여 보자.

$$V_o = V_4 + V_i - V_{f1} \tag{7.103}$$

Op앰프의 성질 1의 식 $V_i = 0[\mathrm{V}]$에 의해

$$V_o = V_4 - V_{f1} \tag{7.104}$$

오옴의 법칙에 의해

$$V_{f1} = R_{f1} I_{f1} \tag{7.105}$$

키르히호프의 전류의 법칙에 의해 식(7.105)의 I_{f1}는

$$I_{f1} = I_1 - I_i \tag{7.106}$$

$I_i = 0$이므로

$$I_{f1} = I_1 \tag{7.107}$$

따라서

$$V_{f1} = R_{f1} I_1 \tag{7.108}$$

키르히호프의 전압의 법칙에 의해

$$V_1 = V_4 + V_i + I_1 R_1 \tag{7.109}$$

여기서 $V_i = 0$이며, 이것을 대입하여 식을 전개하면

$$I_1 = \frac{V_1 - V_4}{R_1} \tag{7.110}$$

식(7.110)을 식(7.108)에 대입하고 그리고 그 식을(7.104)에 대입하면

$$V_o = V_4 - R_{f1}\frac{V_1 - V_4}{R_1} \tag{7.111}$$

$$= V_4 - \frac{R_{f1}}{R_1}V_1 + \frac{R_{f1}}{R_1}V_4$$

위 식을 V_4로 묶어보면

$$V_o = \frac{R_1 + R_{f1}}{R_1}V_4 - \frac{R_{f1}}{R_1}V_1 \tag{7.112}$$

이 된다. 여기서 Op앰프의 (+)입력단자의 임피던스는 ∞이므로 V_2와 V_4는 (7.113)의 분압비로 나타낼 수 있다.

$$V_4 = \frac{R_{f2}}{R_2 + R_{f2}}V_2 \tag{7.113}$$

식(7.113)을 식(7.112)에 대입하여

$$V_o = \frac{R_1 + R_{f1}}{R_1}\left(\frac{R_{f2}}{R_2 + R_{f2}}V_2\right) - \frac{R_{f1}}{R_1}V_1 \tag{7.114}$$

$$= \frac{R_{f2}}{R_1}\left(\frac{R_1 + R_{f1}}{R_2 + R_{f2}}V_2\right) - \frac{R_{f1}}{R_1}V_1$$

$R_1 = R_2 = R_{f1} = R_{f2}$라 하면 식(7.114)는

$$V_o = V_2 - V_1 \tag{7.115}$$

이 된다. 이것으로 증명이 되었다.

(6) 적분기

적분기는 입력전압을 적분한 값을 출력한다. 그림 7.32의 회로가 기본적인 **적분기**이다. 그림 7.25의 반전증폭기의 회로에 피드백 저항 R_f을 캐패시터로 바꾸게 되면 적분기가 된다. 그러나 그림 7.32의 적분기의 출력은 적분한 값이 반전되어 출력된다. 즉,

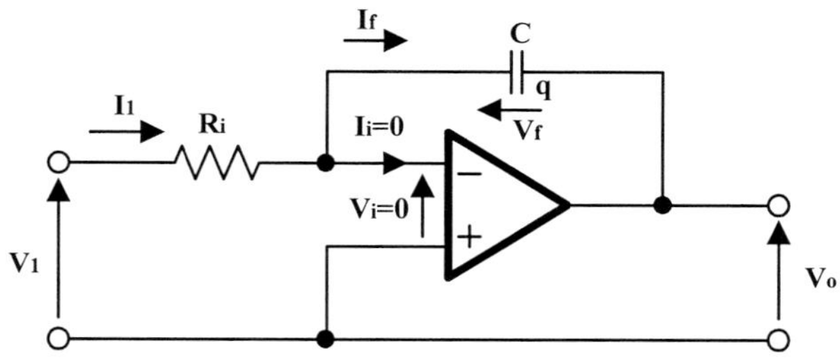

그림 7.32 적분기

$$V_o = -\frac{1}{CR_i}\int V_1\,dt \tag{7.116}$$

가 된다. 여기서 $C=10[\mu\mathrm{F}]$, $R_i=100[\mathrm{k}\Omega]$로 하면

$$V_o = -\int V_1\,dt \tag{7.117}$$

가 되며 그리고 CR_i의 값을 1보다 작은 값을 선택하면 증폭은 적분과 부호변환이 동시에 일어난다. 식(7.116)의 증명은 다음과 같다.

입력전압을 V_1, 입력저항을 R_i, 캐패시터의 전하를 q라고 생각하여 보자. 먼저, 그림 7.32의 적분기의 회로에서 키르히호프의 전압의 법칙에 의하여

$$V_o = V_i - V_f \tag{7.118}$$

Op앰프의 성질 1의 식 $V_i = 0[\mathrm{V}]$에 의해

$$V_o = -V_f \tag{7.119}$$

그리고

$$\begin{aligned} q &= CV_f \\ q &= \int I_f\,dt \end{aligned} \tag{7.120}$$

에서 q를 제거하면

$$\int I_f\,dt = CV_f \tag{7.121}$$

가 성립된다. 이 식을 변형하면

$$V_f = \frac{1}{C}\int I_f\,dt \tag{7.122}$$

가 된다. 키르히호프의 전압의 법칙에 의해

$$I_f = I_1 - I_i \tag{7.123}$$

Op앰프의 성질 2에서 식(7.20)을 위의 식(7.123)에 대입하면

$$I_f = I_1 \tag{7.124}$$

식(7.119)에 식(7.122)를 대입하면

$$V_o = -\frac{1}{C}\int I_f\,dt \tag{7.125}$$

그리고 식(7.125)에 식(7.124)를 대입하면

$$V_o = -\frac{1}{C}\int I_1\,dt \tag{7.126}$$

가 된다. 여기서, 오옴의 법칙과 식(7.67)에서

$$I_1 = \frac{V_1 - V_i}{R_i} = \frac{V_1}{R_i} \tag{7.127}$$

이 된다. 식(7.127)을 식(7.126)에서 대입하면

$$V_o = -\frac{1}{C}\int \frac{V_1}{R_i}\,dt = -\frac{1}{CR_i}\int V_1\,dt \tag{7.128}$$

가 성립되므로 식(7.116)의 증명이 된다.

그리고 그림 7.32의 적분기에 계단 파형과 정현파형을 입력하면 출력에는 어떠한 파형들이 출력되는가에 대하여 살펴보자.

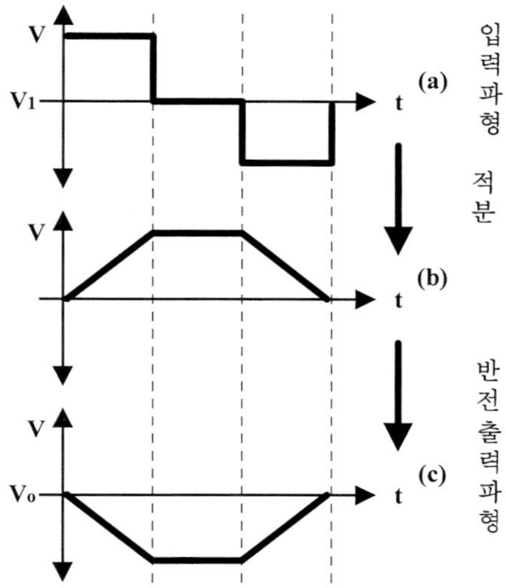

그림 7.33 적분기에 계단 파형을 입력할 때의 출력파형

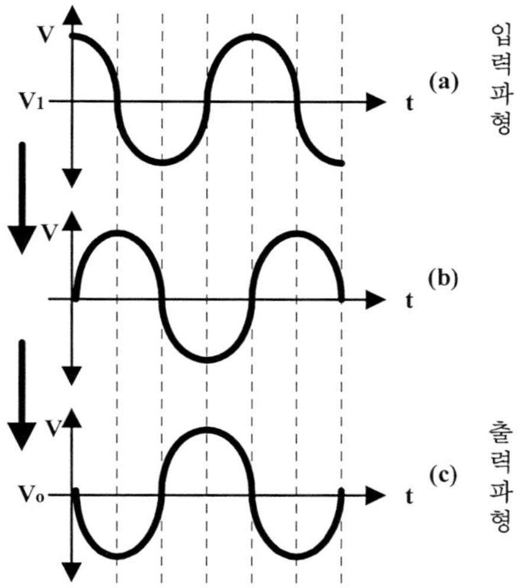

그림 7.34 적분기에 정현 파형을 입력할 때의 출력파형

그림 7.33은 적분기에 계단 파형을 입력하였을 때 출력되는 파형을 나타낸다. 그림(a)는 입력의 계단 파형이며 그림(b)는 (a)의 파형을 적분하였을 때 출력되는 파형이다. 그림 7.32의 적분기는 반전입력단자(-입력단자)에 전압을 입력하고 있으므로 출력 파형은 입력 파형에 대하여 그림 7.33(c)에 나타내는 것과 같이 반전하여 출력된다. 그리고 그림 7.34(a)는 입력 파형, (b)는 적분형 파형, (c)는 정현파형을 적분하여 반전시킨 출력 파형을 나타낸다.

적분기는 캐패시터로 고주파를 부귀환시키고, 저주파는 부귀환시키지 않고 증폭하는 성질을 가지고 있다. 따라서 **로패스 필터**(lowpass filter)로 실제로 많이 사용되고 있다.

(7) 미분기

미분기는 입력전압을 미분한 값을 출력한다. 그림 7.35의 회로가 기본적인 **미분기**이다. 그림 7.25의 반전증폭기 회로에서 적분기는 피드백 저항기를 캐패시터로 바꾼 것이며, 미분기는 피드백 저항기는 그대로 두고 입력저항만 캐패시터로 바꿔놓은 것이다.

그림 7.35의 미분기는 그림 7.32와 동등하게 반전입력단자(-입력단자)에 입력하고 있으므로 출력전압은 입력전압에 대하여 반전한다. 즉, 입력신호를 미분하는 것과 동시에 반전도 한다.

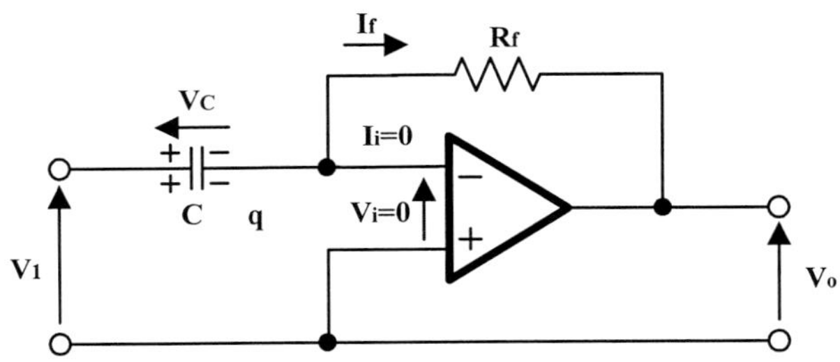

그림 7.35 미분기

여기서 입력전압 V_1과 출력전압 V_o의 관계는

$$V_o = -CR_f \frac{dV_1}{dt} \tag{7.129}$$

으로 나타낸다.

그림 7.35의 미분기의 입력과 출력의 관계를 증명하여 보자. 입력전압을 V_1, 피드백 저항을 R_f, 출력전압을 V_o, 캐패시터 C의 전하를 q로 한다.

그림 7.35의 회로에서 키르히호프 법칙에 의해

$$V_1 = V_c + V_i \tag{7.130}$$

Op앰프의 성질 1의 식 $V_i = 0[\mathrm{V}]$이므로

$$V_1 = V_c \tag{7.131}$$

그리고 그림 7.35의 회로중에서 캐패시터에 의해

$$q = CV_c \tag{7.132}$$

$$\frac{dq}{dt} = I_1 \tag{7.133}$$

이 성립하고 식(7.132)를 식(7.133)에 대입하면

$$\frac{dq}{dt} = \frac{d(CV_c)}{dt} = C\frac{dV_c}{dt} = I_1 \tag{7.134}$$

이 되며, 키르히호프의 전류의 법칙에 의해

$$I_f = I_1 - I_i \tag{7.135}$$

Op앰프의 성질 2의 식(7.70)에서 $I_i = 0$이므로

$$I_f = I_1 \tag{7.136}$$

식(7.134)와 식(7.136)에 의해

$$I_f = I_1 = C\frac{dV_c}{dt} \tag{7.137}$$

가 된다. 오옴의 법칙과 키르히호프의 전압의 법칙에 의해 출력전압 V_o는

$$V_o = V_i - I_f R_f \tag{7.138}$$

여기서 $V_i = 0$이므로

$$V_o = -I_f R_f \tag{7.139}$$

식(7.139)에 식(7.137)를 대입하면

$$V_o = -C\frac{dV_c}{dt}R_f \tag{7.140}$$

그리고 위의 식(7.140)에 식(7.131)을 대입하면

$$V_o = -CR_f\frac{dV_1}{dt} \tag{7.141}$$

이 되며 이것으로 증명이 되었다.

다음은 그림 7.35의 미분기에 삼각 파형과 정현파형을 입력하면 어떠한 파형들이 출력되는지 살펴보자.

그림 7.36은 미분기에 삼각 파형을 입력하였을 때 출력되는 파형을 나타낸다.

그림 7.36(a)는 입력 파형, (b)는 미분 파형, (c)는 출력 파형이다. 그리고 그림 3.37은 미분기에 정현파형을 입력하였을 때 출력되는 파형을 나타낸다. 그림(a)는 입력 파형, (b)는 미분 파형, (c)는 정편파를 입력하였을 때 출력되는 파형이다.

미분기는 입력저항 R_i의 대신에 바꿔넣은 캐패시터로 저주파는 제거되며, 고주파만 출력시

킨다. 이 때문에 **하이패스 필터**(highpass filter)로 사용되고 있다. 그러나 진폭이 작은 신호에 노이즈(noise)가 입력되는 경우 노이즈가 미분되어 강조되는 경우가 있어 미분기를 단독으로는 별로 사용하지 않고 다른 회로와 조합하여 사용되고 있다.

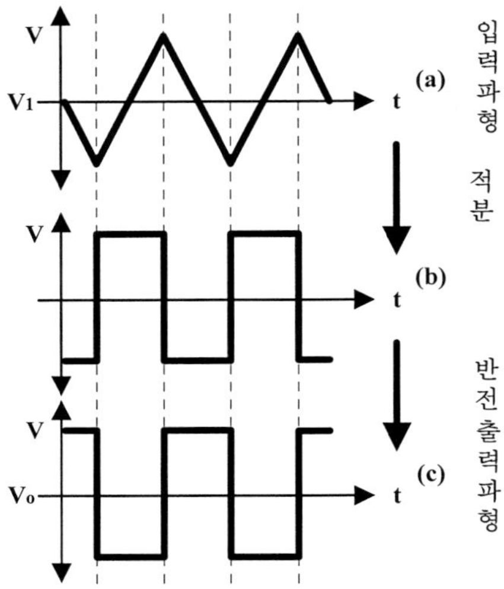

그림 7.36 미분기에 삼각파형을 입력할 때의 입출력파형

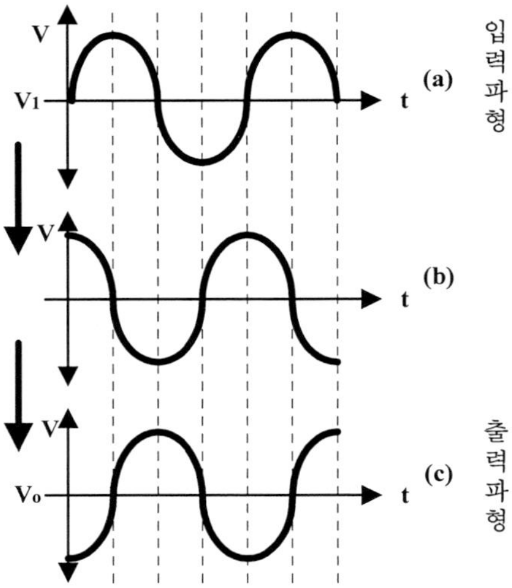

그림 7.37 미분기에 정현파형을 입력할 때의 입출력파형

7.3.4 Op앰프의 본체

지금까지 Op앰프는 블랙박스로 생각하고 이것을 사용하는 기본회로에 관하여 살펴보았다. 이 절에서는 Op앰프 그 자체에 관하여 살펴보자. 현재 사용중인 Op앰프의 안에는 트랜지스터와 저항, 다이오드, 캐패시터로 구성되어 있다. Op앰프는 가능하면 소형화가 요구되고 있다. 따라서 트랜스는 사용되고 있지 않다. 그리고 저항의 소자를 사용하고 있는 대신에 트랜지스터로 저항의 대용이 가능하도록 만드는 저코스트 연구가 진행되고 있다.

대용량의 캐패시터는 제조상 소형화가 대단히 어려워 현재로서는 Op앰프에 가능하면 내장하지 않도록 하고 있다. FET는 조금이라도 이상적인 Op앰프에 근접하므로 입력단에 많이 사용되고 있다.

그림 7.38은 Op앰프 자체의 구조를 블록화한 그림이다. Op앰프 본체는 입력 증폭단, 중간 증폭단, 출력 증폭단으로 구성되어 있다.

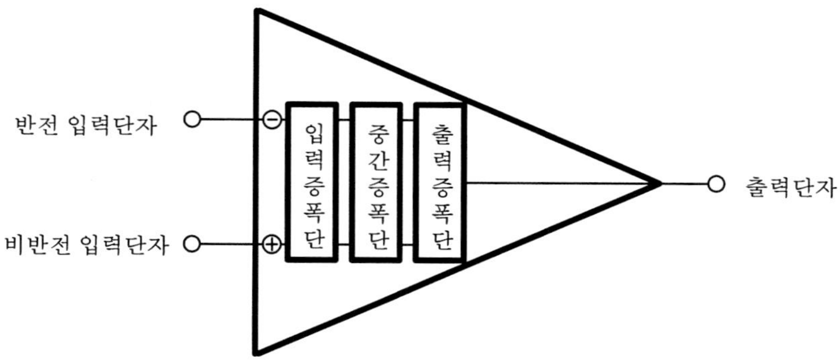

그림 7.38 Op앰프의 구조

다음은 이 3증폭단을 간단히 설명하면 다음과 같다.

□ 입력 증폭단

입력 증폭단에는 드리프트(drift)의 영향을 받지 않도록 차동 증폭회로가 이용되고 있다.

□ 중간 증폭단

중간 증폭단에는 지금까지 배운 이미터접지 증폭회로가 이용되고 있다. 이 회로는 직결형 다단 증폭기를 사용하고 있다. 증폭도를 높게 하기 위하여 증폭용 트랜지스터의 컬렉터 전류가 전부 출력 증폭단에 입력되도록 하기 위하여 컬렉터 저항 Rc 대신에 트랜지스터 1개를 사용한 정전류 전원을 사용하고 있다.

□ 출력 증폭단

트랜스는 IC안에 넣는 것이 어렵기 때문에 출력 증폭단에는 컴프리멘트리 회로가 이용되고 있다. 컴프리멘트리 회로는 그림 7.39 나타내는 것과 같이 2개의 트랜지스터 NPN과 PNP형의 트랜지스터를 사용한다. 정현파를 증폭하는 경우 각각 GND에 관하여 NPN형 트랜지스터는 파형의 정(+)측, PNP형 트랜지스터는 파형의 부(-)측을 B급 증폭으로 증폭하고 있다.

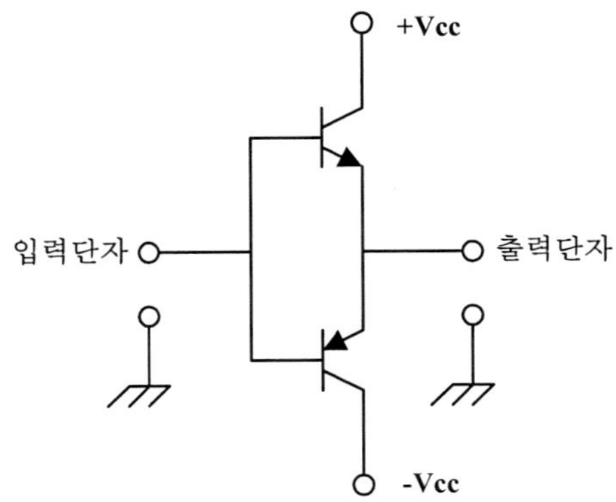

그림 7.39 컴프리멘트리 회로

예제 7.10 그림 7.25의 증폭회로에서 전압증폭도 V_o / V_1를 구하시오.

[풀이] $V_o = -\frac{R_f}{R_i} V_1$

$\therefore \frac{V_o}{V_1} = -\frac{R_f}{R_i}$

■

예제 7.11 그림 7.40의 증폭회로의 전압 증폭도를 구하시오.

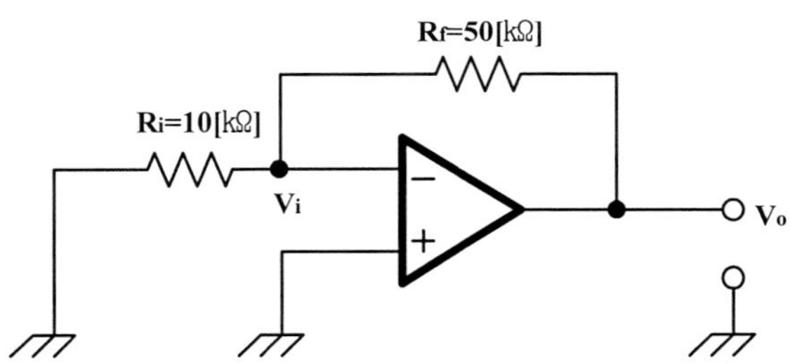

그림 7.40

[풀이]

$$A_v = \frac{V_o}{V_i} = -\frac{R_f}{R_i}$$

$$= -\frac{50}{10} = -5$$

■

예제 7.12 그림 7.41과 같은 증폭회로에서 전압 게인이 20이 되기 위해서는 R_1의 저항값을 구하시오.

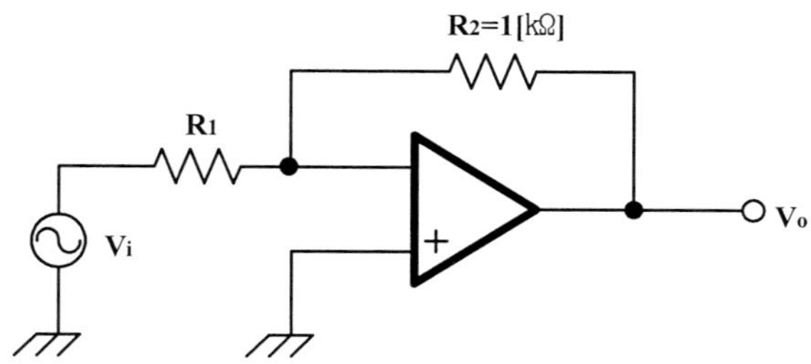

그림 7.41

[풀이] $$A_v = \frac{V_o}{V_i} = -\frac{R_2}{R_1}$$

$$\therefore \ |R_1| = \frac{R_2}{A_v} = \frac{1\times 10^3}{20} = 50[\Omega]$$

■

예제 7.13 다음 가산기의 회로(그림 7.42)에서 출력 전압을 계산하시오. 단, A는 ∞라 가정한다.

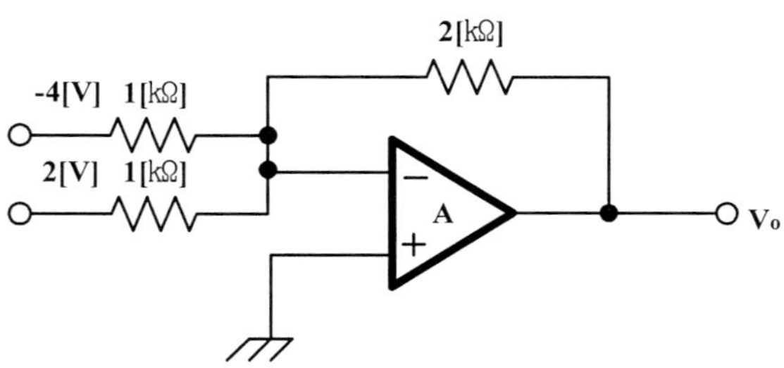

그림 7.42

[풀이]

$$V_o = -\left(\frac{R_f}{R_1}V_1 + \frac{R_f}{R_2}V_2\right)$$

$$= -\left[\left\{\frac{2}{1}\times(-4)\right\} + \left(\frac{2}{1}\times 2\right)\right]$$

$$= 4[\mathrm{V}]$$

■

Chapter 07 연습문제

01 다음 비반전 증폭회로(그림 7.43)에서 출력전압을 계산하시오.

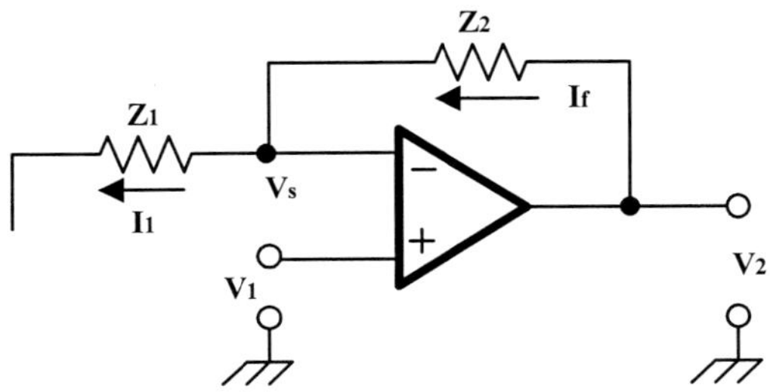

그림 7.43

02 전압증폭도가 1000배이면 데시벨 게인은?

03 60[dB]의 전압 게인을 가진 증폭기에 입력전압 1[mV]를 가하면 출력은 얼마가 될까?

04 이미터 접지회로에서 베이스 전류가 20[μA]에서 40[μA]까지 변화했다. 이 때의 전류 증폭율을 구하시오.

05 V_E가 6[V]로 일정한 상태에서 $I_B=100\sim200$[μA] 변화시켰더니 $I_C=3.4\sim6$[mA]까지 변화한다고 하면 전류 증폭율은 얼마일까?

06 그림과 같은 증폭기의 출력 전압 V_o를 구하시오

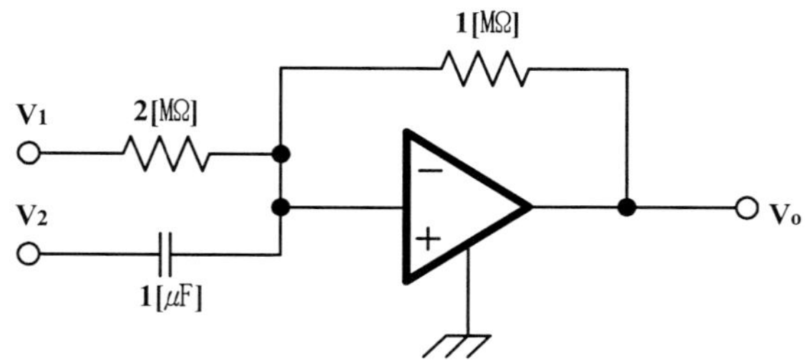

그림 7.44

07 다음 그림은 가산기 회로이다. 이 회로의 출력 V_o를 구하시오

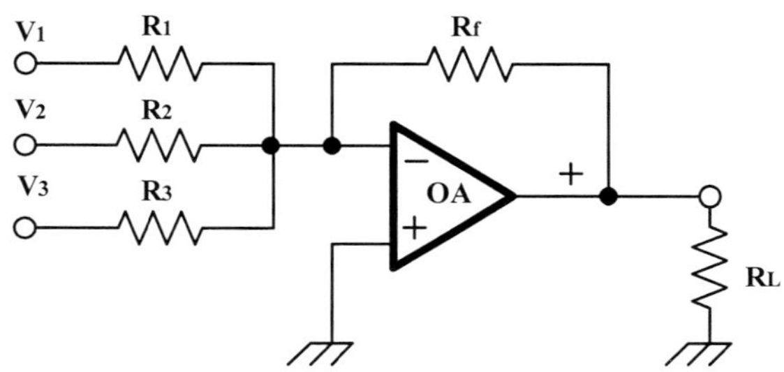

그림 7.45

Chapter 8

시퀀스 회로

지금까지는 메카트로닉스를 위한 전기·전자의 기초학문으로 필요한 기본지식을 배웠다. 이 장에서는 메카트로닉스를 실제로 제어하는데 필수적인 시퀀스제어에 관하여 살펴보기로 한다.

시퀀스제어는 자동세탁기, 자동판매기, 교통신호기, 자동보일러 등 우리 일상생활과 밀접한 관계를 이루고 있어 우리 주변에서 흔히 볼 수 있다. 그리고 엘리베이터, 콘베어, 공작기계, 산업용 로봇 등의 자동화 시스템에도 시퀀스제어는 없어서는 안 될 필수적인 것이다.

실제의 시퀀스제어계는 그 목적이나 제어대상의 종류, 규모 등에 의해 그 활용범위가 결정되며 아주 간단한 것으로부터 매우 복잡한 것에 이르기까지 여러 가지가 있다. 그러나 그것을 구성하고 있는 요소 및 요소의 기본적인 맞춤방법은 그리 복잡하지는 않다.

8.1 시퀀스제어계의 동작과 구성

시퀀스(sequence)란 "현상이 일어나는 순서"를 의미하며, 제어(control)란 말은 "어떤 목적의 상태를 명령대로 조정"하는 것을 의미한다. 시퀀스제어는 "미리 정해놓은 순서 또는 일정한 논리에 의하여 정해진 순서에 따라서 제어의 각 단계를 순차적으로 진행하는 제어"라고 정의할 수 있다.

8.1.1 시퀀스제어계의 동작

간단한 램프 점멸회로를 예로 들어 시퀀스제어(sequence control)란 어떤 것인가 알아보자. 그림 8.1은 전자 릴레이를 사용한 램프 점멸회로이다. 이 회로는 푸시버튼 스위치(push button switch) PBS를 누르면 전자 릴레이(electromagnetic relay)가 동작하여 청색, 녹색, 적색의 3색 램프가 동시에 점등하게 되는 회로를 기구 및 배선의 상태를 실제의 실물과 동등하게 그린 것이다. 여기서 램프의 점등을 설명하면, 푸시버튼 스위치 PBS를 눌러서 전자 릴레이의 전자코일에 전류를 흘러 전자석을 만든다. 전자석에 의해 전자 릴레이가 동작하여 접점 a접점이 접촉하여 통전상태가 된다. 이로 인하여 청색램프, 녹색램프, 적색램프가 점등한다.

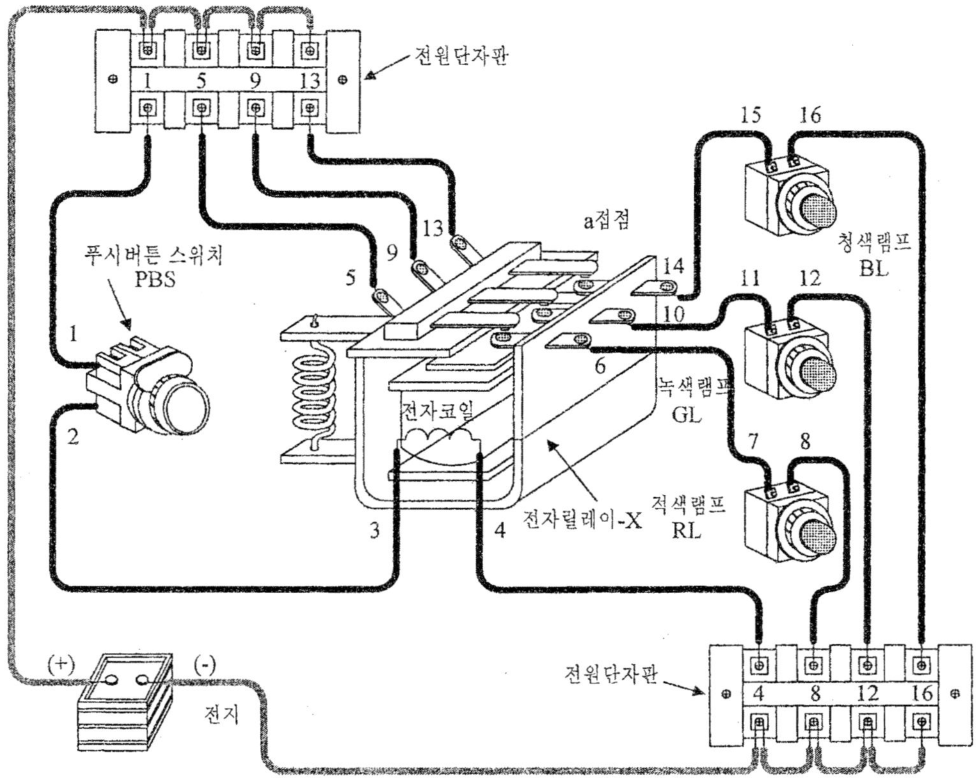

그림 8.1 전자 릴레이를 사용한 램프 점멸회로

램프의 소등은 푸시버튼 스위치 PBS를 눌린 손을 해제하면 전자코일에 흐르는 전류가 끊어져 전자 릴레이가 복귀되어 접점이 떨어져 램프가 소등된다.

그림 8.2는 그림 8.1의 램프 점멸회로를 실체배선도로 나타낸 것이다. 그리고 이것을 시퀀스도로 그리면 그림 8.3과 같이 된다. **시퀀스도**란 전기 설비의 장치, 배전반 및 이것에 관련하는 기기, 기구의 동작, 기능을 중심으로 전개하여 나타내는 도면이다. 즉 시퀀스도는 많은 회로를 그 동작의 순서에 따라서 배열하여 동작의 내용을 이해하기 쉽도록 그린 접속도라 할 수 있다.

각 제어회로는 동작 순서에 따라 수직으로 나타낼 경우는 좌측에서 우측으로 그려 나가며 윗쪽에 전원의 양(+), 아래쪽에 음(−)의 전원의 모선을 표시하며 수평으로 그릴 경우는 동작 순서에 따라 윗쪽에서 아래쪽으로 그려 나간다. 전원의 모선은 좌측이 양(+), 우측이 음(−)이 된다. 그림 8.3은 수직으로 그린 시퀀스도이다.

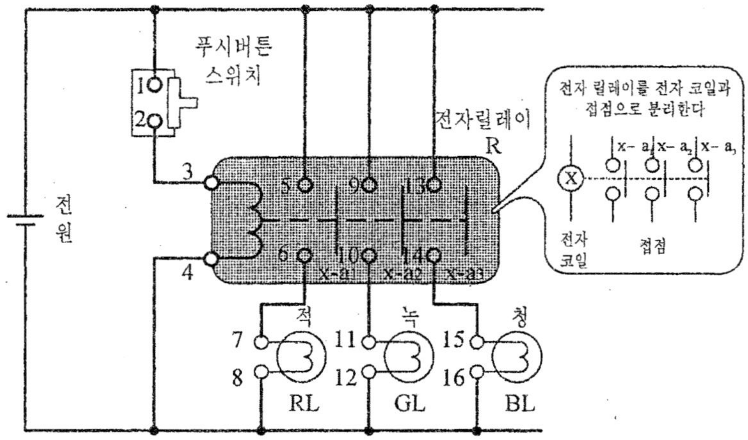

그림 8.2 램프 점멸회로의 실체배선도

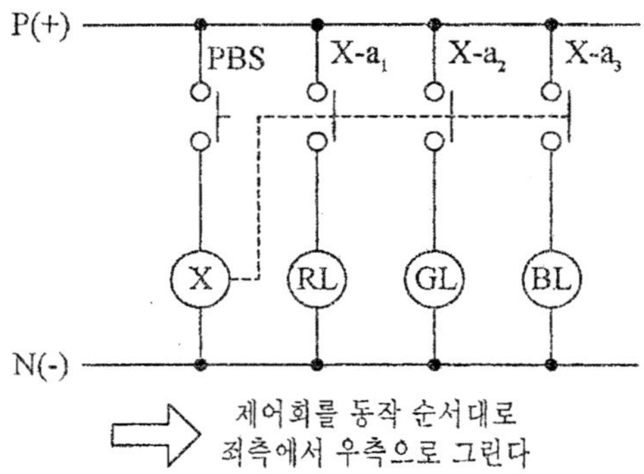

그림 8.3 램프 점멸회로의 시퀀스도

8.1.2 시퀀스제어계의 구성

시퀀스제어는 자동판매기, 교통신호, 엘리베이터, 자동세탁기 등 우리들의 생활 주변에서 많이 볼 수 있으며, 산업현장의 공작기계, 전용기계, 자동 조립기계 등의 생산공장에서 공장자동화에 중요한 역할을 하고 있다. 시퀀스제어는 그 목적, 제어대상의 규모, 제어방법 등에 의해 간단한 것부터 매우 복잡한 것까지 수없이 많이 사용되고 있다.

그림 8.4는 일반적인 시퀀스제어계의 기본적인 구성을 나타낸다. 그림에서 사각형은 시퀀스제어계의 각 구성요소를 표시하고 화살표는 그 진행방향을 나타낸다. 그리고 제어계의 각 기본요소의 기능을 표 8.1에 나타낸다.

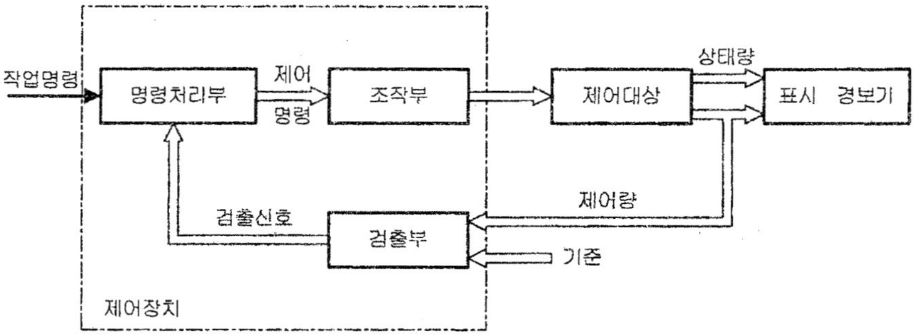

그림 8.4 시퀀스제어계의 일반적인 구성

표 8.1 시퀀스제어계의 기본요소

기본요소	요소의 기능
제어대상	제어하고자 하는 목적의 장치 또는 기계. 제어량 : 제어하고자 하는 목적의 상태.
검출부	제어량이 소정의 상태인가 아닌가의 신호를 발생하는 부분.
명령처리부	작업명령, 검출신호 및 미리 기억시켜둔 신호로 제어명령을 만드는 부분.
조작부	제어명령을 증폭시켜 제어대상을 직접 제어하는 부분.
표시 · 경보부	제어대상의 현재 상태를 나타내거나 경보신호를 발생시키는 부분.

8.1.3 제어계의 기본 소자

시퀀스제어계의 제어장치는 검출부, 명령처리부, 조작부로 구성되어 있다. 그 각 요소를 구성하는 대표적인 소자를 원리별로 분류하면 그림 8.5와 같다.

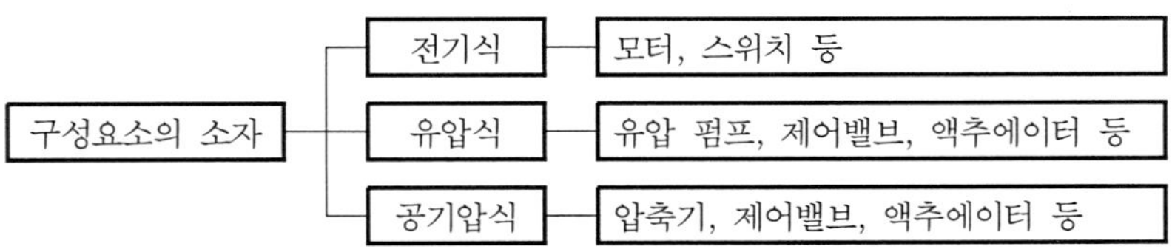

그림 8.5 구성요소의 소자

표 8.2는 각 제어용 기기의 소자로 사용되었을 경우의 비교를 나타낸다.

표 8.2 제어방식의 비교

항목 \ 형식	전기식 소자	유압식 소자	공기압식 소자
조작력	과히 크지 않다	크다	약간 크다
조작속도	빠르다	약간 빠르다	빠르다
위치결정의 정도	좋다	약간 좋다	나쁘다
신호 변환	용이	곤란	비교적 곤란
원격조작	양호	양호	양호
환경	영향이 크다	영향이 작다	조금 영향이 있다
배선·배관	비교적 간단	복잡	조금 복잡

표 8.2에서 알 수 있는 것은 다음과 같다.

- 전기식 소자 : 신호의 처리가 특히 양호하여, 명령 처리부 및 검출부에 적당하다.
- 유압식 소자 : 큰 힘을 얻을 수 있어 조작부에 적합하다.
- 공기압식 소자 : 전기식과 유압식의 중간적인 존재로 정확성은 조금 나쁘지만 현재 여러 분야에 많이 사용되고 있다.

이상의 소자는 단독으로도 사용하지만 조합하여 사용하는 편이 더 많다. 이것들 외에 기계식 소자와 반도체 등에 의한 전자식 소자가 사용될 때도 있다.

8.2 시퀀스 제어계의 분류

시퀀스 제어계는 **와이어드 로직형**(wired logic type)과 **프로그램형**(program type)으로 분류된다. 그림 8.6에 그 분류를 나타낸다.

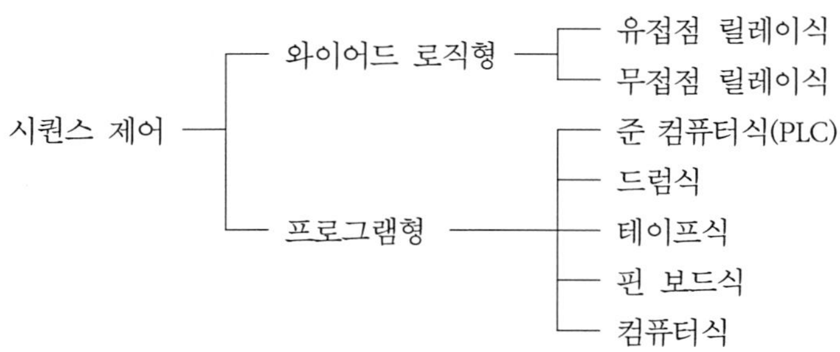

그림 8.6 시퀀스 제어장치의 분류

8.2.1 와이어드 로직형(wired logic type)

와이어드 로직형은 배선으로 논리(logic)를 만드는 것으로 프로그램형이 나오기 전까지는 시퀀스 제어는 모두 와이어드 로직형이었다. 와이어드 로직형에는 접점이 있는 **유접점 릴레이**와 접점이 없는 **무접점 릴레이**로 분류된다. 어떤 하나의 시퀀스 회로를 만들기 위해서는 먼저 시퀀스도를 만들어 순서대로 스위치와 릴레이를 배치하고 배선을 해나간다. 그러므로 시퀀스의 변경이 필요한 경우에는 스위치와 릴레이의 추가나 변경이 필요하다. 처음에는 유접점 릴레이로 제어만이 이루어졌으나 최근에는 반도체의 소자 발달에 의해 소형화, 경량화가 가능해져 무접점 릴레이의 사용이 점차 확대되어 가고 있는 추세이다. 두 형태 모두 장단점을 가지고 있어 사용 용도에 따라 선택하여야 한다. 표 8.3에 두 형태의 간단한 장단점을 비교하여 나타낸다.

표 8.3 유접점 릴레이와 무접점 릴레이의 장단점 비교

	유접점 릴레이	무접점 릴레이
외형	부피가 크고 무겁다	소형이며 가볍다
수명	부하상태, 동작빈도에 따라 영향을 받으며 수명이 짧다	반 영구적이다
소비전력	많다	적다
회로구성	처리조건이 증가하면 릴레이 수가 증가되어 복잡하게 되므로 보수 및 가격면에서 불리하다	복잡한 처리일수록 유리함
내충격성	약하다	강하다
환경의 영향	고온, 먼지 등에서 접점불량을 초래한다	심한 온도차에서 오동작의 우려가 있다
입출력의 융통성	회로의 변경 및 추가가 용이하다	회로변경이 어렵다
경제성	릴레이수가 적을 경우에 경제적이다	복잡한 처리가 요구되는 곳에서 경제적이다

8.2.2 프로그램형(program type)

프로그램식 제어기(programmable controller)에는 **시퀀스 컨트롤러**(sequence controller) 또는 PLC(programmable logic controller)로 불리는 것이 대표적으로 산업현장에서 많이 사용되고 있다. 이것은 복잡한 제어 명령을 미리 기억시켜 놓은 CPU(central processing unit)에 프로그램을 입력시켜 시퀀스 회로로 만든 것이어서 프로그램 내용이 각각의 시퀀스에 따라

다르다.

즉, 작업명령 또는 검출신호에 의해 제어명령을 꺼내어 쓸 수 있도록 한 것이다. 여기서 프로그램이라 함은 일의 처리순서, 기계를 동작시키는 순서라고 볼 수 있다. 그리고 PLC는 설비, 장치, 기계 등의 자동화시스템의 종합적인 제어기기로서, 단순한 논리처리 뿐만 아니라 데이터(data) 처리까지 그 사용 영역이 확장되고 있다. 표 8.4는 와이어드 로직 시퀀스와 프로그램형 시퀀스의 일반적인 비교를 나타낸다.

표 8.4 와이어드 로직형과 프로그램형의 비교

	와이어드 로직형	프로그램형
구성	계전기 배선으로 조립	하아드는 표준품(규격품)
제어장치	전용(시방대로)	중 · 대규모
사양변경 및 추가	어렵다	용이하다
제작일수	길다	짧다
고도의 제어	불가능하다	가능하다
보수성	어렵다	용이하다
신뢰성	설계제조에 관계된다.	좋다
경제성	소규모에서 유리	중 · 대규모에서 유리

8.3 메카트로닉스 제어 부품과 기호

시퀀스 제어계에 사용하는 전기기기 및 기구는 대부분 한국공업규격 KSC 0301(전기용 그림 기호)에 의해 표준화가 되어 있다. 이것은 기기의 기구 부분과 전기회로의 일부분을 간략화시켜 회로의 동작 상태를 이해할 수 있도록 되어 있다. 따라서 이 부분을 잘 이해하여 두면 시퀀스제어 회로의 동작 상태 및 회로의 구성을 쉽게 이해할 수 있다.

8.3.1 기본 접점

개폐접점은 그 접점부가 수동이거나 전기적이거나 외부에서 어떤 에너지를 주지 않은 상태에서 표시한다. 개폐접점을 동작시키는 것을 **릴레이**(relay) 또는 **계전기**라 하며 그 기본 접점은 a접점, b접점, c접점이 있다.

(1) a접점

a접점이란 작동하는 접점(arbeit contact)이란 뜻으로 머리글자 a를 따서 a접점이라 칭하고 있으며, 반드시 소문자로 표시한다. 이 a접점은 물리적으로 외부에서 힘을 주거나 전기적으로 릴레이에 전류가 흐르면 동작하여 접점이 닫히는(ON)접점이다. 이것을 **상시개접점**(normally open contact)이라고도 한다.

(2) b접점

b접점이란 끊기는 접점(break contact)이란 뜻으로 머리글자 b를 따서 b접점이라 칭하고 있으며, 이것도 반드시 소문자로 표시하여야 한다. 이 b접점은 물리적으로 외부에서 힘을 주거나 전기적으로 릴레이에 전류가 흐르면 동작하여 접점이 열리는(OFF)접점이다. 이것을 **상시폐접점**(normally closed contact)이라고도 한다.

(3) c접점

c접점이란 전환접점(change-over contact)이란 뜻으로 머리글자 c를 따서 c접점이라 칭하며, a, b접점과 같이 소문자로 표시하여야 한다. 이 c접점은 a접점과 b접점 사이에서 한쪽의 가동 접점부를 공유하고 있으며 **트랜스퍼 접점**(transfer contact)이라고도 한다.

일반적으로 a접점을 가로로 그릴때에는 가동접점을 고정접점의 상측에 약간 띄우고 세로로 그릴 때에는 가동접점을 고정접점의 우측에 약간 띄워 그리며, b접점을 가로로 그릴 때에는 가동접점을 고정접점의 하측에 접촉되게 그린다. 세로로 그릴 때에는 가로와 동등한 방법으로 세로로 그리면 된다. 그림 8.7에 일반적인 접점의 기호를 나타낸다.

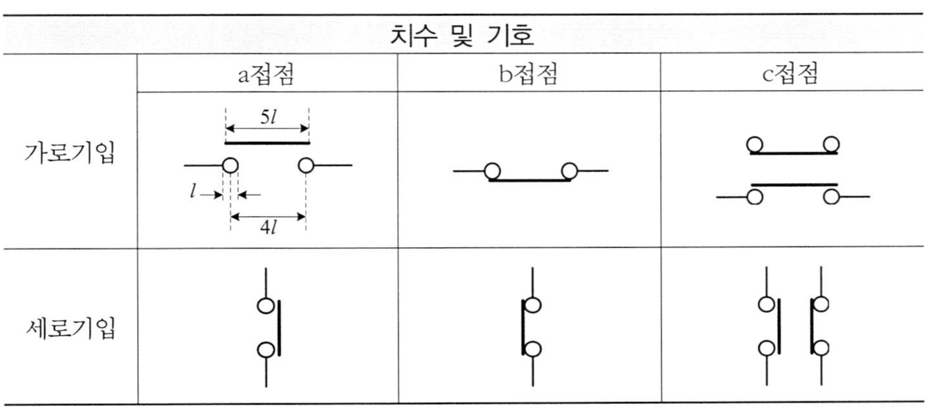

그림 8.7 일반접점의 기호

8.3.2 스위치

스위치(switch)란 전기회로의 개폐 또는 접속을 변경하는 기구이며, 일반적으로 **명령용**과 **검출용**으로 나눌 수 있다. **명령용 스위치**는 사람이 손으로 조작하여 명령을 주든지, 명령처리의 방법을 변경하든지 또는 수동·자동의 전환용 스위치를 말한다. **검출용 스위치**는 제어 대상의 상태를 검출하기 위한 것이며 예정의 동작 조건에 도달했을 때 동작하는 제어용 스위치를 말한다.

8.3.2.1 푸시버튼 스위치

푸시버튼 스위치(push button switch)란 버튼을 누르면 개폐가 이루어지는 스위치를 말한다. 푸시버튼 스위치의 a접점은 버튼을 누르면 접점이 ON이 되고 손을 떼면 OFF상태로 복귀하는 접점이다. b접점은 a접점과 반대로 버튼을 누르면 OFF가 되며 손을 떼면 즉시 ON상태로 복귀된다. c접점은 a접점과 b접점의 가동 접점이 공유로 되어 있는 구조다. 버튼 스위치를 누르면 a접점은 ON이 되고 b접점은 OFF가 되는 접점이며, 손을 떼면 a접점은 OFF, b접점은 ON으로 복귀한다.

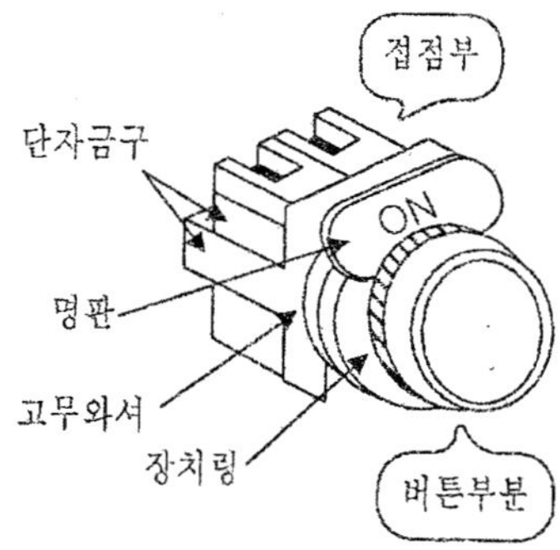

그림 8.8 푸시버튼 스위치의 외형

그림 8.8에 푸시버튼 스위치의 외형을 나타내며 그림 8.9에 c접점을 나타낸다. 그림 8.10은 푸시버튼 스위치의 접점 기호를 나타낸다.

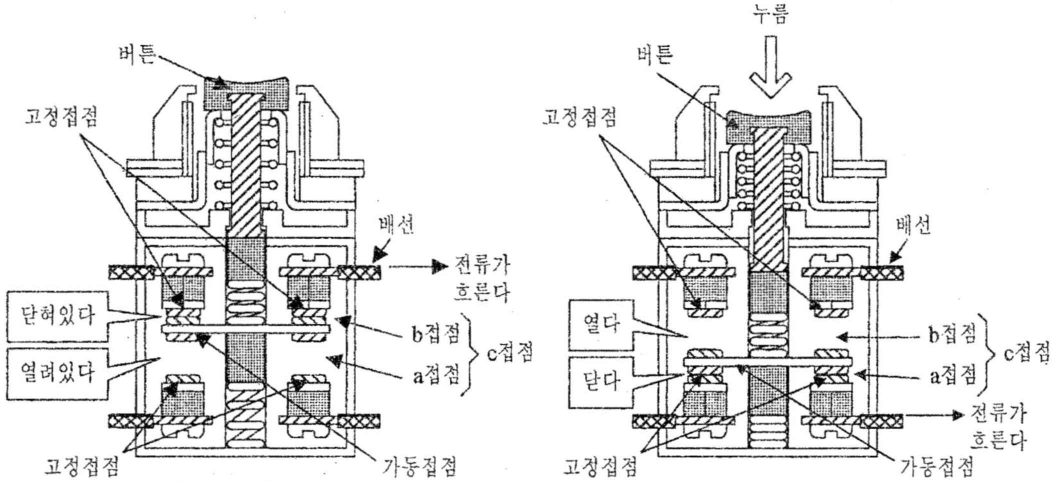

(a) 복귀상태 (b) 동작상태

그림 8.9 푸시버튼 스위치의 c접점

치수 및 기호			
	a접점	b접점	c접점
가로기입	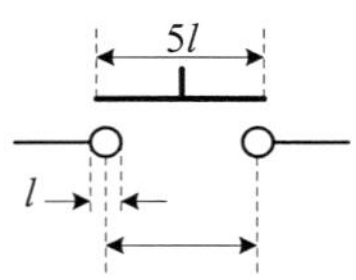	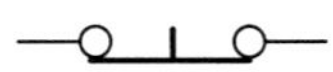	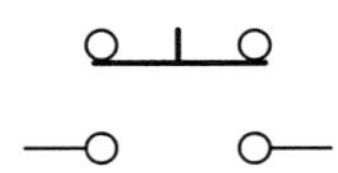
세로기입			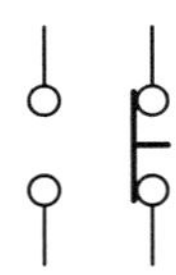

그림 8.10 푸시버튼 스위치의 접점 기호

8.3.2.2 텀블러 스위치

텀블러 스위치(tumbler switch)란 손가락으로 파도형 핸들의 끝부분을 누르면 스프링 기구로 된 접점부에 의하여 ON, OFF 전환 동작을 하는 명령용 스위치를 말한다. 그림 8.11은 텀블러 스위치의 ON상태를 나타낸다.

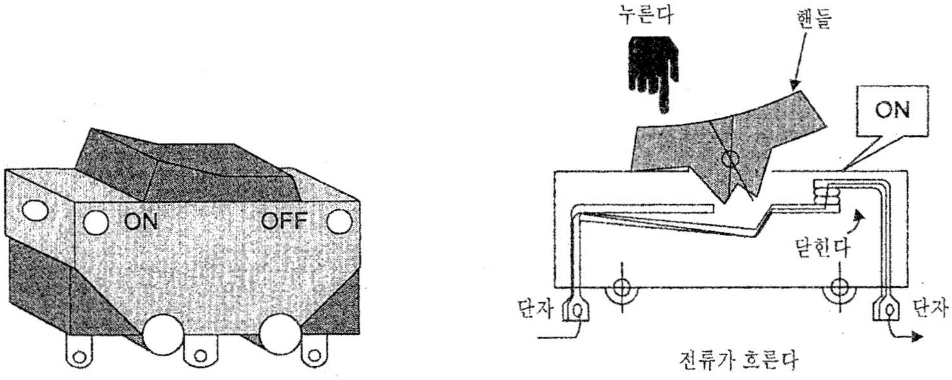

(a) (b)

그림 8.11 텀블러 스위치

8.3.2.3 토글 스위치

토글 스위치(toggle switch)는 **스냅 스위치**(snap switch)라고도 하며, 손끝으로 레버를 전후로 움직이게 하여 이때에 부착한 나사를 중축으로 해서 클랭크에 전하여 클랭크의 위를 스프링에 의해 압력이 가해진 활동봉이 움직이고 클랭크의 중앙을 축으로하여 접점의 전환을 한다. 그림 8.12에 토글 스위치를 나타낸다. 그림 8.13은 텀블러 스위치, 토글스위치의 기호를 나타낸다.

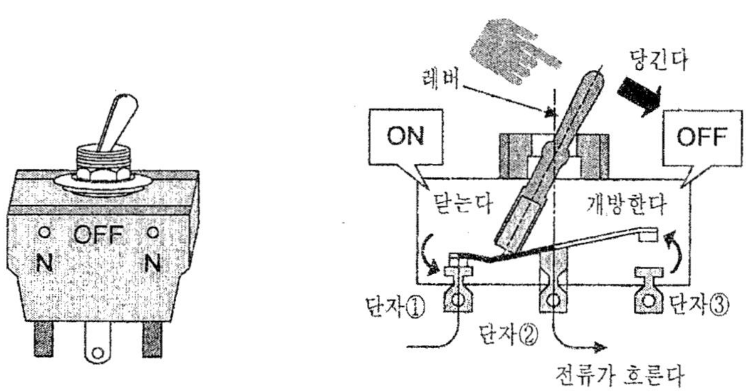

(a) (b)

그림 8.12 토글 스위치

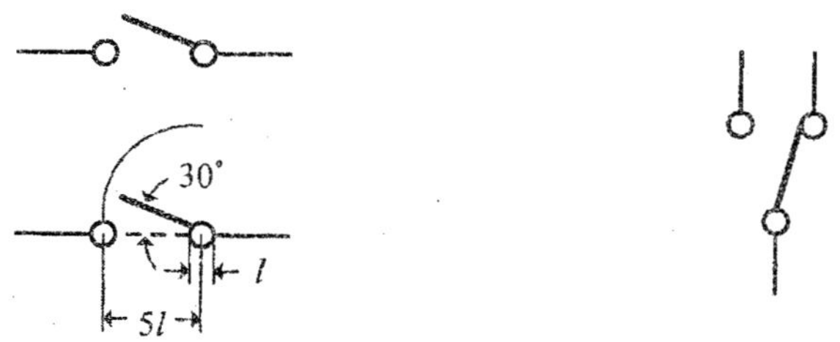

(a) 텀블러 스위치　　　(b) 토글 스위치

그림 8.13 일반 스위치의 기호

8.3.2.4 로터리 스위치

로터리 스위치(rotary switch)란 회전 동작에 의해 접점을 전환하고 회로를 선택하도록 된 스위치를 말한다. 이것은 일반적으로 원주상에 접촉 단자를 여러 개 배치하고, 대향접촉단자를 중심축에 연동시켜서 수동으로 회전하므로 접촉점이 차례대로 전환하도록 되어있다. 그림 8.14는 로터리 스위치의 외형을 그림 8.15는 그 기호를 나타낸다.

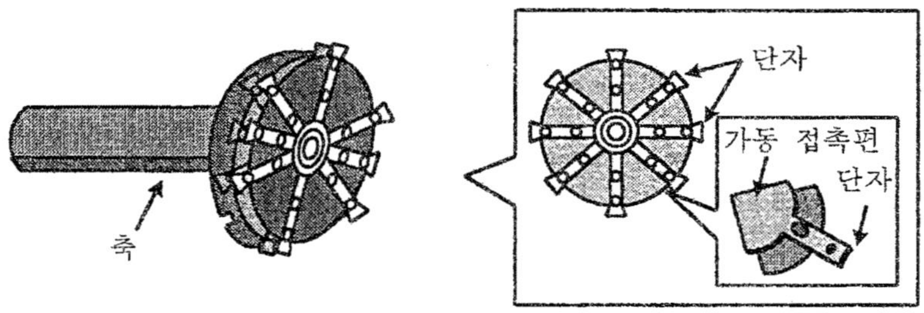

그림 8.14 로터리 스위치

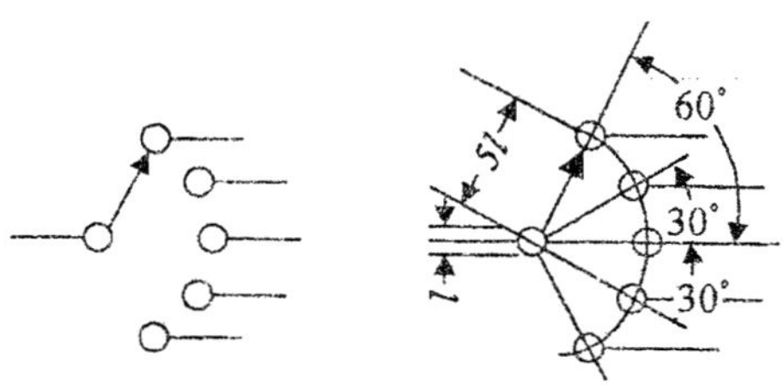

그림 8.15 로터리 스위치의 기호

8.3.2.5 마이크로 스위치

마이크로 스위치(micro switch)란 미소 접점 간격과 스냅 액션(snap action)기구가 있고, 정해진 힘과 작동으로 개폐하는 접점 기구를 케이스로 쌌으며, 그 외부에 액추에이터(actuator)

가 있는 소형 스위치를 말한다. 이 스위치의 접점은 COM(common)과 NC(normally closed), NO(normally open)의 세 개가 있다. COM은 공통단자이며 NC단자가 b접점, NO단자가 a접점으로 사용하면 된다. 그림 8.16은 마이크로 스위치의 외형과 기호를 나타낸다.

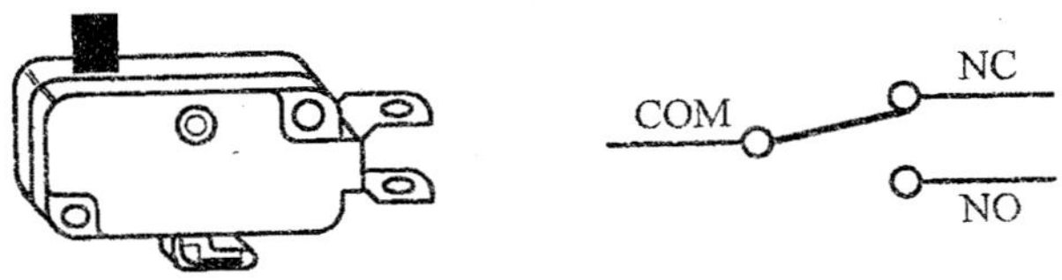

(a) 외형 (b) 기호

그림 8.16 마이크로 스위치

8.3.2.6 리미트 스위치

리미트 스위치(limit switch)란 기기의 운동 행정중 정해진 위치에서 동작하는 제어용 검출 스위치를 말한다. 이것은 기기에 대한 가동 부분의 동작에 따라 기계적인 운동을 전기적인 신호로 변환하는 것이며, 물체가 소정위치에 있는가 또는 힘이 가해져 있는가 등의 기계량을 검출하는데 많이 사용되고 있다. 그림 8.17은 리미트 스위치의 외형과 기호이다.

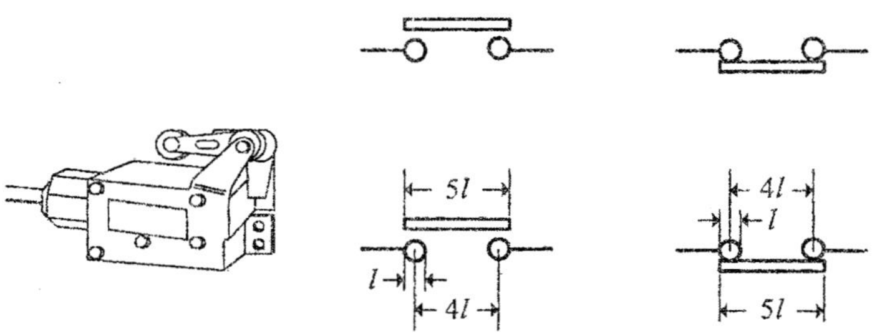

(a) 외형 (b) a접점 (c) b접점

그림 8.17 리미트 스위치

8.3.2.7 광전 스위치

광전 스위치(photo electric switch)란 빛을 매체로 하는 검출기이며, 투광기 안의 광원에서 방사된 빛이 물체로 차단되거나 반사되는 광량의 변화를 수광기 안의 광전 변화 소자에 의해 전기량으로 변환해서 스위치를 동작시키며 물체의 유,무나 상태의 변화 등을 무접촉으로 검출하는 스위치를 말한다. 이 스위치의 장점은 금속이나 비금속 구별없이 감지가 가능하며 비교적 먼거리에서도 검출할 수 있다. 일반적으로 포토센서라 한다. 그림 8.18은 광전 스위치의 외형이다.

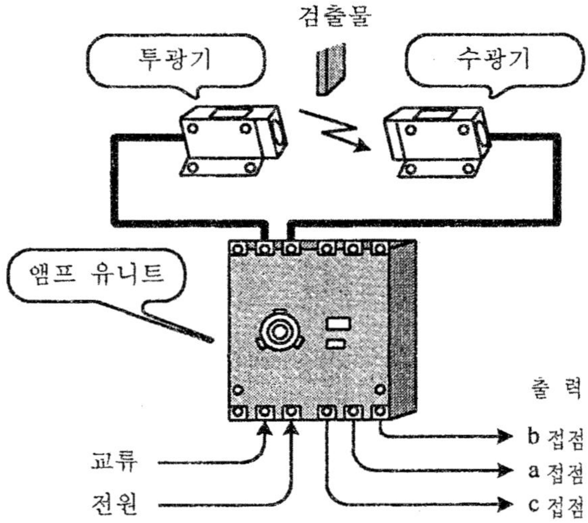

그림 8.18 광전 스위치

8.3.2.8 근접 스위치

근접 스위치(proximity switch)란 자체 에너지를 이용하여 검출헤드(detecting head)에 근접해 오는 금속체를 기계적으로 접촉하지 않고 검출하며, 이와 연결되는 전기회로를 개폐하여 제어하는 검출 스위치를 말하며, 고주파 자계를 이용한 고주파 발진형이 많이 사용되고 있다. 그림 8.19에 근접 스위치의 외형을 나타낸다.

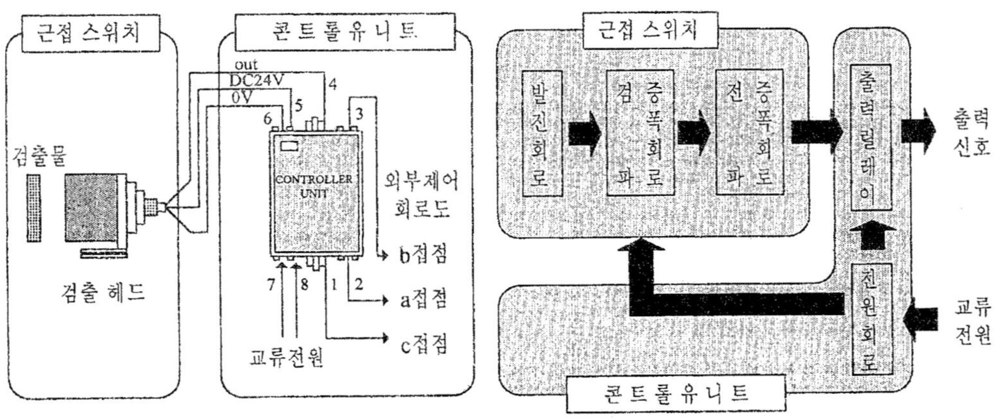

그림 8.19 근접 스위치

8.3.2.9 특수 스위치

특수 스위치로 설정온도에 도달했을 때에 접점이 개폐되는 **서미스터 스위치**(thermister switch)와 압력에 의하여 작동되는 **압력 스위치**(pressure switch) 등이 있다.

8.3.3 전자 릴레이

일반적으로 **전자 릴레이**(electromagnetic relay)는 철심에 코일을 감고 몇 개의 가동접점과 고정접점으로 구성되어 있으며 그림 8.20과 같다.

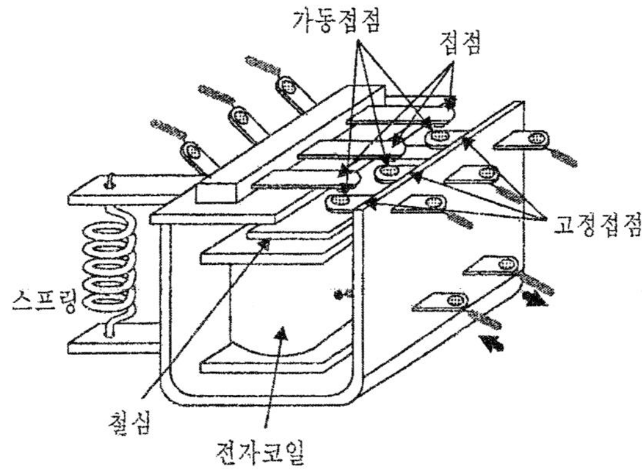

그림 8.20 전자 릴레이

이 전자 릴레이는 전자 코일에 전류가 흐르면 전자석(electromagnet)이 되며, 이 전자력에 의해 가동철편을 흡입하고, 이와 연동한 기구가 작동하여 접점을 닫거나 여는 것으로 전자력에 의해 접점을 개폐한다. 그림 8.21은 전자 릴레이의 c접점 동작을 나타낸다. 그림 8.22는 각 접점의 기호를 나타낸다.

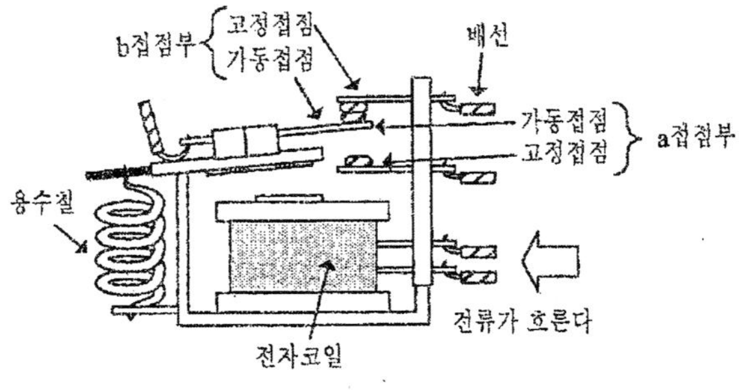

그림 8.21 전자 릴레이의 c접점

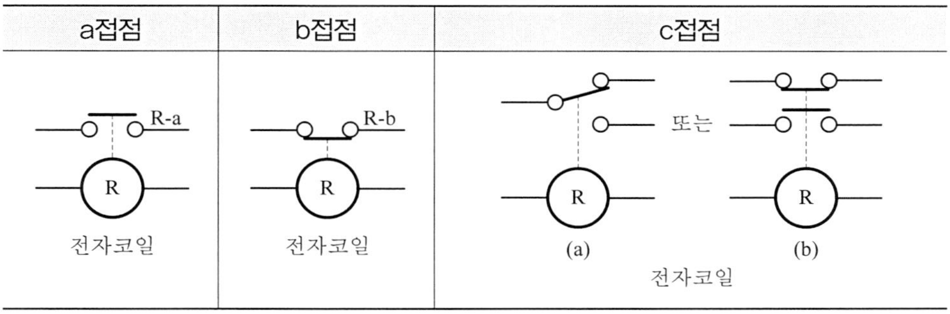

그림 8.22 전자 릴레이의 기호

8.3.3 전자 접촉기

전자 접촉기(electromagnetic contactor)의 동작 원리는 전자 릴레이와 같지만 전력 회로의 부하전로를 빈번하게 개폐하는 접촉기로 전력 회로를 개폐하는데 많이 사용된다. 전자 접촉기에는 전류용량이 큰 주접점과 전자 릴레이와 같이 전류 용량이 적은 보조접점이 있다. 그리고 주접점이 동작하는데 따라서 보조접점도 같이 동작한다. 그림 8.23은 전자 접촉기의 외형이다.

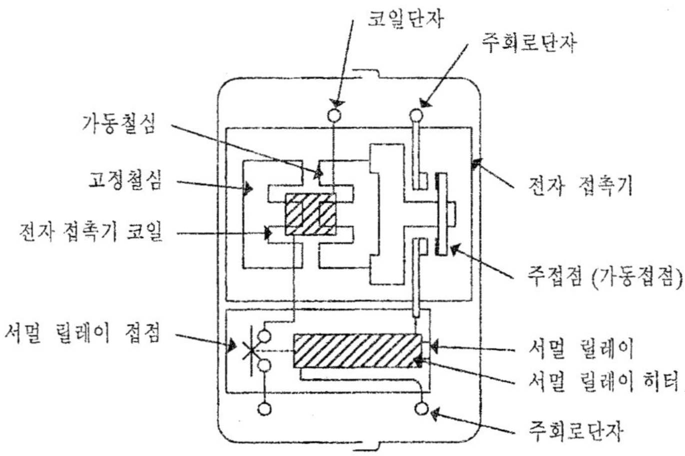

그림 8.23 전자 접촉기

그림 8.24는 그 기호를 나타낸다.

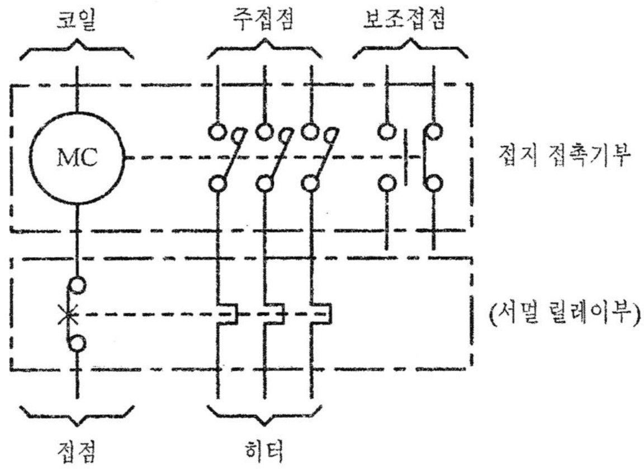

그림 8.24 전자 접촉기의 기호

8.3.4 타이머

타이머(timer)란 전기적 또는 기계적으로 입력을 주면 설정한 시간이 경과한 후에 회로를 전기적으로 ON, OFF하게 하는 접점을 가진 릴레이이다. 타이머는 그 동작원리에 따라 **모터식 타이머**, **전자식 타이머**, **제동식 타이머**로 분류할 수 있다. 타이머의 기호는 그림 8.25와 같이 구동부와 출력 접점부로 이루어진다. 타이머의 구동부는 일반 전자코일의 기호와 동등하며 출력접점은 일반 접점 중앙부에 삼각형 꼭지를 붙여서 구별한다. 타이머의 동작으로 **한시동작**(on delay timer)형과 **한시복귀**(off delay timer)형이 있다.

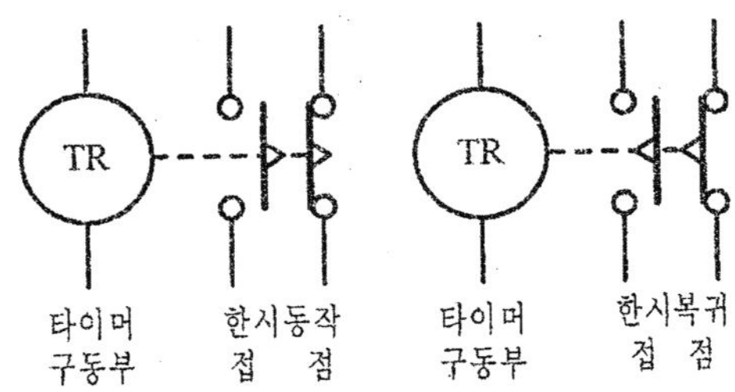

그림 8.25 타이머의 기호

(1) 한시 동작형

타이머의 a접점은 입력이 주어지면 타이머의 설정 시간이 경과 후에 폐(ON)로가 되고, 입력이 없어지면 순시적으로 복귀하여 개(OFF)로가 된다. b접점은 a접점 반대의 동작이 일어난다.

(2) 한시 복귀형

타이머의 a접점은 입력이 주어지면 순시동작하여 폐(ON)로가 되고 입력이 없어지면 타이머의 설정시간 경과 후에 복귀하여 개(OFF)로가 되며, b접점은 위 동작의 반대가 된다. 그림 8.26은 타이머의 **타임차트**(time chart)이다.

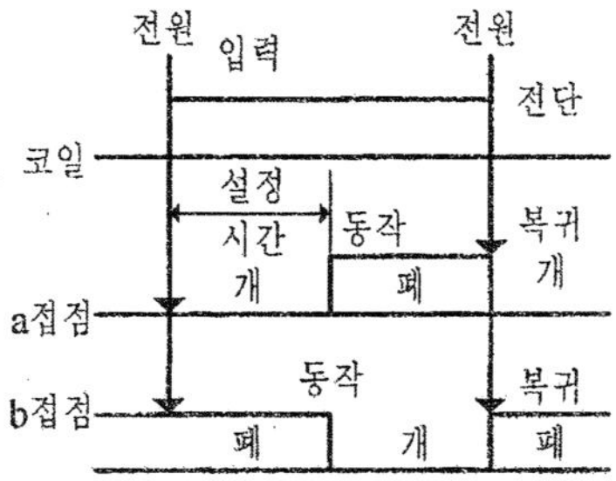

(a) 한시동작

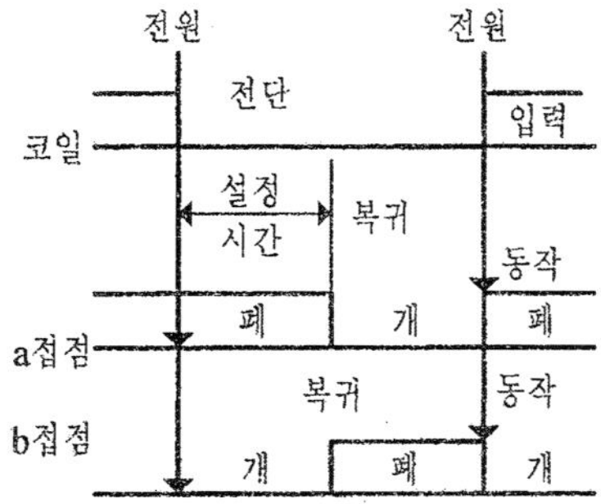

(b) 한시복귀

그림 8.26 타이머의 타임차트

8.3.5 카운터

카운터(counter)란 작업 횟수, 작업물의 숫자 등을 계수하는데 사용되 는 기기이며, 일반적으로 카운터의 성능은 단위 시간당 몇 개를 계수할 수 있는가에 의해 결정된다. 단위로 CPS (count per second)가 사용된다. 예를 들면 100 cps란 1초에 100개를 계수한다는 의미이다.

계수를 위한 카운터의 입력은 펄스(pulse)가 사용되는데 이 펄스는 앞에서 설명한 조작용 및 검출용으로 사용되는 스위치에 의해 발생시킬 수 있다. 구조에 따라 **전자 카운터**(magnetic counter), **프리셋트 카운터**(preset magnetic counter) 등이 있다. 전자 카운터(MC)는 생산량 등을 계수하는 적산용으로 사용되며, 프리셋트 카운터(PMC)는 설정한 계수량에 도달하면 내장된 그 위치가 동작하여 계수 제어용으로 많이 사용되며, **가산식**과 **감산식**의 두 종류가 있다. 그림 8.27에 카운터/타이머 겸용의 외형 및 기호를 나타낸다.

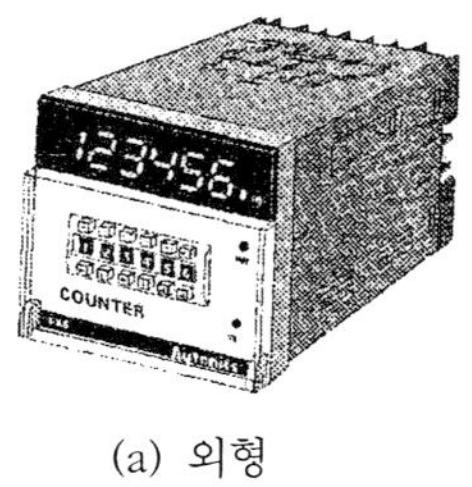

(a) 외형

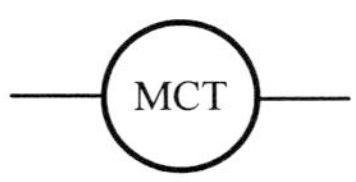

(b) 기호

그림 8.27 카운터

8.3.6 배선용 차단기

배선용 차단기(molded-case circuit breaker)란 **노퓨즈 브레이크**(nofuse breaker)라고도 하며 정격 전류를 초과하는 과전류가 흐를 경우 이를 감지하여 개폐기구에 전달하여 차단동작을 행하여 사고 전류를 감지하는 역할을 한다. 그림 8.28은 배선용 차단기의 외형과 기호를 나타낸다.

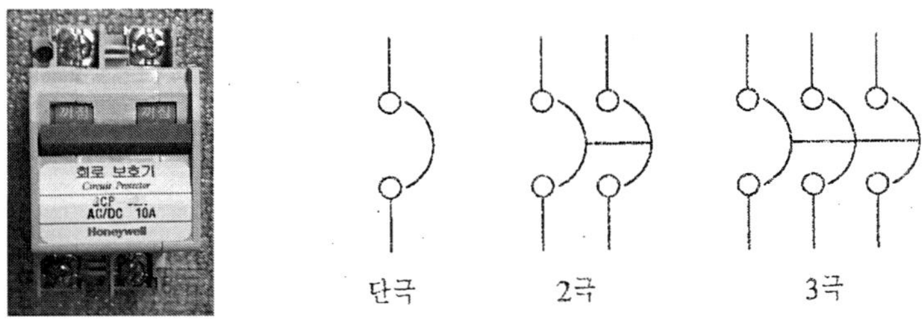

(a) 외형 (b) 기호

그림 8.28 배선용 차단기

8.3.7 솔레노이드 밸브

솔레노이드 밸브(solenoid valve)는 **전자 밸브**라고도 하며 이것은 전자석의 흡인력을 이용하여 밸브를 개폐(ON, OFF)시켜 공기나 기름 또는 물 등의 유체의 방향을 제어하는데 사용된다. 그림 8.29에 솔레노이드 밸브의 외형과 기호를 나타낸다.

(a) 외형 (b) 기호

그림 8.29 솔레노이드 밸브

8.4 기본 논리 회로

전자회로용 논리기호는 미군규격 MIL(military standard specification)이 일반적으로 사용되고 있다. MIL 표기법에서는 전압(혹은 전류)이 높고 낮음의 두 레벨로 쓰일 때, 어느 것을

0 또는 1로 선택하느냐 하는 것은 설정자가 임의로 선택할 수 있다. 높은 레벨 H(high)를 1로, 낮은 레벨 L(low)를 0으로 잡으면 이 논리를 **정논리**(positive logic)라 하며, 그 반대인 H=0, L=1로 취하면 부논리(negative logic)가 된다. 앞으로의 설명은 특별한 명시가 없으면 정논리로 설명한다.

8.4.1 AND회로

그림 8.30(a)와 같이 2개의 스위치가 직렬로 연결되어 있을 때 램프 C가 점등되기 위해서는 A, B스위치가 모두 ON되어야 한다. 이와 같은 회로를 **AND회로**라 하며 스위치 A, B의 개폐에 따라 변수가 갖는 값이 결정되는데 이것을 표로 만든 것을 **진리표**라 한다. 스위치가 ON일 경우 1, OFF일 경우를 0으로 생각하면 AND회로의 진리표는 (b)와 같이 된다. AND회로의 기호는 (c)와 같다.

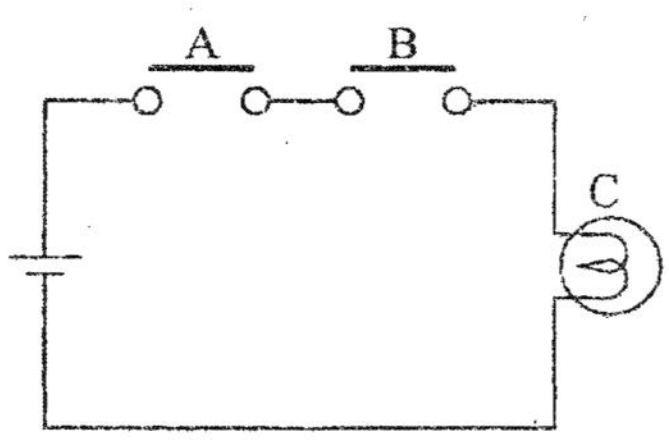

(a) AND 회로

입력		출력
A	B	A·B = C
0	0	0
0	1	0
1	0	0
1	1	1

(b) 진리표

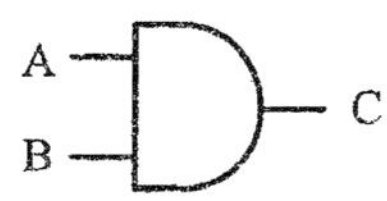

(c) 기호

그림 8.30 AND 회로

A·B=C를 **논리곱셈**(logical product)이라 하며, 이와 같은 식을 **논리식**(logical formula)이라 한다.

그림 8.31은 무접점 AND회로이며 반도체 소자인 다이오드를 이용하고 있다.

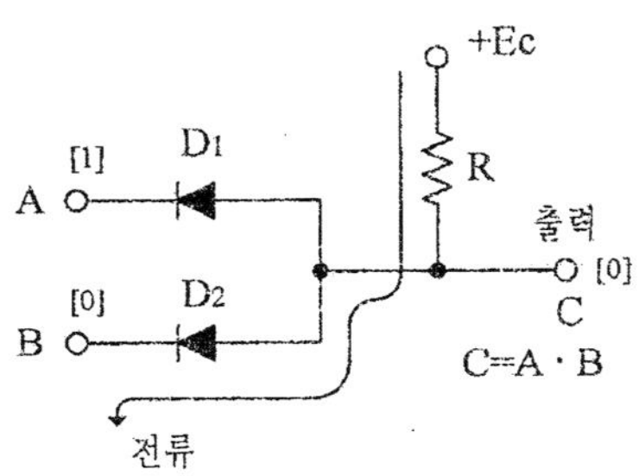

그림 8.31 무접점 AND회로

8.4.2 OR회로

그림 8.32(a)와 같이 2개의 스위치가 병렬로 되어 있을 때 램프 C가 점등되기 위해서는 A, B스위치중 어느 하나만 ON되어도 된다. 이와 같이 스위치 A, B중 어느 하나 또는 전부가 ON되어 출력 C가 얻어지는 회로를 OR회로라고 하며, OR회로의 진리표 및 기호를 (b), (c)에 나타낸다. OR회로의 논리식 A+B=C를 논리덧셈(logical sum)이라 한다.

그림 8.33은 무접점 OR회로이며 다이오드를 이용하고 있다.

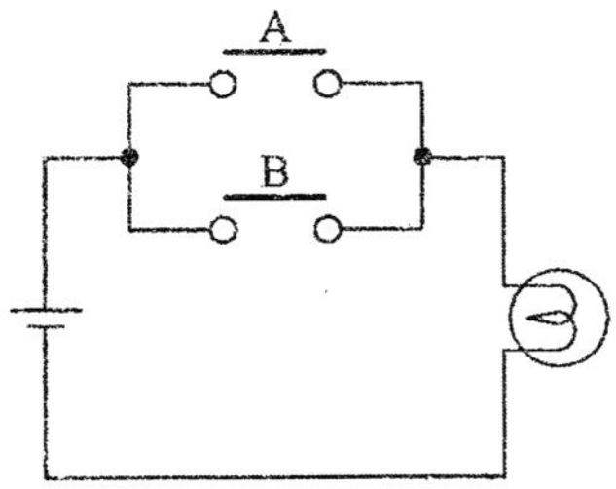

(a) OR 회로

입력		출력
A	B	A+B = C
0	0	0
0	1	1
1	0	1
1	1	1

(b) 진리표

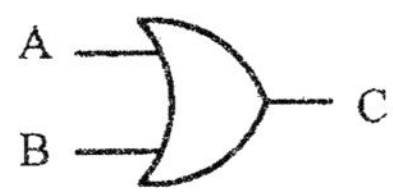

(c) 기호

그림 8.32 OR 회로

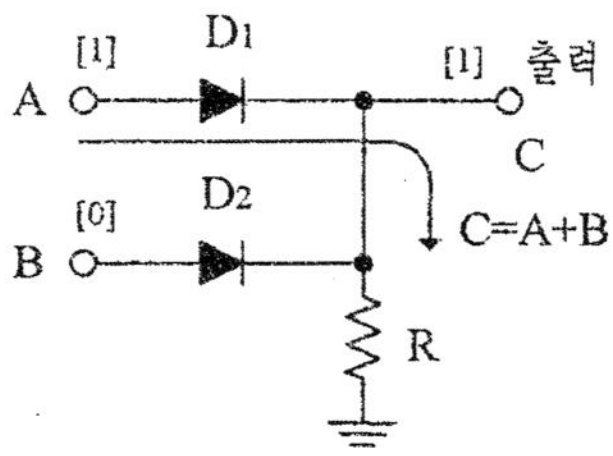

그림 8.33 무접점 OR회로

8.4.3 NOT회로

그림 8.34(a)와 같이 스위치 A가 ON되면 전자석이 동작하여 램프 C에 흐르던 전류가 끊어지며, A가 OFF되면 전자석 위에 있는 스위치 S가 복귀하여 램프 C가 점등한다. 이것은 입력 스위치 A에 대하여 출력램프 C가 부정되므로 **NOT회로**라 하며 이것을 **인버터**(inverter)라 부르기도 한다. 논리식은 $\bar{A}$=C가 되며, $\bar{A}$(A bar)라고 부른다. A문자 위에 "-"표시는 A라는 조건을 부정하는 의미로 **논리부정** 기호이다.

그림 8.35는 NOT무접점 회로이며 트랜지스터를 이용하고 있다.

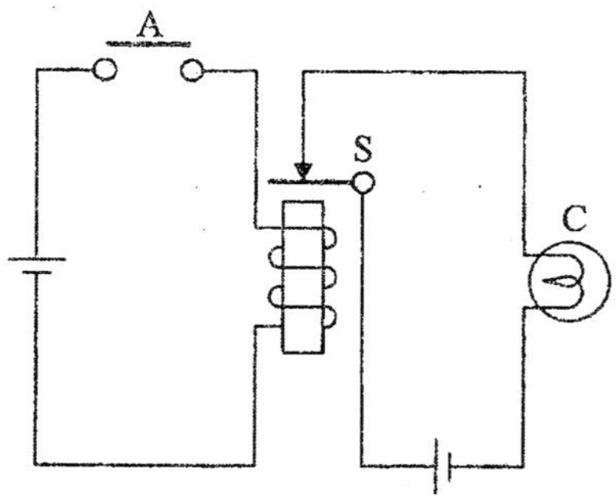

(a) NOT 회로

입력	출력
A	$\overline{A}$ = C
0	1
1	0

(b) 진리표

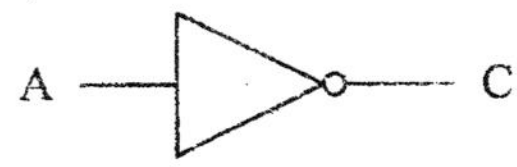

(c) 기호

그림 8.34 NOT 회로

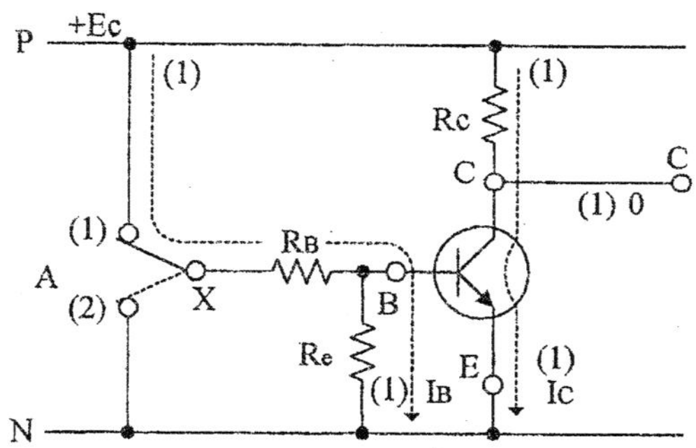

그림 8.35 NOT 무접점 회로

8.4.4 NAND 회로

NAND회로는 AND회로와 NOT회로를 조합한 회로이며, NOT+AND=NAND와 같이 생각할 수 있다. 즉 AND 회로를 부정한다는 의미를 지니고 있다. 논리식은 $C = \overline{A \cdot B}$가 된다.

8.4.5 NOR 회로

NOR 회로는 OR회로에 NOT 회로를 조합한 회로이며, NOT+OR=NOR와 같이 생각할 수 있다. 즉, OR 회로를 부정한다는 의미를 지니고 있으며 논리식은 $C = \overline{A + B}$가 된다. 그림 8.36은 NAND 회로의 기호 및 NOR회로의 기호 및 진리표이다.

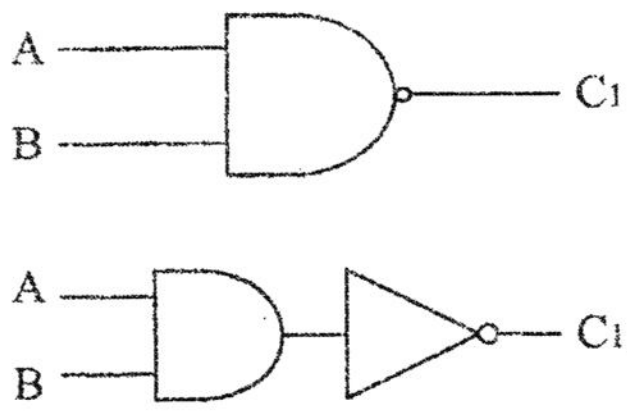

(a) NAND의 회로

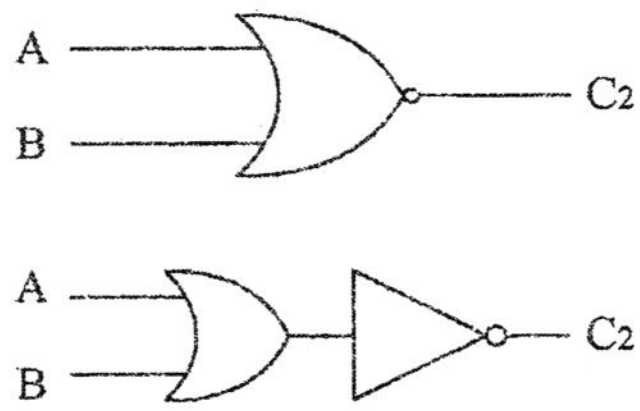

(b) NOR의 회로

입력		출력	
A	B	$\overline{(A \cdot B)} = C_1$	$\overline{(A+B)} = C_2$
0	0	1	1
0	1	1	0
1	0	1	0
1	1	0	0

(c) 진리표

그림 8.36 NAND 및 NOR 회로

8.5 논리대수

논리대수는 보통대수와 달리 두 가지 상태 "0"과 "1"의 두 변수로 나타낸다. 이 2진 변수(binary variable)는 앞 절에서 설명한 바와 같이 스위치(접점)의 ON, OFF 또는 무접점의 통전(ON), 차단(OFF) 등의 스위칭 제어에 대응시킬 수 있다.

8.5.1 0과 1의 법칙

"0"과 "1"에 관한 법칙의 논리식, 접점회로, 논리회로를 표 8.5에 나타낸다.

표 8.5 0과 1의 법칙

논리식		접점회로 좌변	접점회로 우변	논리회로
1a	A+ 0 = A	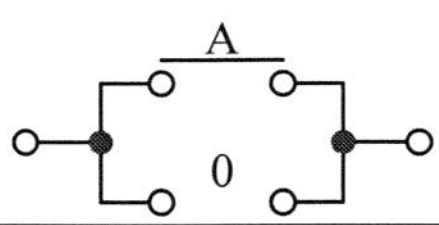	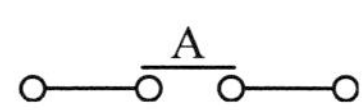	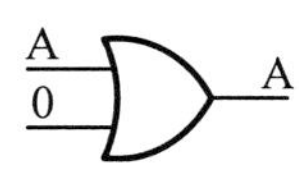
1b	A·1 = A	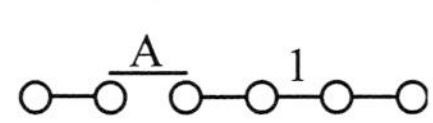	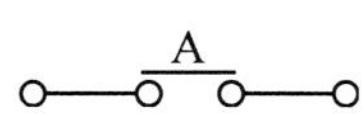	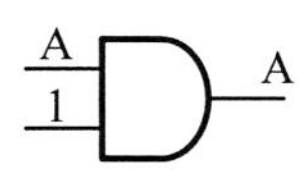
2a	A+ 1 = 1	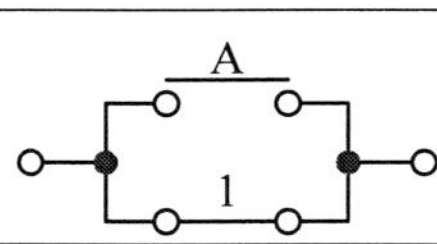	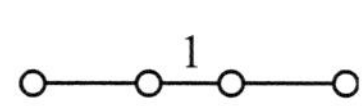	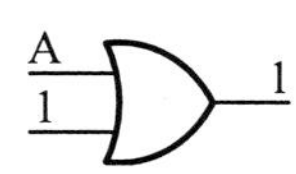
2b	A·0 = 0	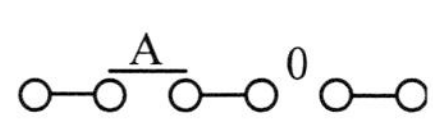	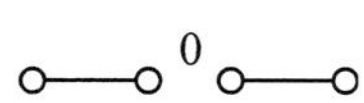	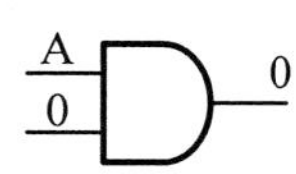

"0"과 "1"의 법칙을 표 8.5에 의하여 설명하면 다음과 같다.

1a : 접점 A와 0의 병렬회로이며, 0은 항상 OFF이므로 이것은 접점 A만 있는 것과 같은 의미이다.

1b : 접점 A와 1의 직렬회로이며, 1은 항상 ON이므로 이것은 접점 A만 있는 것과 같은 의미이다.

2a : 접점 A와 1의 병렬회로이며 1은 항상 ON이므로 이것은 접점 A와 관계없이 1이 된다.

2b : 접점 A와 0의 직렬회로이며, 0은 항상 OFF이므로 이것은 접점 A와 관계없이 0이 된다.

8.5.2 동일의 법칙

동일의 법칙에 관한 논리식, 접점회로, 논리회로를 표 8.6에 나타낸다.

3a : 두 접점 A의 병렬회로이므로 당연히 접점 A의 개폐는 동시에 행하여지므로 하나의 접점 A로 묶을 수 있다.

3b : 두 접점 A의 직렬회로이며 3a와 동일하게 동시에 A접점이 개폐되므로 하나의 접점 A로 묶을 수 있다.

표 8.6 동일의 법칙

논리식		접점회로		논리회로
		좌변	우변	
3a	A+A = A	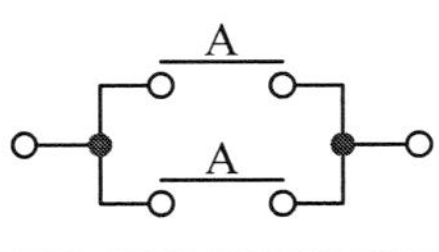	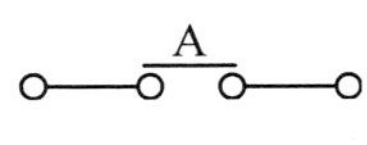	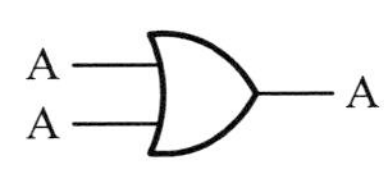
3b	A·A = A	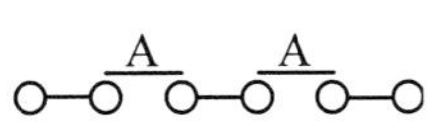	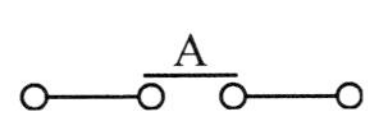	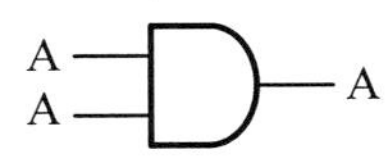

8.5.3 부정의 법칙

표 8.7에 부정의 법칙 논리식, 접점회로, 논리회로를 나타낸다.

4a : 접점 A와 $\overline{A}$는 서로 역의 동작을 하므로, 이것을 병렬로 접속한 회로의 단자 사이에는 항상 ON되어 있는 상태 1이 된다.

4b : 4a와 동등하게 서로 역의 동작을 하는 접점을 직렬로 접속한 회로의 단자 사이에는 항상 OFF되어 있는 상태 0이 된다.

표 8.7 부정의 법칙

논리식		접점회로		논리회로
		좌변	우변	
4a	$A+\bar{A}=1$	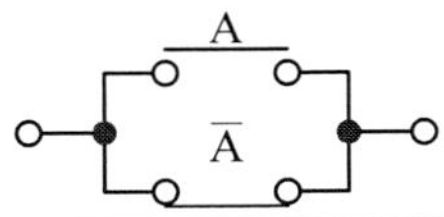	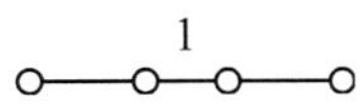	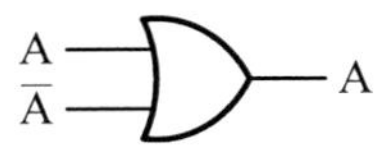
4b	$A\cdot\bar{A}=0$	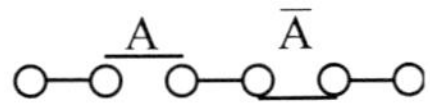	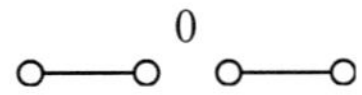	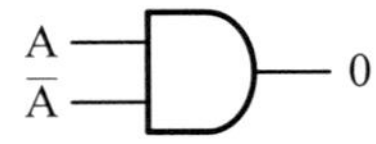

8.5.4 교환의 법칙

교환의 법칙에 관한 논리식, 접점회로, 논리회로를 표 8.8에 나타낸다.

5a : 접점 A와 B의 병렬회로에서 접점 A와 B를 교환하여도 단자 사이에서 본 동작은 변화가 없다.

5b : 접점 A와 B의 직렬회로에서 접점 A와 B를 교환하여도 단자 사이에서 본 동작은 변화가 없다.

표 8.8 교환의 법칙

논리식		접점회로		논리회로	
		좌변	우변	좌변	우변
5a	$A+B=B+A$	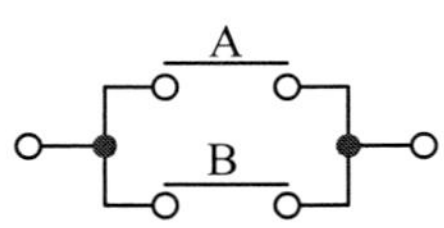	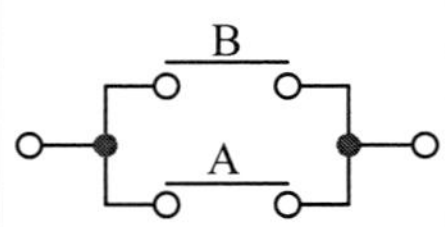	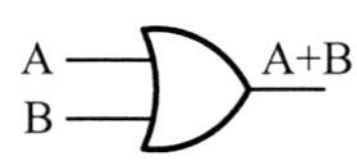	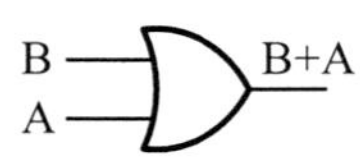
5b	$A\cdot B=B\cdot A$	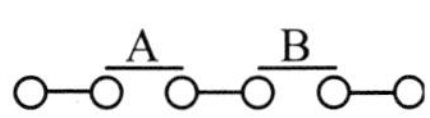	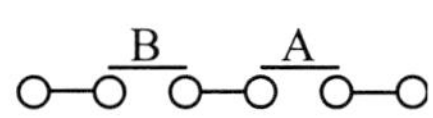	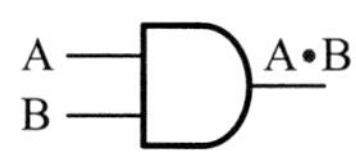	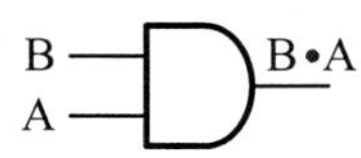

8.5.5 결합의 법칙

결합의 법칙에 관한 논리식, 접점회로, 논리회로를 표 8.9에 나타낸다.

6a : 접점 A와 B를 병렬로 접속하면 중간 출력으로 A+B를 얻을 수 있다. 여기에 접점 C를 병렬로 한 회로는 접점 B와 C를 병렬로 접속하여 중간 출력으로 B+C를 얻은 것에 남은 접점 A를 병렬로 접속한 것과 동등하다.

6b : 접점 A와 B를 직렬로 접속하여 중간출력 A·B를 얻어 여기에 남은 C접점을 직렬로 한 회로는 접점 B와 C를 직렬로 접속하여 중간 출력 B·C를 얻은 것에 남은 접점 A를 직렬로 접속한 것과 동등하다.

표 8.9 결합의 법칙

논리식		접점회로		논리회로	
		좌변	우변	좌변	우변
6a	(A+B)+C =A+(B+C)	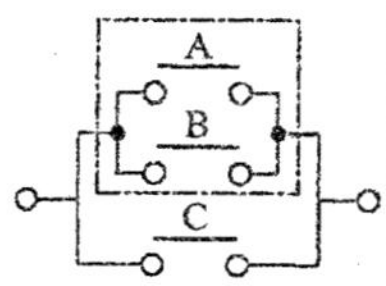	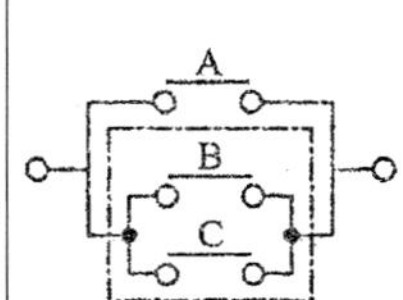	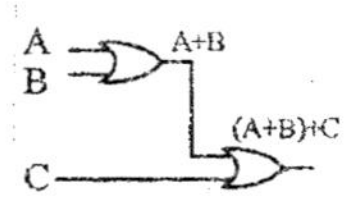	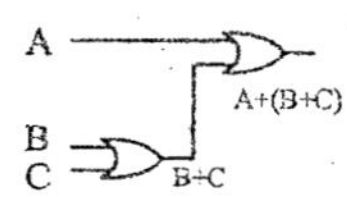
6b	(A·B)·C =A·(B·C)	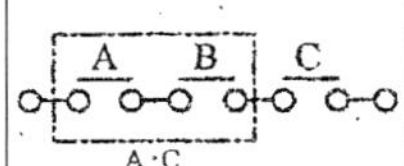	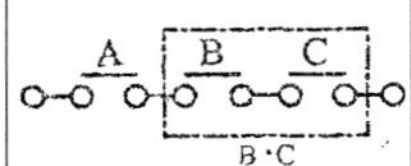	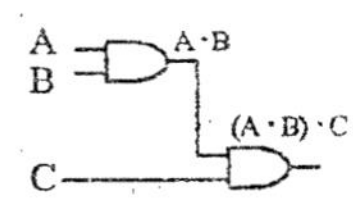	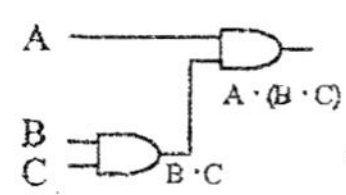

8.5.6 분배의 법칙

분배의 법칙에 관한 논리식, 접점회로, 논리회로를 표 8.10에 나타낸다.

7a : 좌변의 A·B+A·C에 의해 A는 공통이므로 접점 A를 공통으로 한 우변의 회로와 동등한 회로이다.

7b : (A+B)·(A+C) = A·A+A·B+A·C+B·C
= A+A+A·B+A·C+B·C (3a, 3b 참고)
= A·(1+C)+A·(1+B)+B·C (7a 참고)
= A+A+B·C (2a 참고)
= A+B·C (3a 참고)

표 8.10 분배의 법칙

논리식		접점회로		논리회로	
		좌변	우변	좌변	우변
7a	(A·B)+A·C = A(B+C)	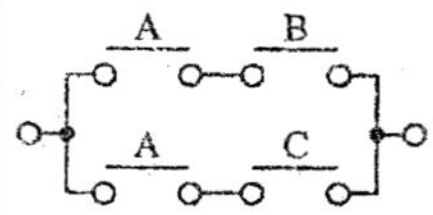	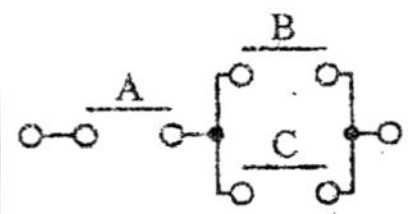	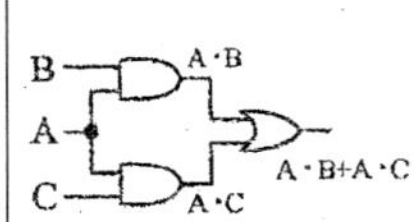	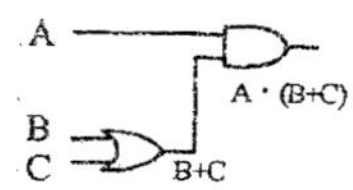
7b	(A+B)·(A+C) = A+B·C	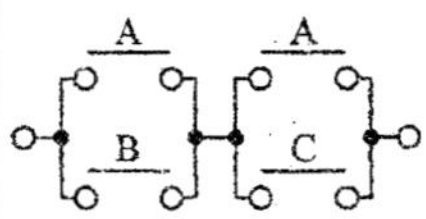	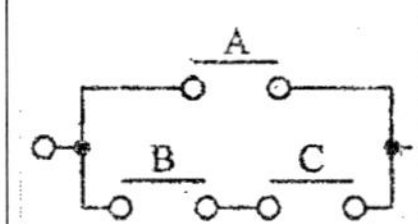	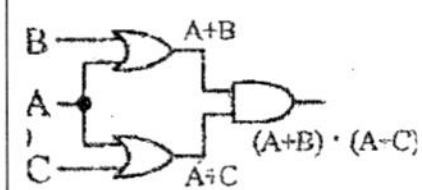	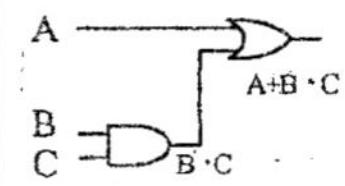

8.5.7 흡수의 법칙

흡수의 법칙에 관한 논리식, 접점회로, 논리회로를 표 8.11에 나타낸다.

8a : $A+A\cdot B$	$= A\cdot(1+B)$	(7a 참고)
	$= A$	(2a 참고)
8b : $A\cdot(A+B)$	$= A\cdot A+A\cdot B$	(7a 참고)
	$= A+A\cdot B$	(3b 참고)
	$= A\cdot(1+B)$	(7a 참고)
	$= A$	(2a 참고)
9a : $A\cdot\overline{B}+B$	$= A\cdot\overline{B} + (A+1)\cdot B$	(2a 참고)
	$= A\cdot\overline{B} + A\cdot B+B$	(7a 참고)
	$= A\cdot(\overline{B} + B)+B$	(7a 참고)
	$= A+B$	(4a 참고)
9b : $(A+\overline{B})\cdot B$	$= A\cdot B+\overline{B}\cdot B$	(7a 참고)
	$= A\cdot B$	(4b 참고)

표 8.11 흡수의 법칙

논리식		접점회로		논리회로	
		좌변	우변	좌변	우변
8a	$A+A\cdot B=A$	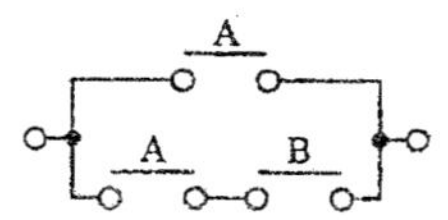	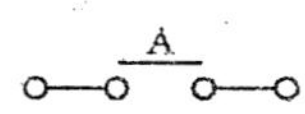	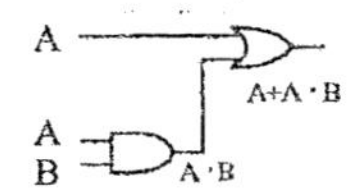	
8b	$A\cdot(A+B)=A$	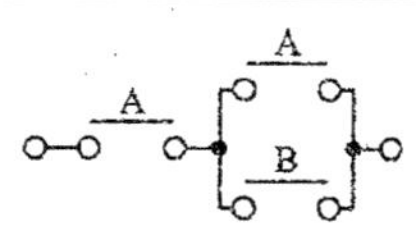	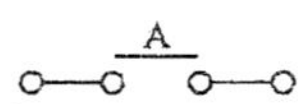	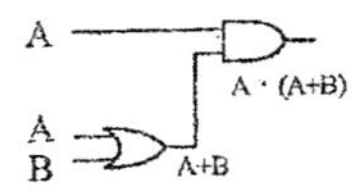	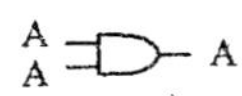
9a	$A\cdot\overline{B}+B$ $=A+B$	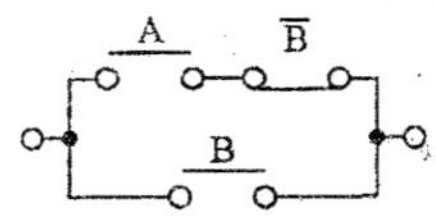	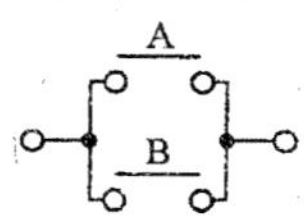	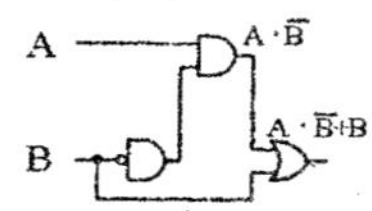	
9b	$(A+\overline{B})\cdot B$ $=A\cdot B$	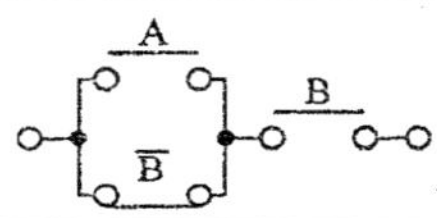	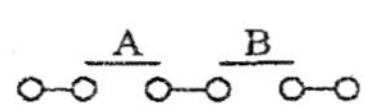	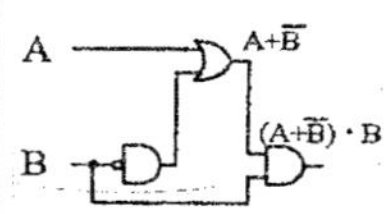	

예제 8.1 다음 논리식을 증명하시오.

(1) $A\cdot(A+B+C) = A$

(2) $A+\overline{A}\cdot B = A+B$

[풀이]

1) $A\cdot(A+B+C) = A\cdot A+A\cdot B+A\cdot C$

$= A+A\cdot B+A\cdot C$

$= A(1+B+C)$

$= A\cdot 1$

$= A$

2) $A+\overline{A}\cdot B = (A+\overline{A})\cdot(A+B) = 1\cdot(A+B) = A+B$

또는 $A+\overline{A}\cdot B = A+A\cdot B+\overline{A}\cdot B = A+B\cdot(A+\overline{A}) = A+B$

■

예제 8.2 다음 식이 성립할 때 A, B의 값을 구하시오.

$A\cdot\overline{0}\cdot\overline{B}\cdot 1 = 1$

[풀이]　$A \cdot \bar{0} \cdot \bar{B} \cdot 1 = A \cdot 1 \cdot \bar{B} \cdot 1 = 1$

따라서 위 식이 성립되기 위해서는 $A = 1$, $\bar{B} = 1$이 된다.

$$\therefore \; A = 1, \quad B = 0$$

■

예제 8.3 다음 식을 계산하시오.

(1) $0 + 1 + 0 + 1$　　(2) $\bar{1} + 0 + \bar{0} + 1$

(3) $\bar{1} + \bar{1} \cdot 0 + 0$　　(4) $1 \cdot 0 + \bar{1} \cdot \bar{0} + 1 \cdot 1 + 1$

[풀이]

1) $0 + 1 + 0 + 1 = 1$

2) $\bar{1} + 0 + \bar{0} + 1 = 0 + 0 + 1 + 1 = 1$

3) $\bar{1} + \bar{1} \cdot 0 + 0 = 0 + 0 \cdot 0 + 0 = 0$

4) $1 \cdot 0 + \bar{1} \cdot \bar{0} + 1 \cdot 1 + 1 = 0 + 0 \cdot 1 + 1 + 1 = 1$

■

예제 8.4 다음의 논리대수 식을 릴레이 접점회로로 변경하시오.

$Z = A \cdot B + \bar{A} \cdot \bar{B}$

[풀이]

$A \cdot B$는 a접점 A, B의 직렬회로이다.　①

$\bar{A} \cdot \bar{B}$는 b접점 $\bar{A}$, $\bar{B}$의 직렬회로이다.　②

$A \cdot B + \bar{A} \cdot \bar{B}$는 ①과 ②의 병렬회로이다.

회로는 그림 8.37과 같다.

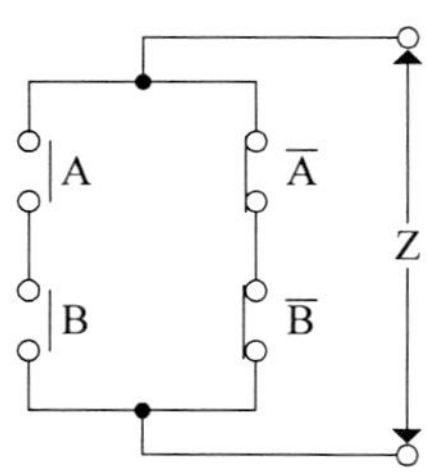

그림 8.37 $Z = A \cdot B + \overline{A \cdot B}$

■

예제 8.5 그림 8.38의 릴레이 접점회로를 논리대수의 식으로 변경하시오.

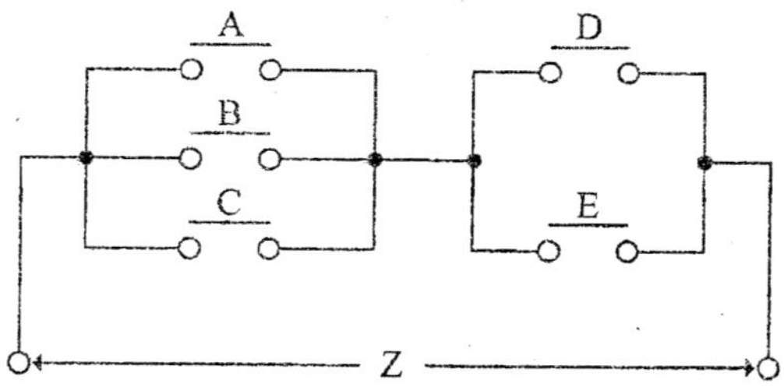

그림 8.38

[풀이]

좌측의 A, B, C는 병렬회로이므로 $Z_1=A+B+C$가 되며 우측의 D, E의 회로도 병렬이므로 $Z_2=D+E$가 된다. 따라서 Z_1과 Z_2는 직렬회로이므로 논리대수 Z는 $Z_1 \cdot Z_2$가 된다.

$$
\begin{aligned}
Z &= Z_1 \cdot Z_2 \\
&= (A+B+C) \cdot (D+E)
\end{aligned}
$$

■

예제 8.6 그림 8.39의 릴레이 접점회로를 논리대수를 이용하여 간단히 하시오.

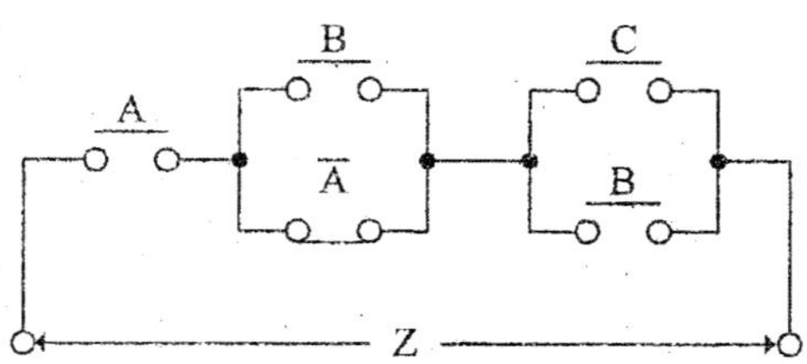

그림 8.39

[풀이]

: 그림 8.39의 회로를 논리대수로 변경하면

$$Z=A \cdot (\bar{A}+B) \cdot (B+C)$$

가 된다. 이것을 간단히 하면

$$
\begin{aligned}
Z &= A \cdot (\bar{A}+B) \cdot (B+C) \\
&= A \cdot (B+\bar{A} \cdot C)
\end{aligned}
$$

$$=A \cdot B + A \cdot \bar{A} \cdot C$$
$$=A \cdot B$$

가 된다. 논리식 Z=A·B의 릴레이 접점회로는 그림 8.40와 같다.

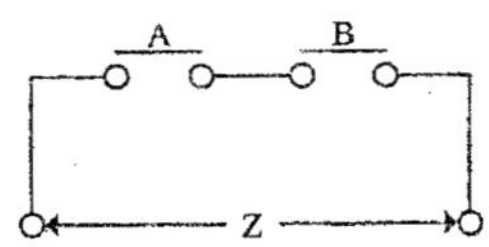

그림 8.40 Z=A·B

■

8.6 기본 제어회로

시퀀스 제어회로에서 자주 사용하는 기본적인 제어회로에 대하여 설명한다. 시퀀스도는 수직과 수평 2방법으로 그리며 어느 방법으로 택하여도 좋다. 최근에는 CAD(computer aided design)로 그리는 경우가 많아 복잡한 회로는 수직으로 그리는 경향이 많아졌다. 여기서는 간단한 회로이므로 수평으로 그려 설명한다.

8.6.1 자기유지회로

자기유지회로(self hold circuit)란 어떤 신호가 순간적으로 주어졌을 때, 릴레이가 부동작 상태에서 동작상태로 바뀌었을 때 이것을 기억하여 릴레이 동작을 계속하는 회로이다. 복귀는 복귀신호가 있어야 한다.

일반적으로 자기유지회로는 전자 릴레이, 전자 접촉기 등의 조작회로에 많이 이용되는 기본 회로이다. 모터의 기동회로, 정역회전제어 등에 이용된다.

(1) 정지우선기억회로

자기유지회로에서 기동(set)신호와 정지(reset)신호가 동시에 입력할 경우 자기유지회로는 출력을 나타내지 않는 회로를 **정지우선회로**라 한다. 일반적으로 기동 우선 회로보다 전기 안전상 더 많이 사용하고 있다.

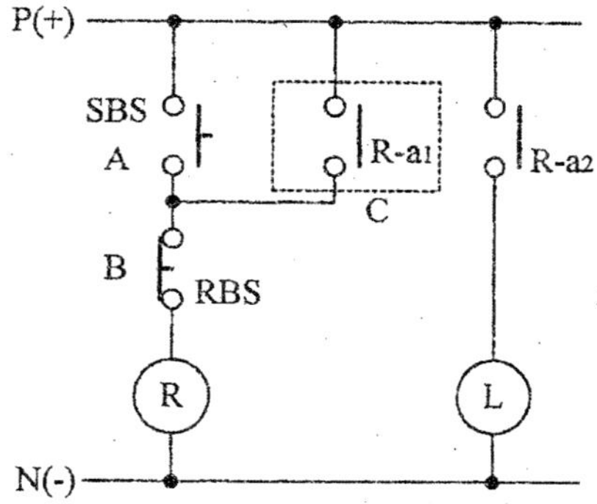

그림 8.41 정지우선기억회로

그림 8.41은 릴레이 정지우선회로를 나타낸다. 이 회로는 R-a_1을 기동버튼 스위치(set button switch) SBS에 병렬로 접속하여 있으며 R-a_2는 출력접점이다. 동작순서는 다음과 같다.

① SBS를 누르면(ON) 전자 릴레이 Ⓡ의 코일에 전류가 흘러 접점 R-a_1과 R-a_2가 동작하여 ON된다.
② 누르던 SBS에서 손을 떼어도 접점 R-a_1을 통하여 Ⓡ에 계속해서 전류가 흐르므로 자기유지 회로가 된다. 출력접점 R-a_2에 의해 램프 Ⓛ은 점등된다.
③ 정지스위치(reset button switch) RBS를 누르면 릴레이 Ⓡ은 코일에 흐르는 전류가 끊겨 접점 R-a_1과 R-a_2는 열리며 (OFF) 회로는 원 상태로 돌아간다.

만일 동시에 SBS(ON)와 RBS(OFF) 스위치를 누르면 릴레이 Ⓡ의 코일에는 전류가 흐르지 않게 되므로 이것을 **정지우선회로**라 한다. 그림 8.42은 정지우선회로의 논리회로와 진리표를 나타낸다.

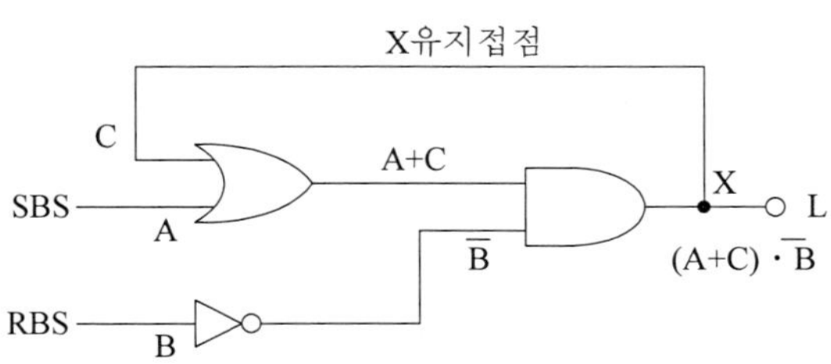

(a) 논리회로

입력		출력
A	B	X
0	0	0
1	0	1
0	1	0
1	1	0

(b) 진리표

그림 8.42 정지우선의 논리회로

(2) 기동우선기억회로

자기유지회로에서 기동과 정지신호가 동시에 입력할 경우 자기유지회로는 기동신호가 우선하여 출력신호를 내는 회로를 **기동우선회로**라 한다.

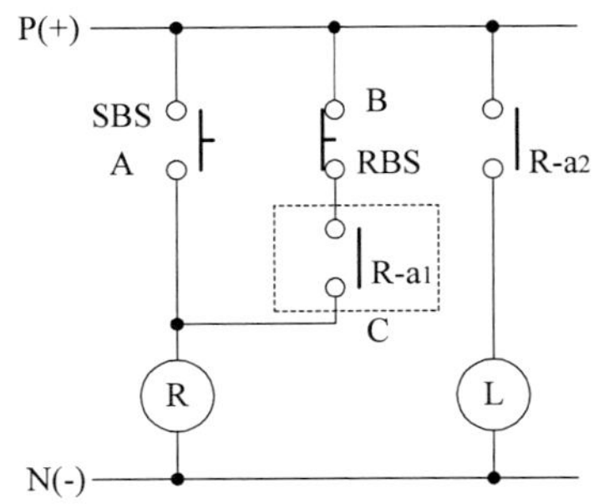

그림 8.43 기동우선기억회로

그림 8.43은 기동우선기억회로를 나타낸다. 자기유지 접점 R-a_1는 b접점 RBS와 직렬로 접속되어 있으며 기동 스위치 SBS와는 병렬로 연결되어 있다. 동작 순서는 다음과 같다.

① SBS를 누르면 릴레이 Ⓡ의 코일에 전류가 흘러 자기유지접점 R-a_1과 출력접점 R-a_2가 동작하여 ON 된다.
② 기동 스위치 SBS를 복귀시켜도 자기유지접점 R-a_1로 릴레이 Ⓡ의 코일에 전류가 계속 흘러 R-a_2출력 접점에 의해 램프 Ⓛ이 점등한다.
③ 정지 스위치 RBS를 누르면 릴레이 Ⓡ의 코일에 흐르든 전류가 끊겨 접점 R-a_1, R-a_2가 열려 회로는 원상태로 돌아간다.

만일 SBS(ON)와 RBS(OFF)를 동시에 누르면 릴레이 Ⓡ의 코일에 전류가 흘러 출력이 나온다. 따라서 이 회로를 **기동우선회로**라 한다. 그림 8.44는 기동우선회로의 논리회로이다.

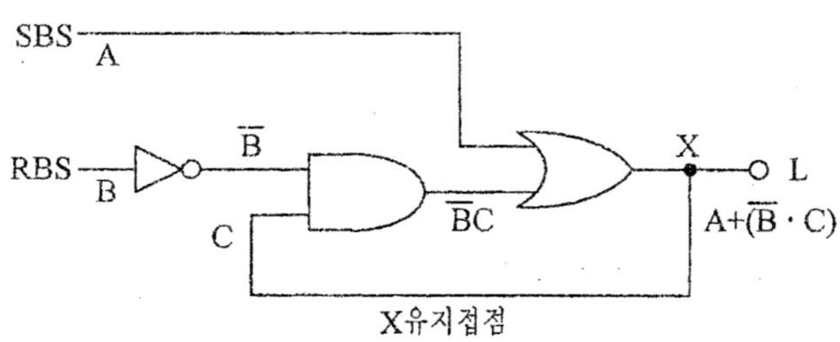

그림 8.44 기동우선의 논리회로

8.6.2 인터로크회로

확인회로(interlock circuite) 또는 **선행우선회로**라고도 하며 입력에 들어가는 여러 신호 중 가장 먼저 들어간 신호를 우선으로 하고 뒤에 들어간 것을 금지하는 회로이다. 이 회로는 기기의 보호와 조작자의 안전을 목적으로 기기의 동작상태를 나타내는 접점을 사용하여 관련된 기기의 동작을 금지하는 회로로 모터의 정역전 회로에 많이 이용되고 있다.

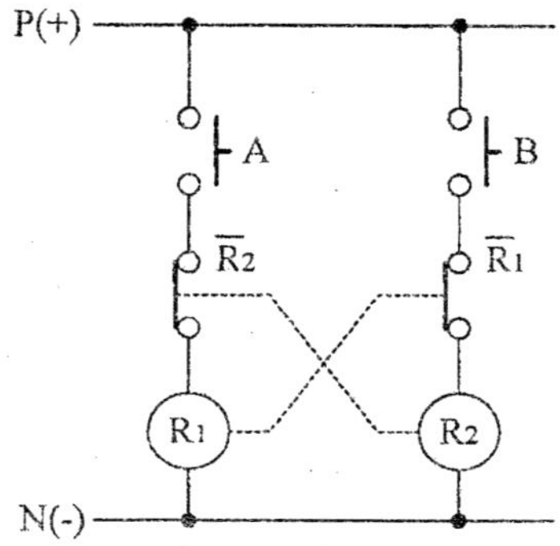

그림 8.45 인터로크 회로

그림 8.45에 인터로크 회로를 나타낸다. 여기서 릴레이 R_1이 동작하면 R_2는 동작할 수 없고 반대로 릴레이 R_2가 동작하면 R_1은 동작할 수 없다. 동작과정을 설명하면 다음과 같다.

① 입력 스위치 A를 닫으면(ON) 릴레이 R_1의 코일에 전류가 흘러 동작하므로 $\overline{R_1}$가 열려(OFF) 릴레이 R_2의 동작을 금지시킨다.
② 입력 스위치 B를 닫아도(ON) 접점 $\overline{R_1}$가 열려 있으므로 릴레이 R_2는 동작하지 못한다.
③ 입력 스위치 A가 열려있고 B가 닫히면 릴레이 R_2의 코일에 전류가 흘러 $\overline{R_2}$가 열리게 된다. 즉 릴레이 R_1과 R_2는 동시에 동작되는 일이 없다.

그림 8.46은 인터로크 회로의 논리회로 및 진리표를 나타낸다. 동작은 다음과 같다.

① 접점 A와 X_2의 b접점(NOT) $\overline{X_2}$의 AND로 X_1이 동작한다.
② 접점 B와 X_1의 b접점(NOT) $\overline{X_1}$의 AND로 X_2가 동작한다.

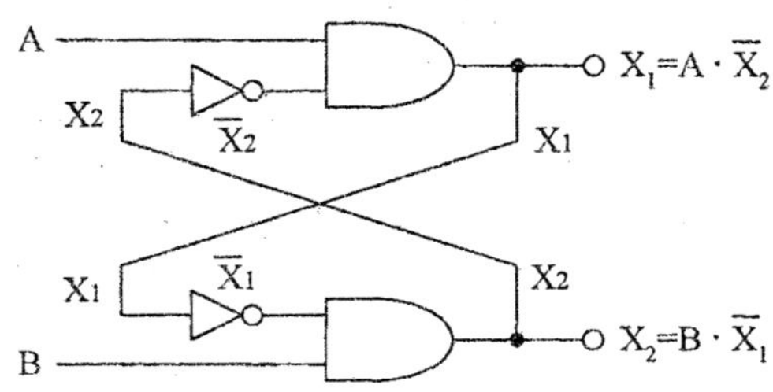

(a) 논리회로

입력		출력			
A	B	$\overline{X_1}$	$\overline{X_2}$	X_1	X_2
0	0	1	1	0	0
1	0	0	1	1	0
0	1	1	0	0	1
1	1	0	1(우선)	1	0
1	1	1	0(우선)	0	1

(b) 진리표

그림 8.46 인터로크의 논리회로

8.7 시퀀스제어의 실예

8.7.1 단상모터의 시동제어회로

그림 8.47은 단상모터의 시동시퀀스제어를 나타낸 회로이다. 동작은 다음과 같다.

① 전원의 배선용 차단기 MCB를 닫는다.

② 시동 스위치 ST(ON)를 누르면 전자 접촉기 MC의 코일에 전류가 흘러 MC가 동작하며 모터를 회전시킨다.

③ ST에서 손을 떼어도 자기유지회로 MCa에 의해 모터는 계속 회전한다.

④ STP(OFF)를 누르면 모터는 정지하며 모든 접점은 복귀한다.

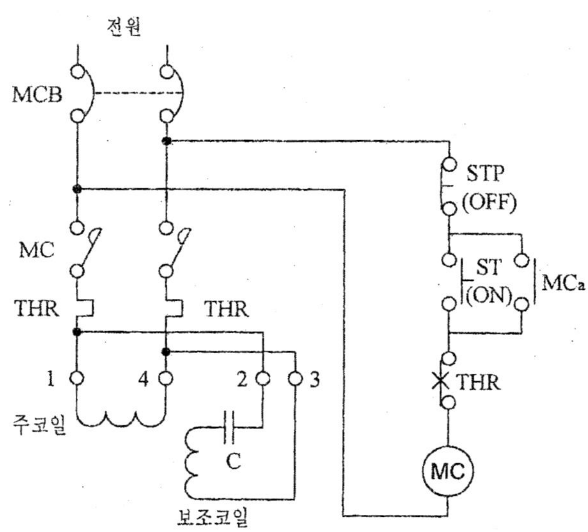

그림 8.47 단상 모터의 시동제어회로

8.7.2 3상 모터의 정역전 제어회로

그림 8.48은 인터로크 회로를 이용한 3상모터의 정역전 제어회로이다. 동작은 다음과 같다.

① 정회전 시동용 F-ST(ON)를 누르면 b 접점인 F-MC가 떨어지고 모터는 정회전한다. 운전 중에는 아무리 역회전용 R-ST 스위치를 눌러도 코일(R-MC)에는 전류가 흐르지 않는다.
② 역회전을 시키려면 정지용 스위치 STP(OFF)를 눌러 정지시켜서 접점을 복귀시킨 후 역회전용 스위치 R-ST(ON)를 누르면 된다.

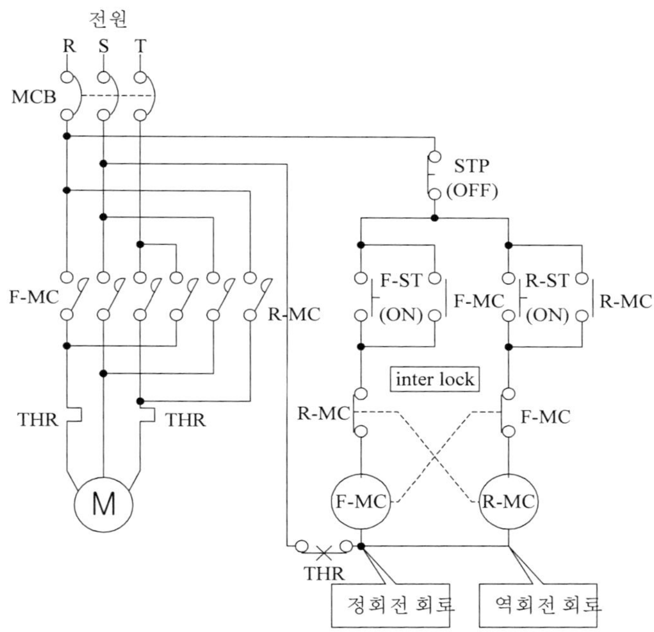

그림 8.48 3상모터의 정역전제어회로

8.7.3 단동솔레노이드 밸브에 의한 실린더 제어회로

그림 8.49는 단동솔레노이드 밸브를 사용한 실린더의 제어회로이다. 그림(a)는 동작전의 상태이고 그림(b)는 동작상태를 나타내며 그림(c)는 시퀀스회로이다. 동작은 다음과 같다.

① 시동 스위치 ST(ON)를 누르면 전자 접촉기 MC의 코일에 전류가 흘러 MC가 동작한다.
② MC의 동작에 의해 MC-a_2 접점이 ON되어 솔레노이드 밸브 SV의 스풀이 우측으로 밀리어 공기(또는 작동유)의 흐름을 변환시켜 피스톤이 전진한다.
③ 피스톤 로드(piston rod)가 전진하여 리미트 스위치를 치면 b접점이 열려 MC의 전류를

차단시킨다.

④ SV의 스풀은 스프링에 비해 복귀되어 피스톤은 후퇴된다. 만약 전진 중에 있어도 STP(OFF) 스위치를 누르면 자기유지회로가 해제되어 피스톤은 즉시 후퇴된다.

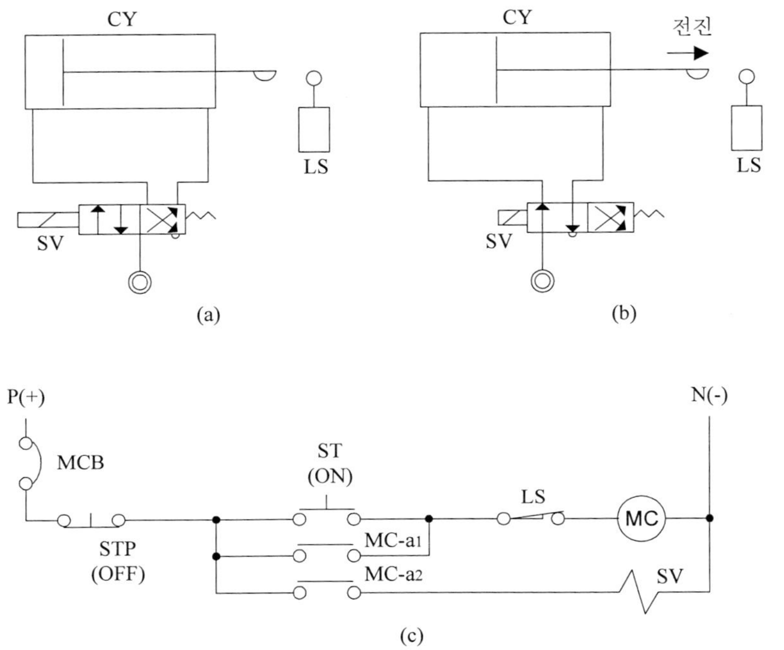

그림 8.49 단동솔레노이드 밸브에 의한 실린더의 제어회로

8.7.4 공기 압축기의 수동·자동변환제어

그림 8.50는 공기 압축기의 수동·자동변환제어이다. 동작은 다음과 같다.

1) 자동

① 전원 배선용 차단기 MCB를 닫는다.

② 변환 스위치 COS를 자동으로 한다.

③ 설정한 공기 압축기의 압력보다 작으면 압력 스위치 PRS가 ON 되어 전자 접촉기 MC의 코일에 전류가 흘러 모터 M에 전류가 흘러 공기 압축기 COMP를 회전시킨다.

④ 공기 압력이 설정압력보다 높게 되면 압력 스위치 PRS가 OFF되어 MC에 흐르는 전류를 차단시켜 모터를 정지시킨다.

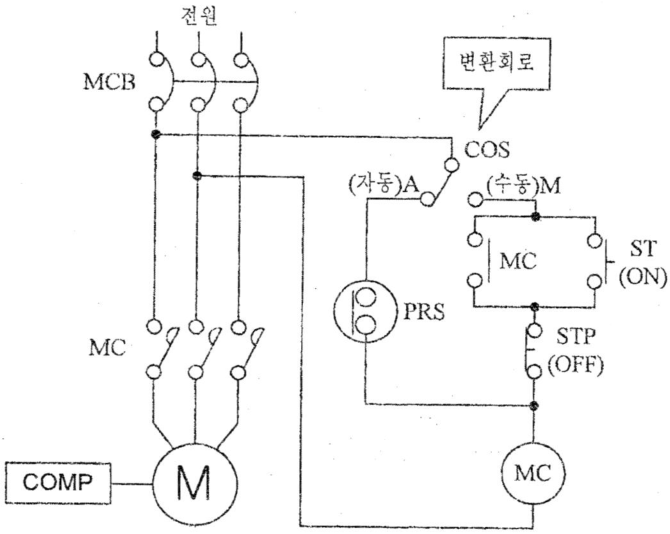

그림 8.50 공기 압축기의 수동·자동 변환제어

2) 수동

① 전원 배선용 차단기 MCB를 닫는다.

② 변환 스위치 COS를 수동으로 한다.

③ 시동 스위치 ST(ON)를 누르면 전자 접촉기 MC의 코일에 전류가 흘러 MC가 작동되어 모터를 회전시킨다. 자기유지회로가 설치되어 있어 ST를 복귀시켜도 모터는 계속 회전한다.

④ 정지를 시키려면 정지 스위치 STP(OFF)를 눌러 MC의 전류를 차단하여 모터에 흐르는 전류를 차단시킨다.

8.7.5 복동솔레노이드 밸브에 의한 실린더 제어회로

그림 8.51은 스프링 센터형 4포트 3위치의 복동솔레노이드 밸브를 사용한 실린더의 제어회로이다. 동작은 다음과 같다.

① 시동 스위치 ST(ON)를 누르면 전자 접촉기 MC1이 동작하여 MC1-a_2접점에 의하여 솔레노이드 밸브 SV.A가 동작되어 실린더가 전진한다.

② 피스톤 론드가 전진하여 리미트 스위치 LS2를 치면 전자 접촉기 MC2가 동작하여 MC2-a_2접점이 통전되어 솔레노이드 밸브 SV.B가 동작되어 실린더가 후퇴한다.

③ 후단에 설치된 리미트 스위치 LS1을 피스톤로드가 치게 되면 전자 접촉기 MC2의 자기유지회로가 해제되어 솔레노이드 밸브 B는 소자되며 스풀은 스프링의 힘에 의해 중앙 위치로 복귀하여 피스톤은 정지한다.

이 회로에서 NO1의 LS1은 피스톤 로드의 후퇴단 확인용으로 이 리미트 스위치가 눌려져 있지 않으면 시동스위치 ST(ON)를 눌러도 피스톤은 전진하지 않는다. NO1의 MC2-b_1 의 b접점과 NO4의 MC1-b_1 의 b접점은 솔레노이드 밸브 A, B가 동시에 동작되는 것을 방지하기 위한 것이다.

이와 같은 것을 **인터로크**라 하며 복동솔레노이드 밸브를 사용하는 경우에는 인터로크 회로를 잊지 않도록 주의하여야 한다.

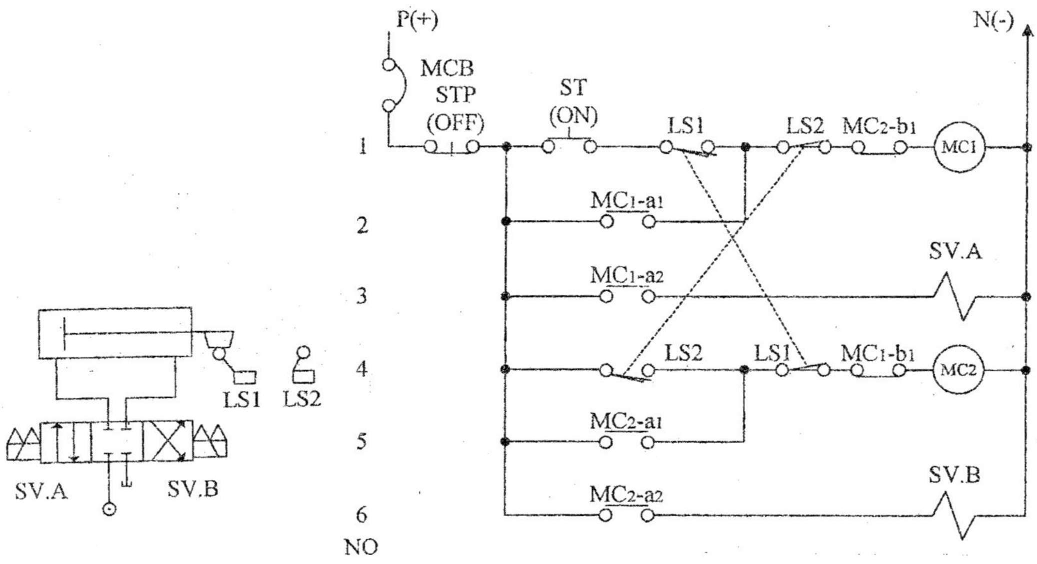

그림 8.51 복동솔레노이드 밸브에 의한 실린더제어

8.7.6 셔터의 자동개폐제어

그림 8.52는 셔터(shutter)의 자동개폐제어에 관한 것이다. (a)는 전체 외형의 간략도이며 (b)는 그것의 시퀀스도이다. 작동은 다음과 같다.

① 광전스위치 앞에 자동차(검출 대상자)가 오든지 또는 올림 스위치 PB1을 누르면 전자 접촉기 MC1이 동작하여 셔터를 올린다.
② 셔터가 상한 리미터 스위치 LS2를 치면 셔터 오름이 정지된다.
③ 내림 스위치 PB2를 누르면 전자 접촉기 MC2가 동작되어 셔터가 내려온다.
④ 하한 리미트 스위치 LS1을 셔터가 치면 내림이 정지된다.

이 회로는 인터로크회로로 구성되어 올림 스위치 PB1과 내림 스위치 PB2를 동시에 눌러도 한쪽만 동작하게 되어있다.

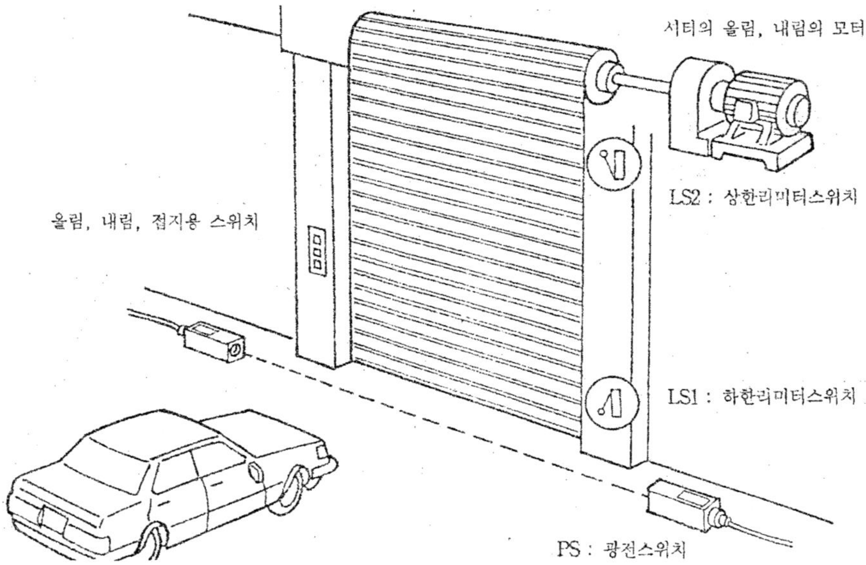

(a) 외형 간략도

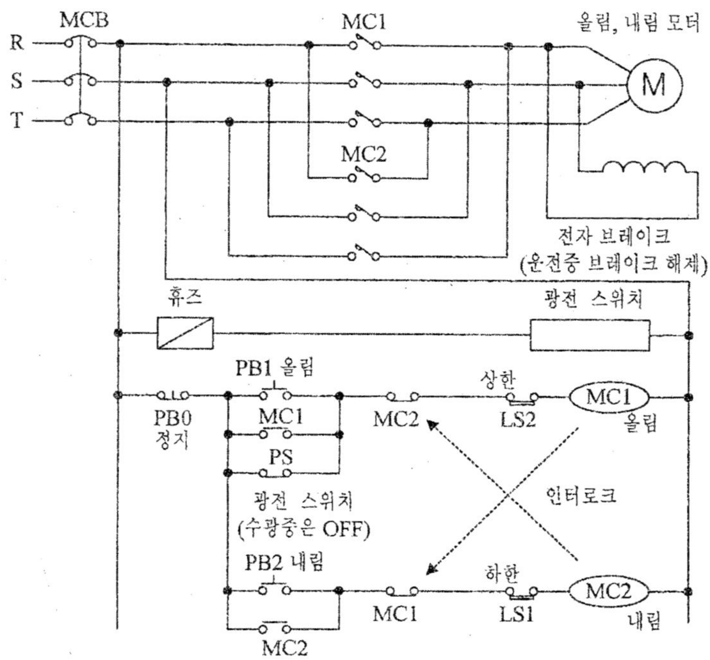

(b) 시퀀스도

그림 8.52 셔터의 자동개폐제어

Chapter 08 연습문제

01 다음 식을 계산하시오.

(1) $1+0+\overline{1}\cdot 0$ (2) $0(1\cdot 1)$ (3) $1+(0+0)$

02 다음 식의 진리표를 만드시오.

(1) $A+\overline{B}$ (2) $\overline{A}\cdot\overline{B}$

03 다음의 드모르간의 정리를 진리표에 의해 증명하시오.

(1) $\overline{A+B}=\overline{A}\cdot\overline{B}$ (2) $\overline{A\cdot B}=\overline{A}+\overline{B}$

04 다음 식을 간단히 하시오.

(1) $Z=(A\cdot\overline{B}\cdot\overline{B}+C)\cdot(A\cdot\overline{B}+C+C)$

(2) $Z=A\cdot A\cdot B$

(3) $Z=A\cdot\overline{A}+B$

(4) $Z=A+\overline{A}+B$

05 다음 그림을 논리식으로 표시하시오.

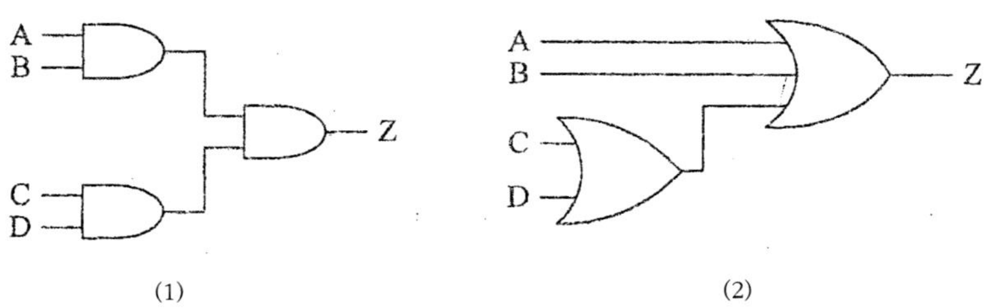

그림 8.53

06 그림 8.54의 논리식과 진리표를 작성하시오.

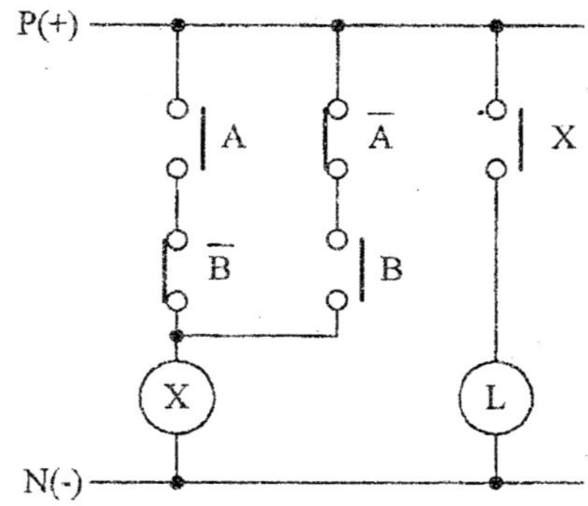

그림 8.54

07 그림 8.55의 (1), (2)의 논리도를 릴레이 시퀀스 회로로 바꾸고 논리식을 구하시오.

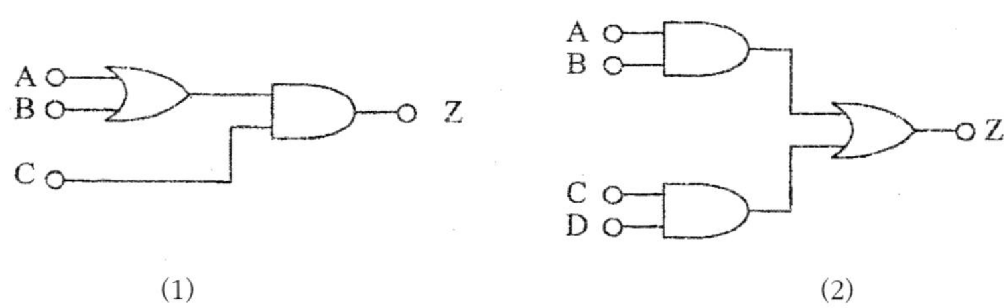

그림 8.55

Chapter 9

PLC

앞장에서는 전자 릴레이 시퀀스제어나 반도체 소자를 이용한 로직 시퀀스제어에 관하여 알아보았다. 이 장에서는 PLC에 대하여 알아보자.

여기서는 PLC의 간단한 프로그램 작성 요령과 프로그램을 작성할 때 필요로 하는 기본 명령어 등에 관하여 설명한다. 명령어 및 접점 번호 등은 PLC를 생산하는 메이커에 따라 다소 다르다. 따라서 이 장에서 서술하는 것은 저자가 유학중에 가장 많이 사용되었던 명령어와 비슷한 것이 현재 한국의 PLC 메이커와 비슷하여 이것을 취급 설명하기로 한다.

혹시 타 회사의 PLC를 사용하여도 기본은 동일하며 일부분의 명령어가 다르므로 PLC를 이해하는데는 큰 무리가 없으리라 생각한다. 기본 명령어 외의 명령어 등은 사용하고자 하는 PLC 메이커의 취급설명서를 이용하면 프로그램 작성시 많은 도움이 되리라 믿는다.

9.1 PLC의 출현

기존의 전자 접촉기 및 전자 릴레이를 이용한 시퀀스제어는 현장에서 실제로 기계를 동작시켜보기 전까지는 그 제어 시스템이 정확한 동작을 하는지 알기가 어려워 일반적으로 현장에서 실제로 결선하여 시행 착오를 거쳐 비로소 시퀀스제어가 동작이 된다. 그리고 현장에서 공정의 측정 및 감소에 의하여 제어시스템의 변경이 빈번히 요구되어 결선을 변경시켜야 되는 등 구조적 결함이 있다. 이러한 결함을 보완하기 위하여 1960년대말 전자 제어 장치를 이용한 시퀀스제어(sequence control)를 달성시키고자 하는 노력이 진행되고 있을 시기에 미국의 GM (general motor)사에서 자기 회사의 제어 장치를 설치하기 위하여 표 9.1과 같이 "PLC에 관한 10가지 조건"을 명시하여 각 제조사들은 이 조건들을 만족시킬 수 있는 전자 제어 장치를 개발하기 시작하였다.

표 9.1 GM사의 PLC에 관한 10가지 요구사항

1. 프로그램 작성 및 변경이 용이하고 시퀀스변경이 용이할 것
2. 점검 및 보수가 용이하고 부품은 플러그 인(Plug in)방식일 것
3. 릴레이 제어반보다 신뢰성이 높을 것
4. 릴레이 제어반보다 소형일 것
5. 출력은 상위 컴퓨터와 결합(통신)기능을 가질 것
6. 릴레이 제어반이나 무접점 제어반보다 가격면에서 유리할 것
7. 입력은 AC 115V를 받을 수 있을 것
8. 출력은 AC 115V, 2A를 공급할 수 있을 것
9. 전체 시스템 변경을 최소화 하면서, 기본 시스템은 확장이 가능할 것
10. 최저 4K(word)까지 확장 가능한 프로그램가능 메모리(programable memory)를 가질 것

이 요구에 만족시키는 형태로 **프로그램머블 로직 컨트롤러**(programmable logic controller : PLC)로 알렌브레들리사와 모디건사 등에서 제품이 나왔고 곧 70년부터는 일본, 유럽 등지에서도 PLC가 출현하였다. 80년대부터는 일반화되어 대형, 복잡한 시스템의 제어 장치에 장착되기에 이르렀다. 이것이 전자 산업의 발전, 생산품의 다품종화, 그리고 생산라인의 자동화 물결 등의 영향을 받아 PLC는 비약적인 발전을 하였다.

PLC의 명칭은 나라마다 조금씩 다르게 사용하며 미국은 이전에는 PLC라고 하였지만 1976년 NEMA(national electrical manufacturers association)규격 1-28에 정식으로 PC(programmable controller)로 채택하고 있으며, 일본 및 영국도 PC로 사용하고 있다. 스웨덴은 PBS (programmable binary system)로 사용한다. 현재 우리나라에서는 특별히 규정한 것이 없으며 일반적으로 메이커나 현장 사용자들은 PLC로 부르고 있으며 저자도 유학중에는 PC로 배웠지만 여기서는 국내 사용자와 용어 혼동을 피하기 위해 PLC로 하기로 한다.

9.1.1 PLC의 정의

PLC(programmable logic controller)란 각종 기계나 프로세서 등의 제어를 하기 위하여 지금까지 사용하였던 전자 릴레이, 카운터, 타이머 등의 기능을 반도체 소자와 소프트웨어 (S/W)로 대체시킴으로써 타이머, 카운터 및 연산기능 등을 내장하고 있으며 프로그램을 작성할 수 있는 메모리를 갖고 있는 전자 제어장치이다.

9.1.2 PLC의 특징

현재 시퀀스제어에 있어서 제어반 안에 사용되는 릴레이 수량이 10개가 넘으면 PLC의 도입을 고려하고 있다. 그 이유는 PLC의 가격이 저렴하고 풍부한 기능을 갖고 있으며 조작도 간단하기 때문이다.

PLC의 최대 장점은 프로그래밍 방법이 쉽다는 것이다. 와이어 로직형(wired logic type)에 의한 제어기의 구성은 상당한 지식과 숙련이 된 작업자만이 할 수 있으며 구성하는 데에도 많은 시간이 필요하다. 그리고 변경시에는 번거로움과 많은 시간, 경비가 들어 비경제적인 면도 있다. 이러한 문제점을 PLC가 해결하여 주었다. 제어기가 소프트웨어에 의하여 구성되어 변경이 용이하며 하드웨어의 낭비도 없다. PLC의 장점을 간단히 나열하면 다음과 같다.

1) 소프트웨어의 융통성

제어내용이 프로그램(program)에 의해 정하여지므로 제어내용을 변경할 경우 새로운 프로그램을 작성하여 입력시켜 줌으로써 제어 내용을 변경시킬 수 있다.

2) 기기 납기 단축

유접점 릴레이 제어반에서는 전선이나 검사에 많은 시간이 소요되지만 PLC를 사용할 경우 배선 검사의 과정이 간단하므로 납기가 크게 단축된다.

3) 보수성

PLC의 고장이나 혹은 입·출력기기의 고장은 상태 표시기(pilot lamp)에 나타나므로 빨리 발견할 수 있다.

4) 신뢰성

무접점 회로를 사용함으로 접점사고에 의한 문제가 없으므로 종래 릴레이에 비해 신뢰성이 높다. 소프트웨어(software)로서는 프로그램 언어의 명령수가 제한되어 있으며 그 사용법도 간단하다. 하드웨어(hardware)로서는 입 · 출력기기와 PLC본체를 접속시키는데 필요한 인터페이스(interface)가 적당한 기능 단위로 표준화되어 있어 그 모듈(module)을 적당히 조합시켜 시스템을 만들어가면 된다.

- 공정이 간단하다.
- 높은 제어성을 확보할 수 있다.
- 공간(space)을 절약할 수 있다.
- 배선 작업이 간단하다.
- 정밀을 유지할 수 있다.
- 신뢰성 · 보수성이 향상된다.
- 에너지가 절약된다.
- 높은 경제성을 실현한다.
- 납기가 빠르다.

9.1.3 릴레이 제어와 PLC제어의 비교

PLC제어와 릴레이 제어반을 비교하여 보면, PLC제어는 컴퓨터 및 다른 지능을 갖춘 콘트롤러와 인터페이스가 가능하나, 릴레이 제어반은 독립된 제어장치로 되어 있다. 또, PLC제어는 모듈식이므로 보전에 있어 유지 · 보수가 쉽지만, 릴레이 제어반은 기구 배열식으로 보수에 필요한 시간과 비용이 크게 드는 등의 차이점이 있다.

표 9.2는 릴레이 제어반과 PLC제어을 비교한 것으로, 거의 모든 면에서 PLC제어가 우수하다는 것을 알 수 있다.

표 9.2 릴레이 제어반과 PLC의 비교

구 분	릴레이 제어반	P L C
제어방식	· 하드로직	· 소프트 로직
제어기능	· 릴레이(직렬, 병렬 접점) · 타이머 · 프리셋 카운터(기능은 한정적이고 규모에 따라 대형화)	· 릴레이(AND, OR, NOT) · 업다운 카운터 · 시프트 레지스터 · 간단한 가감산(고기능, 대규모의 제어를 소형으로 실현가능)
제어요소	· 유접점(한정된 수명, 저속제어)	· 무접점(긴 수명, 고속제어, 고신뢰성)
제어내용변경	· 기구부품간의 배선 변경	· 프로그램변경으로만 가능
공사기간	· 사항 결정 후 제어반 제작 · 검사, 시운전 기간의 장기화	· 사양결정과 하드의 취합이 병행 · 검사, 시운전기간의 단축
시스템 특성	· 독립된 제어장치	· 시스템 확장 용이 · 컴퓨터와 연결 가능
보전성	· 보수 및 수리 공사시 장시간 소요	· 고신뢰성, 장수명으로 보수 및 수리 공사가 잦다
크기	· 소형화가 곤란	· 소형화가 가능

9.1.4 릴레이 제어와 PLC제어의 차이점

PLC는 LSI(large scale integrated circuit) 등의 전자부품의 집합으로 릴레이 시퀀스와 같은 접점이나 코일은 존재하지 않으며, 접점이나 코일을 연결하는 동작은 소프트웨어로 처리되므로 실제로 눈에 보이는 것이 아니다. 또, 동작도 코일에 전류가 흘러 여자되면서 접점이 닫혀 회로가 활성화되는 릴레이 시퀀스와는 달리 메모리에 프로그램을 기억시켜 놓고 순차적으로 내용을 읽어서 그 내용에 따라 동작하는 방식이다.

PLC제어는 프로그램이 내용에 의하여 좌우된다. 따라서 사용자는 자유자제로 원하는 제어를 할 수 있도록 프로그램의 작성 능력이 요구된다. 릴레이 제어와 PLC제어의 차이점을 간단히 나타내면 다음과 같다.

1) 직렬처리와 병렬처리

PLC제어와 릴레이 제어의 가장 근본적인 차이점은 "직렬처리와 병렬처리"라는 동작의 차이에 있다. PLC는 메모리에 있는 프로그램을 순차적으로 연산하는 직렬처리 방식이고, 릴레이 제어는 여러 회로가 전기적인 신호에 의해 동시에 동작하는 병렬처리 방식이다. 따라서 PLC는 어느 한 순간을 포착해 보면 한가지 일 밖에 하지 않는다.

2) 사용 접점수의 제한

릴레이는 일반적으로 개당 가질 수 있는 접점 수에 한계가 있다. 따라서 릴레이 시퀀스를 작성할 때에는 가능한 한 접점수를 절약해야 한다. 이에 비하여 PLC는 동일 접점에 대해 사용 회수에 제한을 받지 않는다. 이는 동일 접점에 대한 정보(ON/OFF)를 정해진 메모리에 저장해 놓고 연산할 때 메모리에 있는 정보를 읽어서 처리하기 때문이다.

3) 접점이나 코일 위치 제한

PLC에는 릴레이 시퀀스에는 없는 약속 사항이 있다. 그 하나는 코일 이후 접점을 금지하는 사항이다. 릴레이 시퀀스에서는 접점을 절약하기 위하여 코일 이후에 접점을 넣는 경우가 있다. PLC는 코일을 반드시 오른쪽 모선에 붙여서 작성해야 한다. 그리고 항상 신호가 왼쪽(+)에서 오른쪽(-)으로 전달되도록 구성되어 있다. 따라서 PLC는 릴레이 시퀀스와는 다르게 오른쪽에서 왼쪽으로 흐르는 회로나 상하로 흐르는 회로 설계를 금지하고 있다.

9.2 PLC의 구조

PLC는 기계나 장치를 제어하기 위하여 사용되므로 생산현장에 견딜 수 있도록 온도나 노이즈 등에 강하고 취급이 쉬운 구조로 되어 있다. 또한 제어 대상의 내용에 알맞은 규모를 선정, 조합하여 사용할 수 있도록 구성되어 있다.

PLC는 **마이크로프로세서**(microprocessor) 및 **메모리**를 중심으로 구성되어 인간의 두뇌 역할을 하는 CPU(control processing unit : 중앙처리장치), 외부 기기와의 신호를 주고 받는 **입·출력부**(I/O), 각 부에 전원을 공급하는 전원부, PLC내의 메모리에 프로그램을 기록하는 **주변기기**로 구성되어 있다.

그림 9.1은 PLC의 하드웨어 블록도를 나타내고 있다.

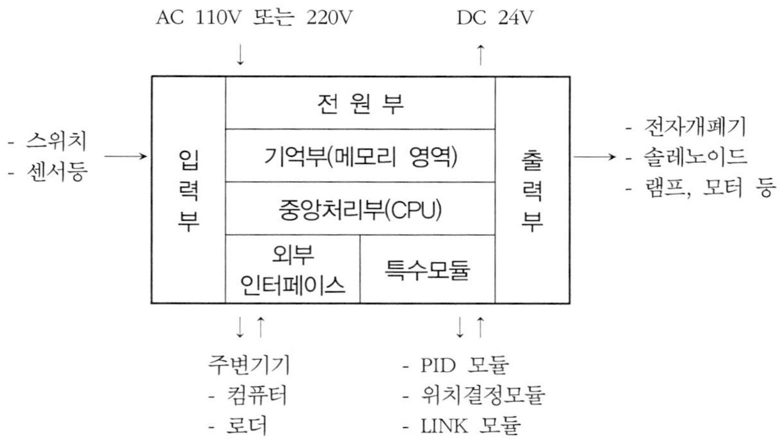

그림 9.1 PLC의 구조

기본적인 구조는 컴퓨터와 동일하며, 컴퓨터는 대량의 데이터를 처리하는 것이 주목적이며, PLC는 제어를 주목적으로 하는 컴퓨터로 범용 컴퓨터에 비해 고속의 처리 속도와 노이즈 등 환경에 강하다는 특징이 있다. 주요 구성부분을 간단히 설명하면 다음과 같다.

(1) 중앙처리부(CPU)

CPU는 연산부와 메모리부로 구성되어 있다. CPU는 PLC의 중심이 되는 부분으로 최근 마이크로프로세서 등의 LSI를 사용하여 소형화되어 모듈 형태로 되어 있다.

그림 9.2는 CPU의 구성도이다. 메모리에 저장되어 있는 내용을 읽어내자면 먼저 메모리 어드레스(memory address)를 지정하여야 한다. 이 어드레스 지시기를 PC(program counter)라 한다. 이 PC는 연산을 하는 입출력 번호를 표시하는 입출력 번호부와 연산 내용을 나타내는 연산 코드부가 있다. 그리고 연사부에 읽은 메모리 내용의 연산 코드부는 디코더(decoder)에 들어간다. 여기서 디코더는 명령해독기라고도 하며, 즉 메모리 내용을 해독하여 연산 종류(AND, OR 등)를 결정한다.

또한 메모리 내용의 입출력 번호는 연산부에서 입출력부에 나와 해당 입력 번호나 출력 번호를 결정한다. 즉, 많이 접속된 입력 신호 속에서 이 번호로 지정된 입력 상태만을 수용하는 일을 한다. 수용된 데이터는 디코더로 지시된 연산 내용에 따라 연산처리부에서 처리되는 셈이다. 연산 내용이 출력하라는 명령이면 출력부 속에서 지정된 번호를 찾아서 거기에 출력 신호를 준다. 이와 같이 하여 하나의 명령으로 지시된 내용을 모두 실행했으면 PC내용을 하나 증가시켜 다음 명령을 읽어 그 내용을 실행한다.

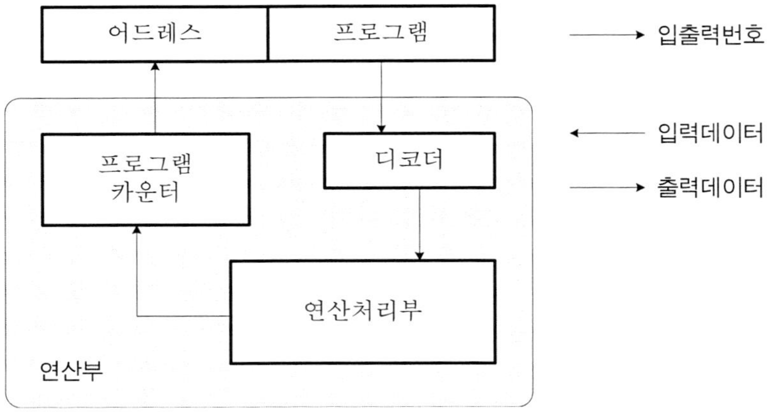

그림 9.2 CPU의 구성

(2) 전원부

외부로부터 교류110[V] 또는 220[V]의 전원을 공급받아 자체에서 필요한 전원을 만드는 부분으로 통상 직류 24[V]를 외부로 공급한다.

(3) 입·출력부

PLC의 입·출력부는 현장의 외부기기에 직접 접속하여 사용한다. 그런데 PLC 내부는 DC +5[V]의 전원(TTL레벨)을 사용하지만, 입·출력부는 다른 전압 레벨을 사용하므로 PLC 내부와 입·출력부의 인터페이스(interface)는 시스템 안정에 결정적인 요소가 된다. PLC의 입·출력부는 다음과 같은 사항이 요구된다.

① 외부 기기와 전기적 규격이 일치해야 한다.
② 외부 기기로부터의 노이즈가 CPU 측에 전달되지 않도록 해야 한다.(photocoupler 사용)
③ 외부 기기와의 접속이 용이해야 한다.
④ 입·출력의 각 접점 상태를 감시할 수 있어야 한다.(LED 부착)

입력부는 외부 기기의 상태를 검출하거나 조작 패널을 통해 외부 장치의 움직임을 지시하고, 출력부는 외부 기기를 움직이거나 상태를 표시한다. 그림 9.3에 입·출력부 회로 예를 나타낸다.

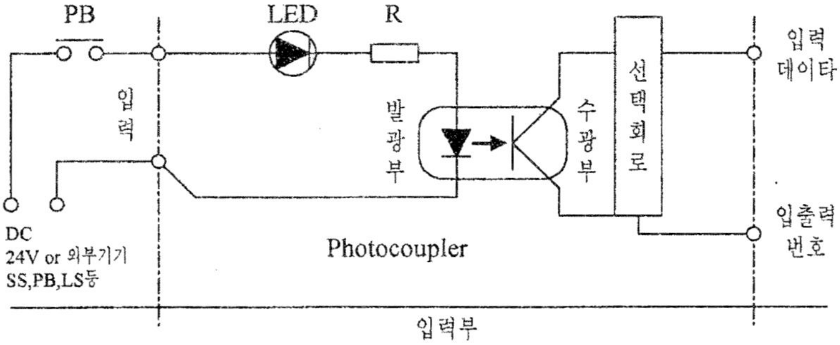

(a) 입력부 회로 예

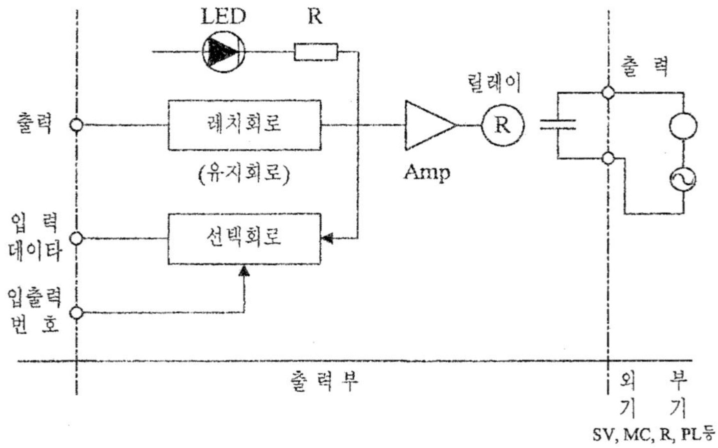

(b) 출력부 회로 예

그림 9.3 입·출력부 회로 예

⑤ 입·출력 장치의 외부 접속도

입·출력 장치와 외부 기기와의 접속도(배선도) 예를 그림 9.4에 나타낸다. 이 접속 방법은 PLC 제작 회사와 기종에 따라 조금씩 다르므로 제작회사에서 제공하는 사용 설명서를 참조하여 접속해야 한다. 표 9.3은 입·출력부에 접속되는 외부 기기의 예를 나타낸 것이다.

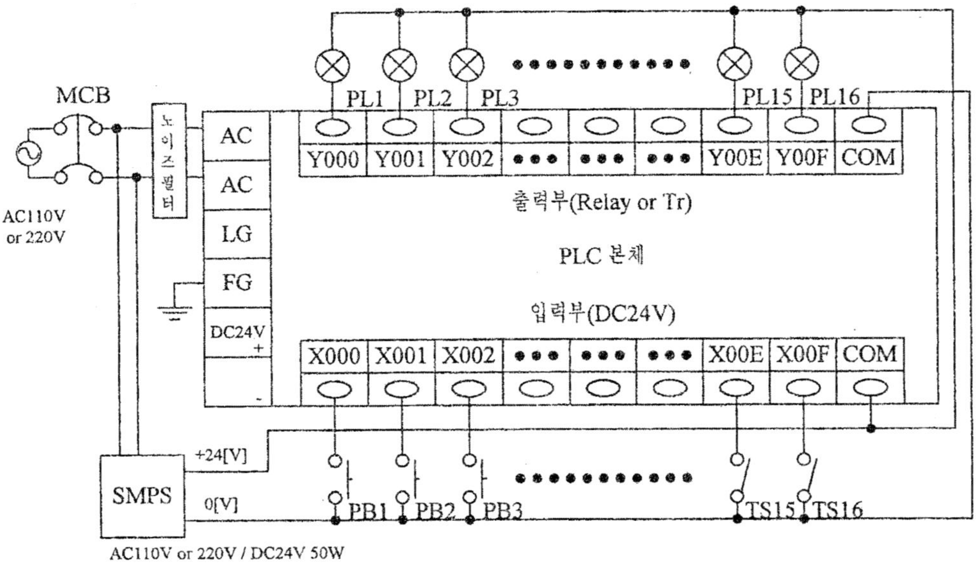

그림 9.4 입·출력 장치의 외부 접속도

표 9.3 입·출력부에 접속되는 외부 기기의 예

입력부	출력부	비고
리밋 스위치, 근접 스위치, 광전 스위치, 인코더, 입력 스위치 등	솔레노이드 밸브, 마그네틱 클러치, 마그네틱 브레이크, 소형 모터 등	기계장치 등에 연결되어 있는 것
푸시 버튼, 선택 스위치, 디지털, 계측기 등	전자 개폐기, 표시등, 카운터, 제어장치 등	제어반, 조작반 등에 연결되어 있는 것

(4) 특수 모듈

아나로그 입·출력 모듈(module) 및 고속 카운터 모듈도 특수 모듈이라 할 수 있으며, 이외에도 서보모터 또는 스테핑모터 등의 위치제어가 가능한 위치결정 모듈, PID제어용 모듈, PLC 여러 대를 이용하여 분산시스템을 구성하는 경우 사용되는 통신 모듈 등이 있다.

(5) 메모리부

메모리(memory)부는 IC칩으로 되어 있으며, 프로그램을 기억해 두는 장소로서 매우 중요한 역할을 한다. PLC의 프로그램은 전원이 끊어져도 그 내용이 지워져서는 안 되므로 전원이 ON, OFF에 상관없이 그 내용을 기억하도록 대책을 마련해 놓고 있다.

① 메모리 소자의 종류

IC 메모리의 종류에는 ROM(read only memory)과 RAM(random access memory)이 있다.

ROM은 오직 읽기 전용으로, 메모리 내용을 변경할 수 없다. 따라서 고정된 정보를 써 넣는다. 이 영역의 정보는 전원이 끊어져도 기억 내용이 보존되는 불휘발성 메모리이다. RAM은 메모리에 정보를 수시로 읽고 쓰기가 가능하여 정보를 일시 저장하는 용도로 사용되나, 전원이 끊어지면 기억시킨 정보 내용을 상실하는 휘발성 메모리이다. 그러나 필요에 따라 RAM 영역 일부를 배터리 백업(battery back-up)에 의해 불휘발성 영역으로 사용할 수 있다.

② 메모리 내용

PLC의 메모리는 사용자 프로그램 메모리, 데이터 메모리, 시스템 메모리의 3가지로 구분된다. 사용자 프로그램 메모리는 제어하고자 하는 시스템 사양에 따라 사용자가 작성한 프로그램이 저장되는 영역으로 제어 내용이 프로그램 완성 전이나 후에도 바뀔 수 있으므로 RAM이 사용된다. 프로그램이 완성되어 고정이 되면 ROM에 써 넣어 ROM 운전을 할 수 있다.

데이터 메모리는 입·출력 릴레이, 보조 릴레이, 타이머와 카운터의 접점 상태 및 설정값, 현재값 등의 정보가 저장되는 영역으로 정보가 수시로 바뀌므로 RAM 영역이 사용된다.

시스템 메모리는 PLC 제작회사에서 작성한 시스템 프로그램이 저장되는 영역이다. 이 시스템 프로그램은 PLC의 기능이나 성능을 결정하는 중요한 프로그램으로, PLC 제작회사에서 직접 ROM에 써 넣는다.

(6) 자기고장 진단 기능

PLC는 제어 시스템의 중추적 역할을 하므로 고장이 발생하면 많은 부분에 영향을 미친다. 따라서 PLC는 자기 자신을 진단하는 자기고장 진단 기능을 갖고 있는 것이 있으며 주로 하드의 고장을 PLC 자신이 진단하여 이상 부분을 표시한다. 이는 고장 요소의 조기 발견으로 조속 조치 및 복귀에 크게 기여하고 있다.

그림 9.5는 PLC의 외형이다.

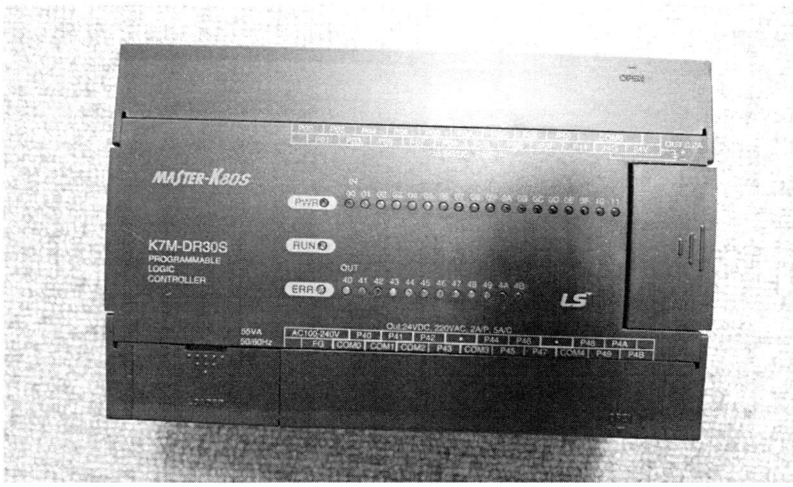

그림 9.5 PLC의 외형

9.3 PLC의 프로그래밍 종류

PLC로 기계나 장치를 제어할 경우의 내용은 PLC가 판단할 수 있는 언어로 프로그램을 작성하여야 한다. 이것을 프로그래밍이라 한다.

PLC의 프로그램을 규격화하자는 이야기는 있지만 현재는 제조하는 메이커 기종에 따라 특징이 다르므로 프로그램도 조금씩 다르다. 일반적으로 프로그램 방식을 분류하면 시퀀스 회로를 변화시킨 회로도 방식과 기계 등의 동작을 직접 프로그램한 동작도 방식으로 나누어진다.

회로도 방식에는 **니모닉**(mnemonic) 방식, **래더**(ladder) 방식, **로직** 방식, **논리식** 방식이 있다. 동작도 방식에는 시퀀스도를 작성하지 않고 기계 장치의 동작을 차트로 직접 프로그래밍하는 플로우 차트 방식, 순서 방식, 타임 차트가 있다.

컴퓨터의 발달로 메이커의 PLC 전용 소프트를 이용하여 일반적으로 니모닉 방식 및 래더 방식이 현재로 많이 사용되고 있다. 니모닉 방식과 래더 방식은 서로 상호 변환이 가능하다.

그림 9.6의 시퀀스도를 PLC 프로그램 방식으로 나타내면 그림 9.7 및 그림 9.8과 같이 된다.

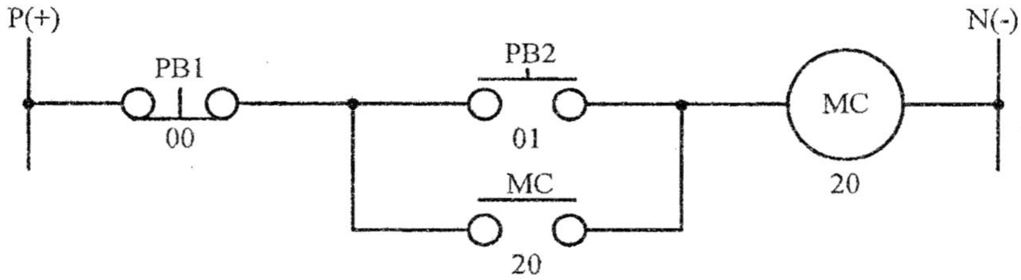

그림 9.6 시퀀스도의 예

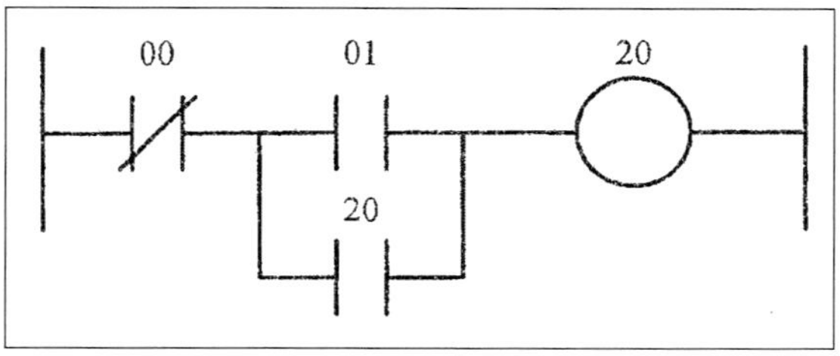

(a) 래더 방식

```
LOAD NOT   00
LOAD       01
OR         20
AND LOAD
OUT        20
```

(b) 니모닉 방식

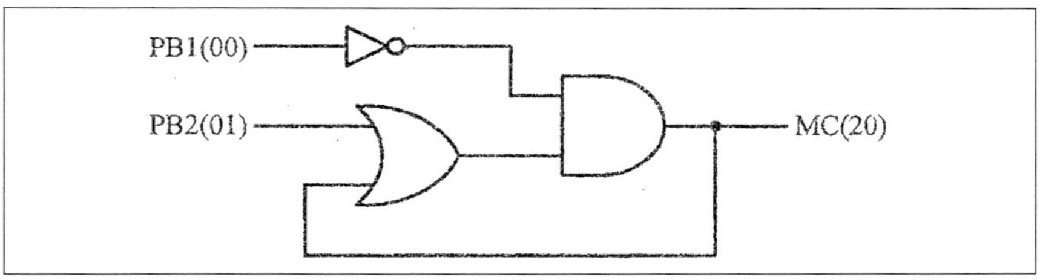

(C) 로직 방식

$$\overline{00} \cdot (01 + 20) = 20$$

(d) 논리식 방식

그림 9.7 회로도 방식에 의한 프로그램

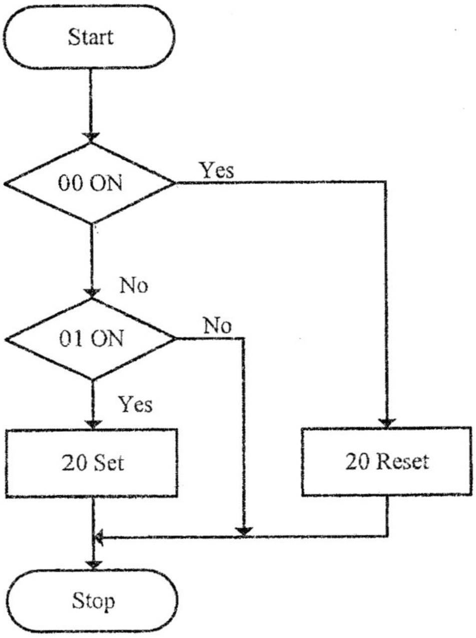

(a) 플로우 차트 방식

순서 (Step)	출 력	다음 진행 구간
1	-	OR 00
2	ON 20	OR 01
3	-	JMP 1 STEP

(b) 순서 방식

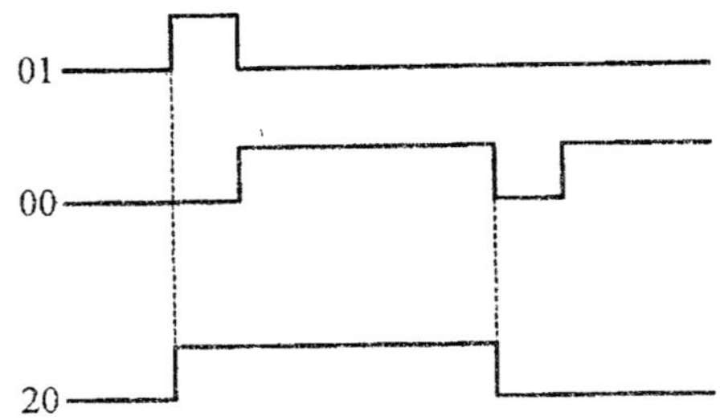

(c) 타임 차트

그림 9.8 동작도 방식에 의한 프로그램

9.4 PLC의 메모리 구성

중앙처리부(CPU)에서 처리되는 데이터(입·출력의 상태, 연산 결과 등), 사용자가 작성한 프로그램 등을 보관하기 위한 부분으로, 일반적인 구조는 그림 9.9와 같다.

<table>
<tr><td rowspan="4">입력부</td><td>타이머/카운터</td><td rowspan="4">출력부</td><td rowspan="4">데이터 메모리 영역</td></tr>
<tr><td>내부 릴레이</td></tr>
<tr><td>내부 프레그(또는 특수 레지스터)</td></tr>
<tr><td>연산결과 보관</td></tr>
<tr><td colspan="3">사용자 작성 프로그램</td><td>프로그램 메모리 영역</td></tr>
</table>

그림 9.9 메모리 구성

메모리의 최소 구성단위는 bit라 하며 8bit를 1byte라 하며, 16byte를 1word, 32bit를 double word라고 한다. 그리고 각각의 메모리 영역을 구분하기 위하여 어드레스(address : 주소)라는 방법을 사용한다. 따라서 PLC 프로그램을 위해서는 해당 어드레스를 정확히 파악하는 것이 중요하다. 표 9.4에 word를 나타낸다. 표 9.5는 제작회사가 다른 두 기종 PLC의 어드레스 표현 방법을 나타낸 것이다.

표 9.4 word

10진수	16진수	2진수		
		4비트	8비트	16비트
0	H 0000	0000	0000 0000	0000 0000 0000 0000
15	H 000F	1111	0000 1111	0000 0000 0000 1111
255	H 00FF	-	1111 1111	0000 0000 1111 1111
65535	H FFFF	-	-	1111 1111 1111 1111

표 9.5 PLC의 어드레스 표현방법

구분	모델 / 항목	MASTER-K500H(LG)		SPC-300(samsung)	
		어드레스	점수	어드레스	점수
데이터 메모리	입·출력 릴레이	P00-P31	512	R000-R032	544
	보조 릴레이	M000-M189	3072	M000-M127	2048
	KEEP 릴레이	K00-K31	512	K000-K127	2048
	특수 릴레이	F00-F31	512	F000-F015	256
	링크 릴레이	L00-L63	1024	L000-L063	1024
	타이머/ 카운터	T000-T255 C000-C255	256 256	TIM/CNT 000-255	256
	데이터처리 영역	D000-D9999	* 10K	W0000-W3072	* 3072
프로그램 메모리		사용자에게 불요	15K 스텝	사용자에게 불요	8064 워드

(주1) *는 Word를 나타냄

(주2) 표 9.5의 수치가 PLC의 성능을 의미하지는 않는다.

9.4.1 데이터 메모리

(1) 입·출력 릴레이

입·출력 릴레이는 외부 기기와 직접 접속되는 릴레이이다. 입력 접점은 PLC 내부의 메모리에 입력 상태가 보존되므로 a, b접점이 사용 가능하고 출력 접점은 a접점만이 사용 가능하다.

PLC 제작회사에 따라 입·출력 영역을 나타내는 기호가 다른데 X, Y, P, R, B, I, O 등의 기호가 입·출력 릴레이의 식별자로 사용된다.

(2) 보조 릴레이

PLC 내부 릴레이로서 외부로 직접 출력이 불가능하지만 입·출력 릴레이와 연결하면 외부 출력이 가능하다.

프로그램 연산 중 내부 정보가 가공될 때 정보를 전달해 주는 용도로 사용된다. a, b접점의 사용이 가능하며, 식별자로서 M 등의 기호를 사용한다. 입·출력으로 사용되지 않는 영역은 보조 릴레이로 사용할 수 있다.

(3) KDEEP 릴레이

보조 릴레이와 사용 용도는 동일하나 전원 ON일 때나 RUN 시작일 때에 그 이전의 데이터를 보존하는 영역으로서 a, b접점의 사용이 가능하며, 식별자로서 K 등을 붙여서 다른 릴레이와 구분하고 있다.

데이터를 소거할 경우에는 로더를 이용하여 소거할 수 있다.

(4) 특수 릴레이

PLC 동작 상태나 펄스 등을 제공하는 내부 접점이다.

PLC가 'RUN' 상태이거나 'PROGRAM' 상태인 경우 특정 접점을 ON하거나 운전 중에 0.1초, 1초, 1분 등을 주기로 ON/OFF하는 펄스를 발생시킨다. 식별자로서 F 등을 기호로 사용한다.

(5) 타이머

시간을 제어하는 용도로 사용되며 기본 주기에는 10ms와 100ms의 두 종류가 있으며, 온 딜레이(on delay) 타이머, 오프 딜레이(off delay) 타이머, 적산 타이머 등에 따라 계수 방법이 다르다.

입력 조건이 성립되면 계수를 시작하여 현재값이 설정값에 도달하면 타이머 접점 출력이 ON되며, 최대 설정값은 기종에 따라 차이가 있지만 HFFFF(65535)까지 가능하며 16진수 또는 10진수로 표시된다.

표 9.6은 타이머 종류에 따른 동작을 타임 차트로 보여주고 있다.

표 9.6 타이머의 종류 및 동작

타이머 종류	처리 내용	계수 방법	타임 차트
TON	온 딜레이	가산	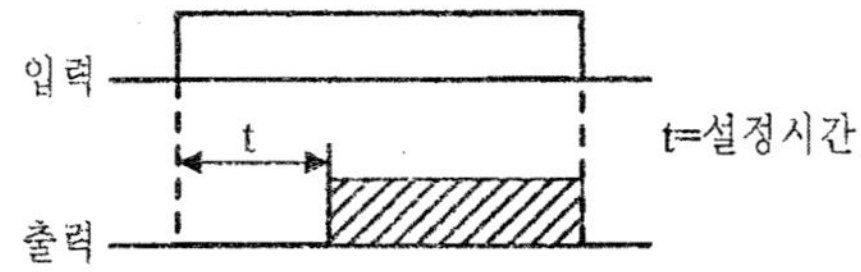
TOFF	오프 딜레이	감산	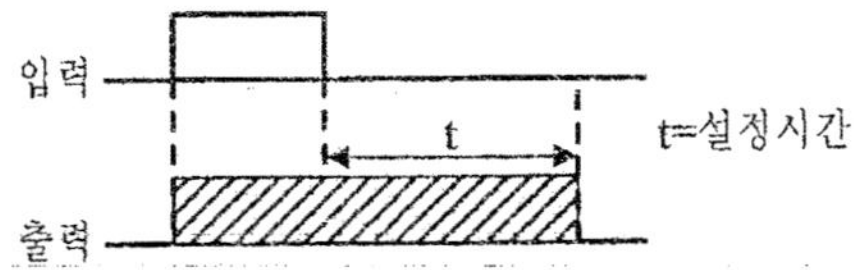
TMR	적산	가산	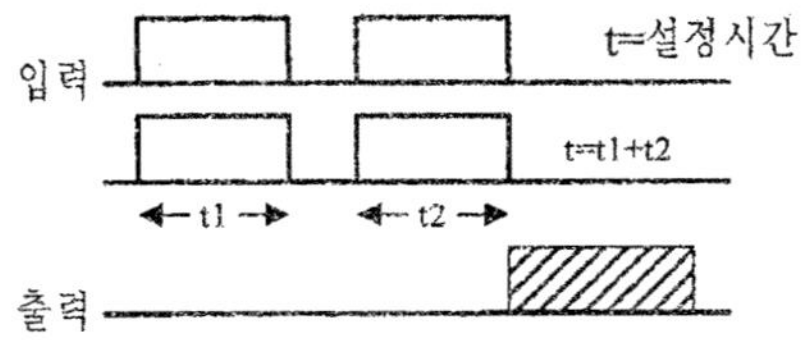

(6) 카운터

숫자를 세는 용도로 사용되며 입력 접점의 입상(rising edge)에서 계수를 하며 리셋 입력에서 카운터의 동작을 중지하고 현지값을 0으로 소거하거나 설정값으로 대체한다.

표 9.7 카운터의 종류 및 동작

카운터 종 류	처리 내용	계수 방법	입 력 접점수	타임 차트
CTU	업카운터	가산	1개	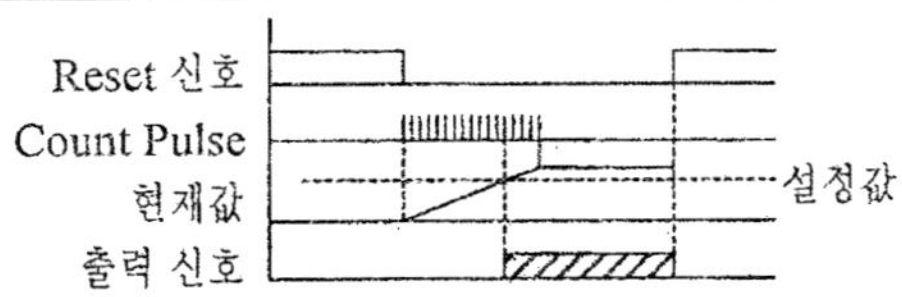
CTD	다운 카운터	감산	1개	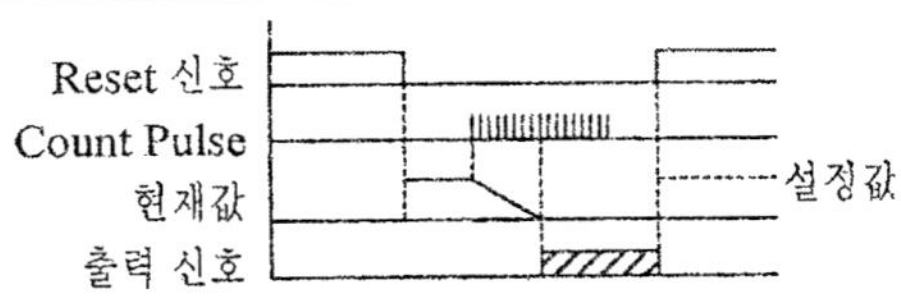
CTUD	업/다운 카운터	가감산	2개	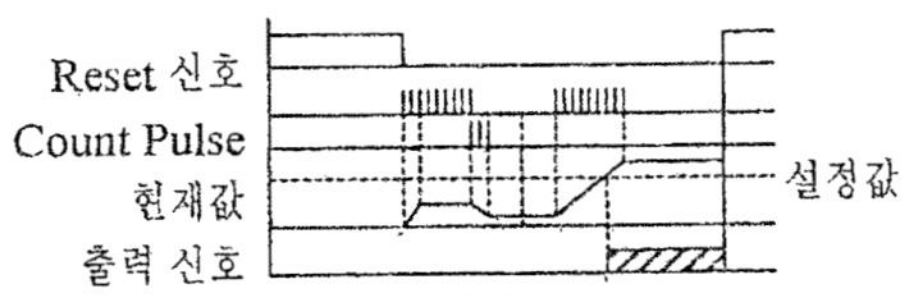

PLC 제작회사에 따라 계수 방법이 다르고 최대 설정값은 기종에 따라 차이가 있으나, HFFFF(65535)까지 가능하며 16진수 또는 10진수로 표시된다.

표 9.7은 카운터 종류에 따른 동작을 타임 차트로 보여주고 있다.

(7) 데이터 레지스터

수치 연산을 위하여 내부 데이터를 저장하는 영역으로 기본 16비트(1word) 또는 32비트(2word) 단위로 데이터를 읽고 쓰기가 가능하다. 식별자로서 D 등을 붙여서 다른 영역과 구분한다. 파라미터 설정에 의해 일부 영역을 불휘발성 영역으로 지정할 수 있다.

9.4.2 프로그램 메모리

다수 명령의 조합에 의해서 작성한 프로그램을 저장하기 위한 기억부를 말한다. 프로그램 메모리는 RAM 영역이 사용되며 정전 때 기록을 보존하기 위해 전지를 사용한다. 메모리 용량은 PLC 제작회사마다 다르나 일반적으로 PLC 입·출력 점수에 비례하여 제작된다.

9.4.3 데이터 메모리 어드레스 표시방법

데이터 메모리 어드레스 표시방법은 사용자 프로그램을 작성할 때 각종 릴레이를 사용할 경우, 각 영역 전체를 워드(word) 또는 비트(bit) 단위로 각각의 어드레스를 지정하여 사용한다.

어드레스를 식별자, 워드 어드레스, 비트 어드레스를 조합하여 사용하며, 식별자란 용도에 따른 메모리 명칭의 영어 첫 글자를 사용한 것이다.

예를 들면, 킵릴레이(keep relay)는 K가 되며, PLC에서 비트, 접점, 포인트(point)는 모두 같은 의미와 용어로 사용된다.

(1) 워드어드레스 지정

워드어드레스는 식별자와 워드어드레스를 조합시켜 표현한다.

PLC 기종에 따라 차이가 있으나, 데이터의 크기는 1워드가 16점이며 10진수로 번호가 매겨진다.

식별자의 종류에 따라 전체 메모리 크기가 다르므로, 식별자의 종류에 따라 다소 차이가 있지만 워드어드레스는 10진수 2자리, 10진수 3자리 또는 10진수 4자로 표시된다. 그림 9.10은 워드어드레스 지정의 예를 나타내고 있다.

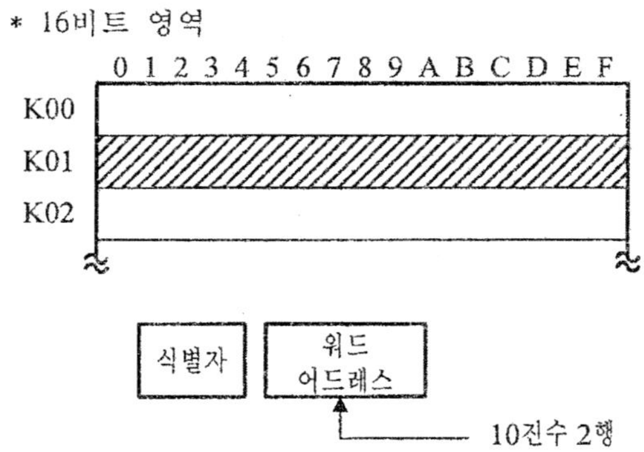

그림 9.10 워드어드레스 지정 예

(2) 비트어드레스 지정

식별자 종류에 따라 차이가 있으나, 릴레이 접점 번호는 식별자, 워드어드레스, 비트어드레스의 3개를 조합하여 나타낸다.

다만, 타이머나 카운트의 접점 번호는 식별자와 비트어드레스의 조합으로 나타내고 여기서 비트어드레스는 10진수이다.

그림 9.11은 비트어드레스 지정의 예를 나타내고 있다.

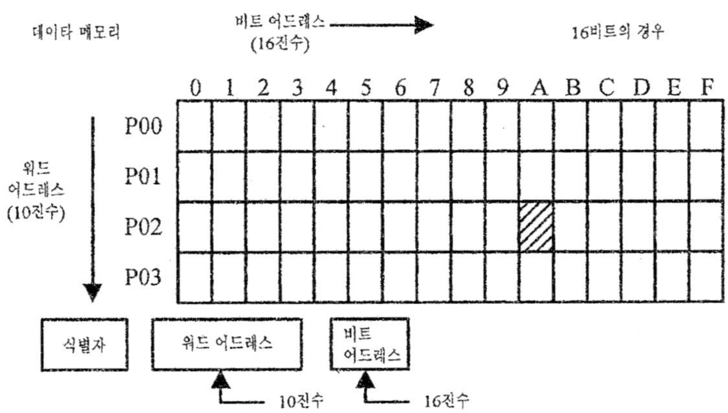

그림 9.11 비트어드레스 지정 예

9.5 PLC의 연산처리

PLC의 연산처리 방법은 입력 리프레시(refresh)된 상태에서 이를 바탕으로 프로그램 0 스텝부터 END 명령까지 순차적으로 명령을 실행하고 자기 진단 및 타이머, 카운터 등의 처리를 한 다음 출력 리프레시(refresh)를 한다. 이러한 동작은 고속으로 반복되는데 이것을 사이클릭(cyclic) 연산이라 하고, 한바퀴 도는데 걸리는 시간을 연산 주기(scan time)라고 한다. 이것은 PLC 기종에 따라 차이가 있으나 통상적으로 2,000스텝인 경우 약 10ms정도의 값이 된다.

(1) 입력 리프레시

프로그램을 실행하기 전에 입력 모듈로부터 접점의 ON/OFF 정보를 일괄적으로 읽어 들여, CPU 데이터 메모리의 입력 영역에 저장한다.

(2) 출력 리프레시

END 명령을 실행한 후, 프로그램 연산에 의해 변화된 CPU 데이터 메모리의 출력 영역의 결과값을 일괄적으로 출력 모듈에 출력한다.

그림 9.12는 PLC의 연산 처리 절차를 나타내고 있다.

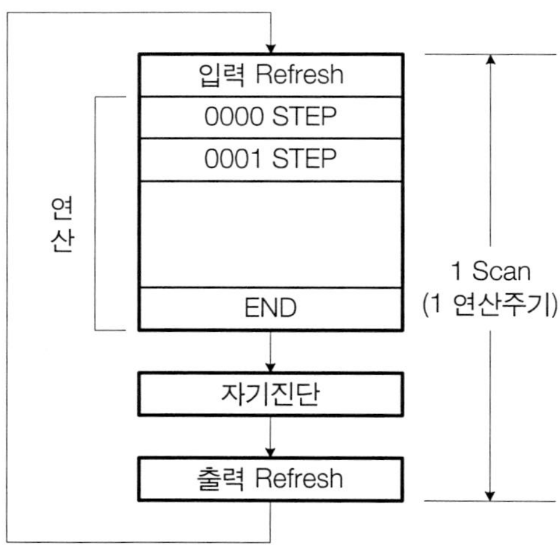

그림 9.12 PLC의 연산 처리 절차

9.6 PLC 프로그램 작성 플로우 차트

그림 9.13에 프로그램을 작성할 때의 플로우 차트를 나타낸다.

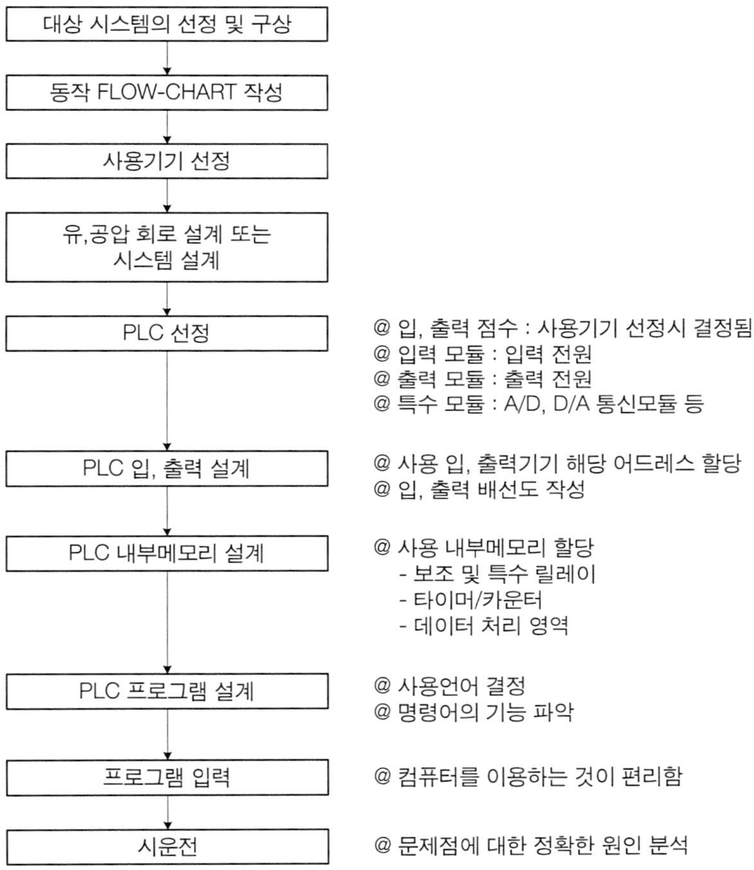

그림 9-13 프로그램 작성 플로우 차트

9.6.1 입·출력(I/O) 할당

입·출력 부분에 접속되는 외부 기기의 수(접점)를 우선 입·출력별로 나누고, 그들을 동일 전기 사양별로 분류하여 입·출력 모듈의 소요 수량을 결정한다.

일반적으로 입·출력 모듈은 1 모듈당 8점, 16점 또는 32점의 외부 기기를 다룰 수 있는 것이 많으므로, 총점수를 1 모듈당의 점수로 나누어 나머지를 반올림하여 입·출력 모듈의 수량을 결정한다.

입·출력 모듈의 각 수량이 결정되면 다음에 배치를 결정하고, 외부기기의 배선을 하기 쉬운 위치에 각 모듈을 설치한다.

표 9.8에 입·출력 할당의 예를 나타내었다.

표 9.8 입·출력 할당

오듈시방		입력모듈
입,출력 번호	시퀀스 기호	내용
X	PB1	시동용
X	PB2	정지용
X	LS1	상한 리밋
X	LS1	하한 리밋
· · · · · ·		
x		
x		

모듈시방		출력모듈
입,출력 번호	시퀀스 기호	내용
Y010	MC1	컨베이어용
Y011	MC2	유압펌프용
Y012	SOL1	실린더용
Y013	SOL2	흡착용
· · · · · ·		
Y01E		
Y01F		

9.6.2 입·출력 배선도 작성

입·출력(I/O) 할당에서 푸시버튼스위치(PB)나 리미트스위치(LS)처럼 수가 많은 것은 PB1, PB2, …, LS1, LS2, …의 순으로 동일 기기별로 할당하는 방법과 외부 기기가 장착되어 있는 위치나 방향에 따라 같은 방향에서 오는 배선별로 할당하는 방법이 있다. 따라서 그림 9.14의 입·출력 배선도를 작성할 때에 배선 공사 등을 고려하여 어떤 방법으로 입·출력 번호를 할당할 것인지 검토해서 결정하는 것이 중요하다.

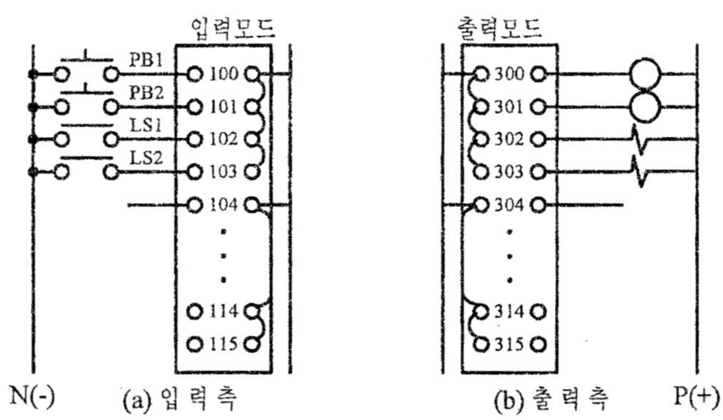

그림 9.14 입·출력 배선도

또, 입력 기기로부터 신호가 a접점 신호인지 또는 b접점 신호인지를 분명히 구별하지 않으면 프로그램할 때에 반전 기호의 필요 여부에 판단의 어려움이 다소 따를 수도 있다. 이와 같이 입·출력 배선도는 프로그래밍과 배선 공사의 기준이 되기 때문에 입·출력 할당과 동시에 우선적으로 작성하는 것이 좋다.

9.6.3 PLC 프로그램 작성

PLC 프로그램은 릴레이 시퀀스와는 달리 여러 가지 특성이 있기 때문에 그 특성을 최대한으로 살려 프로그램을 작성하여야 한다.

우선, 새로 PLC프로그램을 작성할 때에는 릴레이시퀀스처럼 사용되는 접점수에 구애를 받지 말고 동작 순서대로 프로그래밍하면 편리하다. 또 이미 릴레이시퀀스로 되어 있는 회로도는 이를 PLC용으로 변경해야 하는데, 주의할 점은 '코일 이후 접점 금지' 등의 PLC 프로그램 약속 사항에 따라야 한다.

프로그램의 작성 도중에 발행하는 내부 출력이나 타이머, 카운터 등은 그 때마다 번호를 할당한다.

표 9.9 내부 출력과 타이머, 카운터 할당

내부출력 번호	시퀀스기호	내용
M0000	AX	자동
M0001	MX	수동
M0002	FX	전진
M0003	RX	후퇴
M0004	1X	저속
M0005	2X	고속

타이머 카운터번호	시퀀스번호	내용
T000	TON1	운전준비
T030	TOFF1	타이밍
C000	CTU1	카운팅
T001	TON2	타이밍

예를 들어, 표 9.9와 같이 내부 출력을 M0000, M0001, M0002, …, 온 딜레이 타이머를 T000, T001, T002, …, 오프 딜레이 타이머를 T030, T031, T032, …, 업 카운터를 C000, C001, C002, …라는 식으로 각 내용에 따라 할당한다.

내부 출력이나 타이머, 카운터의 번호 부여는 PLC 제작회사에 따라 다소 차이가 있으므로 제작회사의 사용 설명서를 참조하도록 한다.

9.6.5 코딩

프로그램의 작성이 완료되면 PLC의 메모리에 프로그램을 저장시키기 위해 주변기기인 핸디 로더나 그래픽 로더를 사용하여 편집을 해야 하는데, 이 작업을 코딩이라 한다.

핸디 로더를 사용하면 니모닉으로 코딩(coding)이 가능한데, 핸디 로더와 PLC가 연결된 온라인(on line) 상태에서 코딩과 동시에 PLC의 메모리로 저장된다. 반면에 그래픽 로더를 사용하면 니모닉 또는 래더 다이어그램으로의 코딩이 모두 가능하며, 컴퓨터와 PLC가 연결된 온라인 상태 및 연결되어 있지 않은 오프라인(off line) 상태에서도 가능하다. 이 코딩 작업이 완료되면 자동으로 프로그램에 어드레스(스텝) 번호가 지정된다.

요즈음은 그래픽 로더를 사용하여 래더 다이어그램으로 오프라인 상태에서 코딩을 하고, 시스템 시운전할 때 현장에서 코딩된 프로그램을 PLC의 메모리로 다운로드(down load)하는 추세이다.

9.7 PLC 프로그램 편집 Tool

작성된 프로그램을 PLC 메모리에 저장시키기 위해 프로그램을 편집하는 방법에는 크게 핸디 로더(hand loader)를 이용하는 방법과, 소프트웨어 패키지를 컴퓨터에 설치하여 이용하는 방법이 있다.

컴퓨터 탑재용 소프트웨어(graphic loader)를 이용하면 니모닉으로 작성된 프로그램 뿐만 아니라 래더 다이어그램으로 작성된 프로그램도 손쉽게 편집 및 수정을 할 수 있으며, 편집된 프로그램의 인쇄, 저장, 검색, 모니터링 등의 다양한 기능을 이용할 수 있어서 편리하므로 현재 널리 사용되고 있다.

그러나 제작회사별로 소트웨어의 사양이 다르므로 제작회사에서 제공하는 사용 설명서를 참조해야 한다.

9.7.1 핸디 로더

(1) 핸디 로더의 기능

㈎ 쓰기(write) : PLC 메모리에 작성된 프로그램을 기입한다.

㈏ 읽기(read) : PLC 메모리에 저장되어 있는 프로그램을 읽어 내어 표시기에 프로그램 내용을 표시한다.

(다) 삽입(insert) : 지정된 어드레스(스텝)에 새 프로그램을 추가하는 경우, 지금까지의 프로그램을 1스텝씩 뒤쪽으로 시프트시켜서 빈 곳에 프로그램을 기입한다.
(라) 삭제(delete) : 지정된 어드레스(스텝)의 프로그램을 클리어(clear)하여 그 이후의 프로그램을 1번지씩 낮은 어드레스 쪽으로 이동시킨다.
(마) 외부 입·출력 모니터 : 외부 입·출력의 ON/OFF상태를 표시한다.
(바) 내부 출력 모니터 : 내부 출력의 ON/OFF 상태나 타이머, 카운터의 설정값이나 현재값을 표시한다.
(사) 검색(search) : 프로그램 안에서 사용하고 있는 외부 입·출력, 내부 출력, 타이머, 카운터 등의 어드레스(스텝 번호)를 찾아내어 그 어드레스를 표시한다.
(아) 프로그램 문법 검사 : 프로그램 문법을 검사하여 오류가 있으면 표시한다.
(자) 설정값 변경 : 타이머, 카운터의 설정값을 운전 중에 변경한다.
(차) 강제 출력 : 정지 중에 지정된 출력만을 강제적으로 ON/OFF시킨다.

표 9.10은 핸디 로더의 기능을 분류하여 나타내었다.

표 9.10 핸디 로더의 주요 기능

기능	내용	기능	내용
프로그래밍	(1) 프로그램 쓰기 (2) 프로그램 읽기	체크	(7) 어드레스 검색 (8) 프로그램 문법 검사
프로그램 편집	(3) 프로그램 삽입 (4) 프로그램 삭제	시운전	(9) 설정값 변경 (10) 강제 출력
	(5) 외부 입·출력 디스플레이 (6) 내부 출력 디스플레이	기능의 향상	

9.7.2 그래픽 로더

(1) 하드웨어 사양

(가) 컴퓨터
① 컴퓨터 기종 : IBM, PC AT급 호환 기종 이상
② CPU 처리 속도 : 100MHz 이상
③ 통신 포트 : 시리얼 포트(serial port) 1개 이상
④ 메모리 용량 : 640KB 이상
⑤ 플로피 디스크 드라이브 (FDD) : 5.25인치 또는 3.5인치 1대 이상
⑥ 하드 디스크 드라이브 (HDD) : 20MB 이상
⑦ 모니터 : VGA, EGA, LCD, 플라즈마(plasma) 중 선택

(나) 프린터

도트(dot), 버블(bubble), 잉크젯(ink-jet), HP 레이저젯(lazer-jet) 중 선택한다.

(다) PLC 통신 케이블

컴퓨터와 PLC 사이에 그림 9.10의 RS-232C 케이블을 반드시 연결하여야 한다.

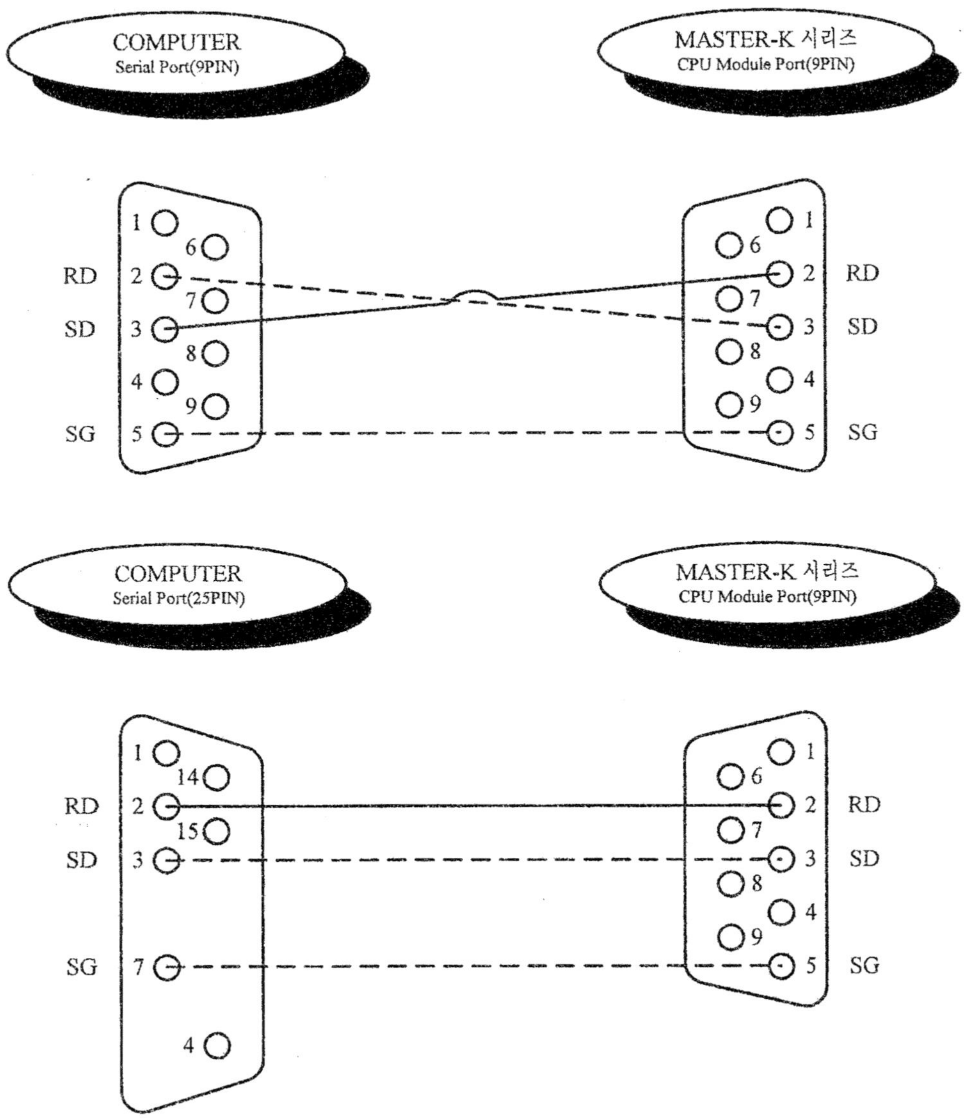

그림 9.15 통신 케이블 결선 예

(2) 소프트웨어 사양

(가) 운용 환경 설정 기능

운용 환경 설정 기능은 소프트웨어의 운용에 요구되는 여러 가지 환경을 사용자가 임의로 정의하도록 하여 소프트웨어의 운용 폭을 넓히도록 한다.

① PLC 기종 선택 : 적용대상이 되는 PLC의 기종을 설정한다. 같은 회사 제품이라도 CPU 모듈에 따라 입·출력 접점 수가 다양하므로, 시스템에 사용되는 전체 입·출력 접점수에 따라 고유 기종을 선택해야만 올바른 사용을 할 수 있다.

② 경로 및 파일 설정 : 작성된 프로그램을 HDD나 FDD에 저장해 두거나, 이미 저장된 프로그램을 컴퓨터의 메모리로 읽어들이기 위한 경로 또는 파일명을 설정한다.

③ 프린터 기종 설정 : 편집된 프로그램이나 각종 파라미터를 인쇄할 프린터의 기종으로 설정한다.

④ 통신 경로 설정 : 통신 대상이 되는 PLC와 정보의 송수신 경로를 설정한다.

(나) 프로그램 편집 기능

프로그램 편집 기능은 PLC에 대한 프로그램을 사용자가 편집할 수 있도록 하고 편집된 프로그램을 PLC 명령어로 변환시키는 기능을 한다.

① 래더 편집 : PLC 프로그램을 래더 다이어그램으로 작성 및 수정하고 PLC 명령어 코드로 변환시킨다.

② 니모닉 편집 : PLC 프로그램을 니모닉 형태로 작성 및 수정을 한다.

(다) PLC 관련 기능

PLC 관련 기능은 PLC와 통신을 통하여 PLC의 CPU 모듈에 대한 모드 상태를 열람하고 바꾸는 기능과 프로그램의 읽기, 쓰기, 비교, 삭제 등을 처리하는 기능이다.

① PLC 모드 변경 : PLC와 CPU 모듈에 대한 현재 모드 상태를 열람하고 변경한다.

② 프로그램 쓰기 기능 : 편집된 컴퓨터 메모리의 프로그램을 PLC의 프로그램 메모리에 써넣는다.

③ 프로그램 읽기 기능 : PLC의 프로그램 메모리에 저장되어 있는 프로그램을 읽어서 컴퓨터 메모리로 읽어 온다.

④ 프로그램 비교 기능 : 컴퓨터에 의해 편집된 프로그램과 PLC의 프로그램 메모리에 저장되어 프로그램을 비교한다.

⑤ 프로그램 삭제 기능 : PLC 프로그램을 지운다.

⑥ 데이터 삭제 기능 : PLC의 각 식별자 데이터를 지운다.

(라) 모니터 기능

모니터의 기능은 작성된 프로그램의 워드 또는 접점 단위의 동작 상태를 확인한다.

(마) 파일 관리 기능

편집된 프로그램의 저장, 읽기, 지우기, 비교하기, 복사, 이름 바꾸기 등의 전반적인 파일(file) 관리를 한다.

(바) 프로그램 인쇄 기능

프로그램 인쇄 기능은 래더, 니모닉, 주석(comment), 파라미터 등을 인쇄하는 기능이다.

① 래더 파일 인쇄 : 편집된 프로그램을 래더 형태로 인쇄한다.
② 니모닉 파일 인쇄 : 편집된 프로그램을 니모닉 형태로 인쇄한다.
③ 주석 인쇄 : 편집된 프로그램을 래더나 니모닉에 주석을 달아 인쇄한다.

(사) 주석 기능

편집된 프로그램에 접점, 워드, 영역별로 주석을 단다.

(3) 소프트웨어의 설치 및 운용

소프트웨어를 하드디스크에 설치하여 사용상의 성능을 높이도록 하고, 제작회사에서 제공하는 사용 설명서를 숙지하여 소프트웨어를 운용하도록 한다.

9.7.3 PLC 모드

PLC 제작회사에 따라 차이가 있으나 PLC의 모드에서 'RUN', 'PROGRAM', 'PAUSE', 'DEBUG' 등의 4가지 모드가 있다. RUN 모드는 PLC를 운전할 때 선택하고, PROGRAM 모드는 작성된 프로그램을 편집하거나 수정할 때 사용된다. 그 밖에 PAUSE 모드는 PLC 운전을 일시 정지시키며, DEBUG 모드는 작성된 프로그램을 디버깅(debugging)할 때 사용된다.

9.8 명령어의 이해

명령어는 제작회사의 기종에 따라 약간의 차가 있다. 표 9.11은 서로 다른 회사에서 사용되고 있는 명령어를 비교하였다. 이것으로 명령어가 기능면에서는 동일하나 표현방법이 다른 것을 알 수 있다.

초기의 PLC는 기본 명령만 사용하여 제어가 가능하였으나 현재는 다양한 응용 명령이 개발되어 고급 제어가 가능하여졌다. 응용 명령 이외에도 많은 명령어들이 있으며 기본 명령어에 비해 사용이 복잡하기 때문에 사용자 매뉴얼을 참조하여서 사용하는 것이 바람직하다. PLC 기종에 따라서는 기능이 없는 부분도 있기 때문에 제어시스템 구성에 필요한 기능을 충분히 파악한 후 PLC를 선정할 필요가 있다.

표 9.11 기종별 명령어 비교

구분	기능별 구분	MASTER-K	SPC-300	내 용
기본 명령	입력 명령	LOAD LOAD NOT	STR STN	입력부에서 a접점 READ 입력부에서 b접점 READ
	출력 명령	OUT SET RST	OUT SET RST	처리결과를 출력부에 보냄 출력부 코일 ON 출력부 코일 OFF
	타이머/카운터 명령	TON	TIM	ON DELAY TIMER
		TOFF		OFF DELAY TIMER
			SST	SINGLE SHORT TIMER
		CTU	CTU	UP COUNTER
		CTD	CTD	DOWN COUNTER
		CTUD	CTUD	UP-DOWN COUNTER
	논리 회로 구성 명령	AND AND NOT OR OR NOT NOT AND LOAD OR LOAD	AND ADN OR ORN NOT ANDB ORB	제어를 위한 논리회로를 구성하기 위함
	프로그램 제어 명령	MCS MCR	MCS MSC CLR	모선분기 시작 모선분기 종료

응용 명령	논리연산 명령	CMP S1 S2 WAND WOR WXOR	S1 연산자 S2 AND OR XOR	연산자는 〉, 〈, =, 〉, =, 〈 =임
	산술 연산 명령	INC DEC ADD SUB MUL DIV	INC DEC ADD SUB MUL DIV	BINARY와 BCD에 대한 산술연산 명령
	데이터 전송 명령	MOV XCHG	MOV XCH	데이터를 다른 메모리로 전송
	데이터 변환 명령	BCD BIN	BCD BIN	데이터를 변환
	비트 조작 명령	ROL ROR	RLC ROR	비트의 회전 및 ON, OFF
	프로그램 제어명령	FOR NEXT CALL JMP	FOR NEST CALL JMP	프로그램 작성의 효율성을 높인다.
	인터럽트 명령	DI EI	—	외부 및 내부 인터럽트

9.8.1 기본 명령

기본 명령은 시퀀스 명령이라고도 하며 종래의 시퀀스 회로를 대체하고자 할 때 사용되는 기본적인 논리접점 제어 및 타이머, 카운터 명령 등이 이에 해당한다. 표 9.12는 특정 메이커의 기본 명령의 일부분을 나타낸다.

표 9.12 기본 명령

명령어	기 호	내 용
LOAD	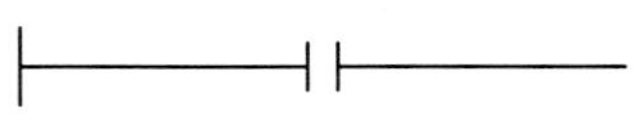	a 접점 연산개시
LOAD NOT	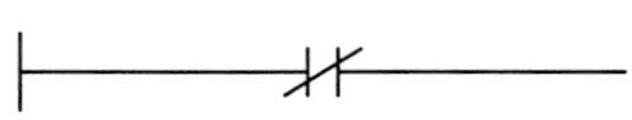	b 접점 연산개시
AND	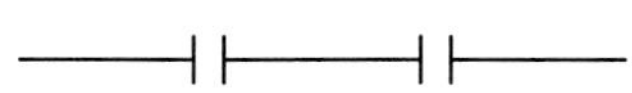	a 접점 직렬접속

AND NOT	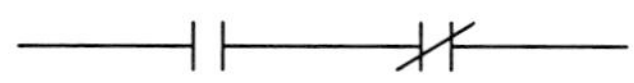	b 접점 직렬접속
OR	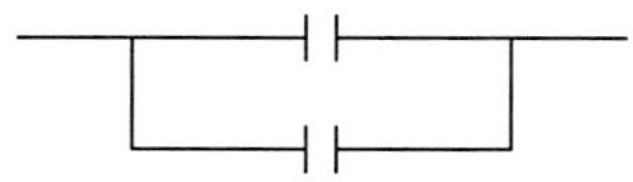	a 접점 병렬접속
OR NOT	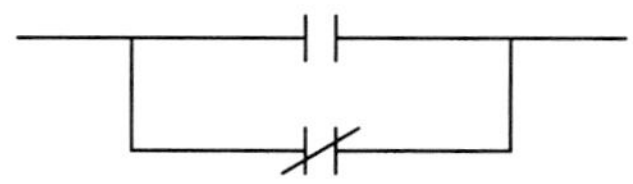	b 접점 병렬접속
OUT	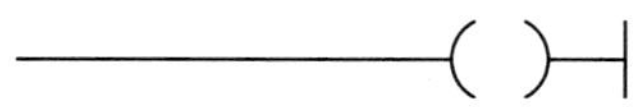	연산 결과 출력
NOT	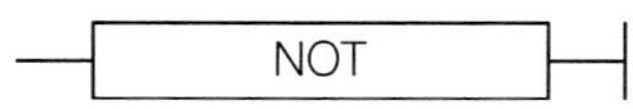	NOT 명령전까지의 연산결과를 반전
SET S	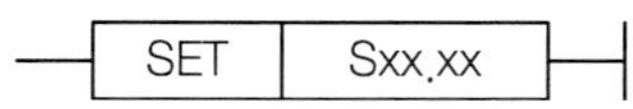	순차제어(스텝콘트롤러)
OUT S	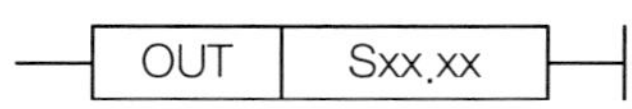	후입우선(스텝콘트롤러)
AND LOAD	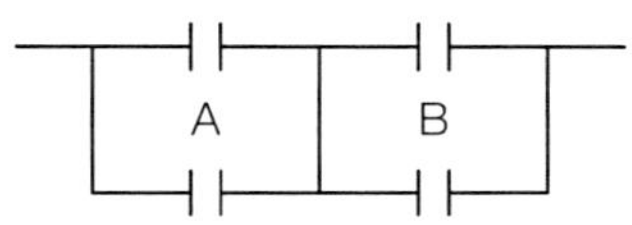	A, B BLOCK 직렬접속
OR LOAD	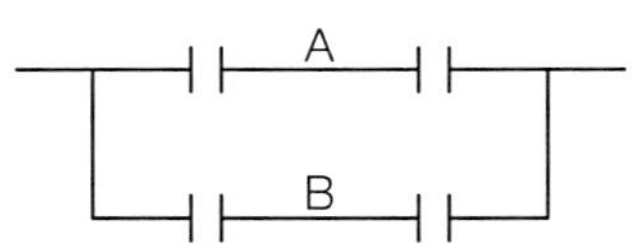	A, B BLOCK 병렬접속
MCS		Master Control set (n: 0~7)
MCS CLR		Master Control clear (n: 0~7)
D	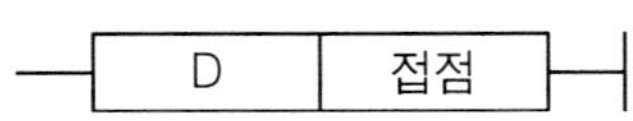	입력조건상승시 1 scan pulse 출력
D NOT	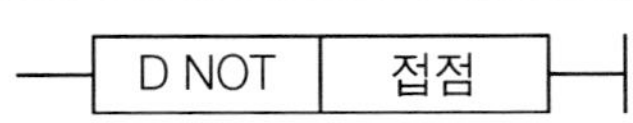	입력조건하강시 1 scan pulse 출력
SET	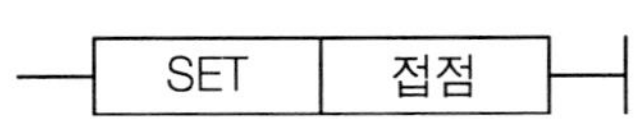	접점 출력을 On으로 Set
RST	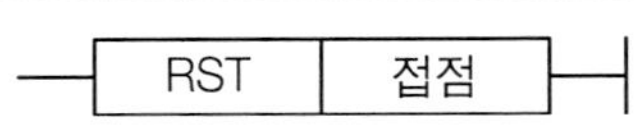	접점 출력을 Off으로 Reset
END	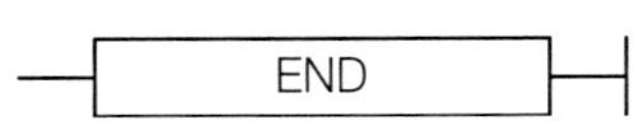	Program의 종료

9.8.2 응용명령

응용 명령은 PLC 메이커에 따라 큰 차이가 있으나 대체로 많이 사용되는 명령어는 전송, 비교, 산술연산, 논리연산, 변환 등이 있다. 표 9.13은 특정 메이커의 응용 명령의 일부분을 나타낸다.

표 9.13 응용명령

명령어	기 호	내 용
CMP	〔CMP S1 S2〕	S1과 S2를 비교 F120~F125를 SET
INC	〔INC S1〕	S1의 DATA를 +1로 하여 S1에 격납
DEC	〔DEC S1〕	S1의 DATA를 -1로 하여 S1에 격납
ROL	〔ROL D〕	D의 DATA를 1bit 좌, 우로 이동
BCD	〔BCD S1 D〕	S1을 BCD로 변환하여 D에 격납
BIN	〔BIN S1 D〕	S1을 BIN로 변환하여 D에 격납
BSFT	〔BSFT S1 E〕	S1과 E 사이를 bit SHIFT
WSFT	〔WSFT S E〕	S와 E 사이를 word SHIFT
MOV	〔MOV S1 D〕	S1과 DEVICE의 DATA를 D로 전송
XCHG	〔XCHG S1 S2〕	S1과 S2의 DATA를 상호교환
ADD(B)	〔ADD S1 S2 D〕	S1+S2--D(B)는 BCD DATA
SUB(B)	〔SUB S1 S2 D〕	S1-S2--D(B)는 BCD DATA
MUL(B)	〔MUL S1 S2 D〕	S1×S2--D(B)는 BCD DATA
DIV(B)	〔DIV S1 S2 D〕	S1÷S2--D(B)는 BCD DATA
WAND	〔WAND S1 S2〕	S1과 S2를 논리 AND하여 D에 격납
WOR	〔WOR S1 S2 D〕	S1과 S2를 논리 OR하여 D에 격납
WXOR	〔WXOR S1 S2 D〕	S1과 S2를 논리 XOR하여 D에 격납
WXNR	〔WXNR S1 S2 D〕	S1과 S2를 논리 XNR하여 D에 격납
SEG	〔SEG S1 D S D 0n〕	S1의 Sbit부터 n개를 7-SEG D에 격납
ASC	〔ASC S1 D S D 0n〕	S1의 Sbit부터 n개를 ASCII D에 격납
FALS	〔FALS n〕	F14,1F15 CARD에 n의 NO가 격납
DUTY	〔DUTY D n1 n2〕	D(F100~107)n1/n2 SCAN ON/OFF
WDT	〔WDT〕	WDT를 RESET(WDT초과시 사용)
OUTOFF	〔UOT OFF〕	전출력을 OFF 시킴
BSUM	〔BSUM S1 D〕	S1의 DATA중 1의 갯수를 D에 저장
ENCO	〔ENCO S D n〕	S의 2bit중 최상위 bit를 ENCO, D에 격납
DECPO	〔DECO S D n〕	S의 nbit를 DECO, D에 2bit로 격납
FILR	〔FILR S D n〕	S^{+n}의 CARD DATA를 READ D에 저장
FILW	〔FILW S D n〕	S^{+n}의 CARD에 D의 DATA 를 저장
JMP/JMP	〔JMP n〕 〔JME n〕	JMP n이 만족시 JME로 JUMP
CALL/SBRT	〔CALL n〕 〔END〕	서브루틴 프로그램 수행명령
SBRT/RET	〔SBRT n〕 〔RET〕	CALL에 의해 서브루틴 지정
FOR/NEXT	〔FOR n〕 〔NEXT〕	FOR~NEXT사이를 n회 반복실행(5이하)
HSCNT	〔HSCNT〕	0~19단 설정 CNT DTA,P01 SET/RESET

9.9 프로그램 예

PLC에서 기본적으로 알아야 할 프로그램 예를 래더 방식과 니모닉 방식으로 나타낸다. 일반적으로 PLC 전용의 컴퓨터 소프트웨어 그래픽 로더(graphic loader)를 사용하여 래더 방식으로 프로그램을 편집하면 손쉽게 프로그램을 작성할 수 있다. 이것을 이용하면 수정도 쉬우며 다양한 기능을 가지고 있어 래더 방식과 니모닉 방식이 서로 상호 변환이 가능하다.

이하의 PLC 프로그램 작성은 LS산전의 Master-K시리즈를 사용하여 KGK_WK소프트를 이용한 예를 설명한다.

9.9.1 KGL_WK 실행

아래 화면에서 KGL_WK를 클릭한다.

9.9.2 새프로젝트 실행

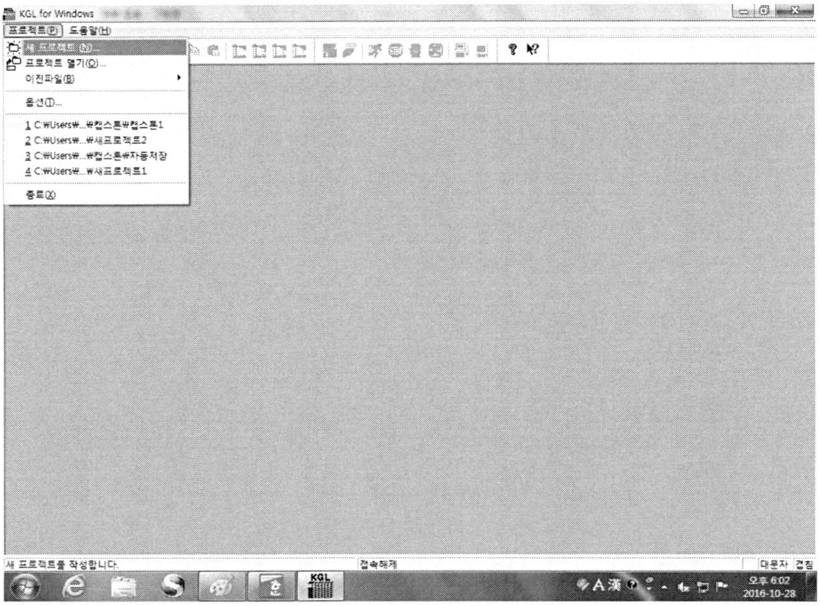

새로운 프로그램을 작성할 경우는 새프로젝트를 클릭한다.

9.9.3 기본프로젝트 생성 클릭

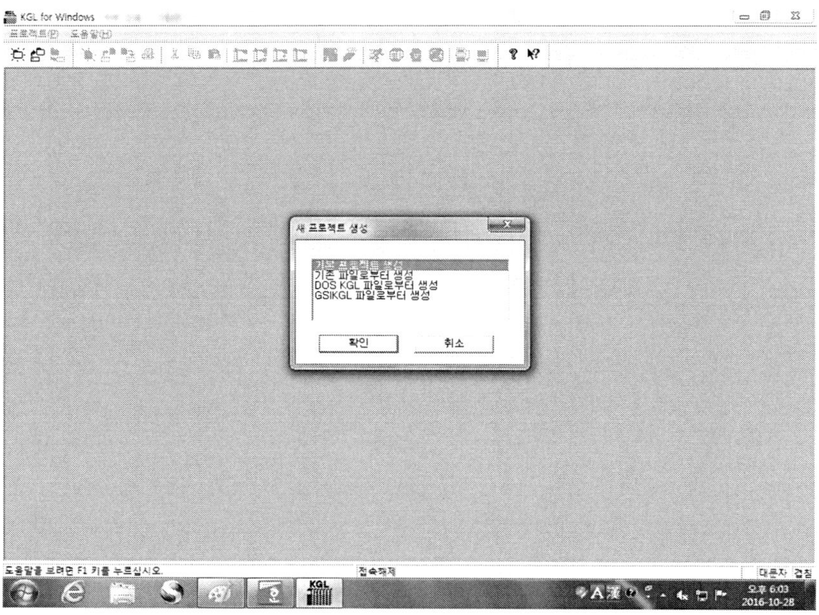

9.9.4 PLC기종 선택, 프로그래밍 언어 → 래더 클릭 후 확인

PLC의 기종을 선택할 수 있으며 프로그래밍 언어를 래더로 설정한다.

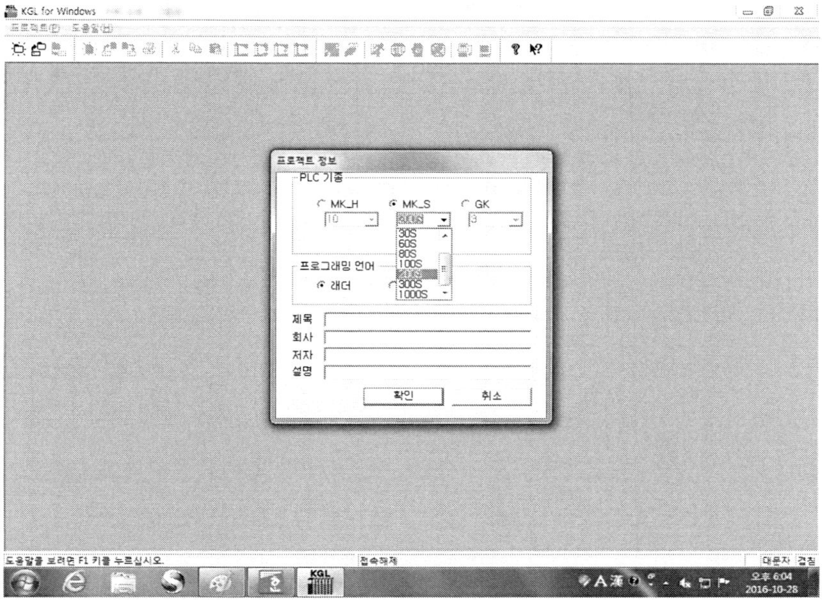

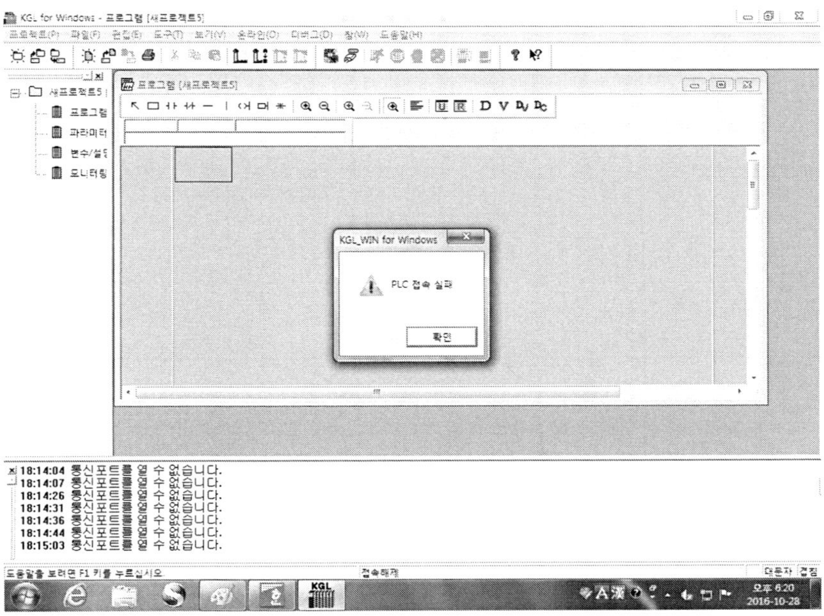

9.9.5 PLC 접속 확인

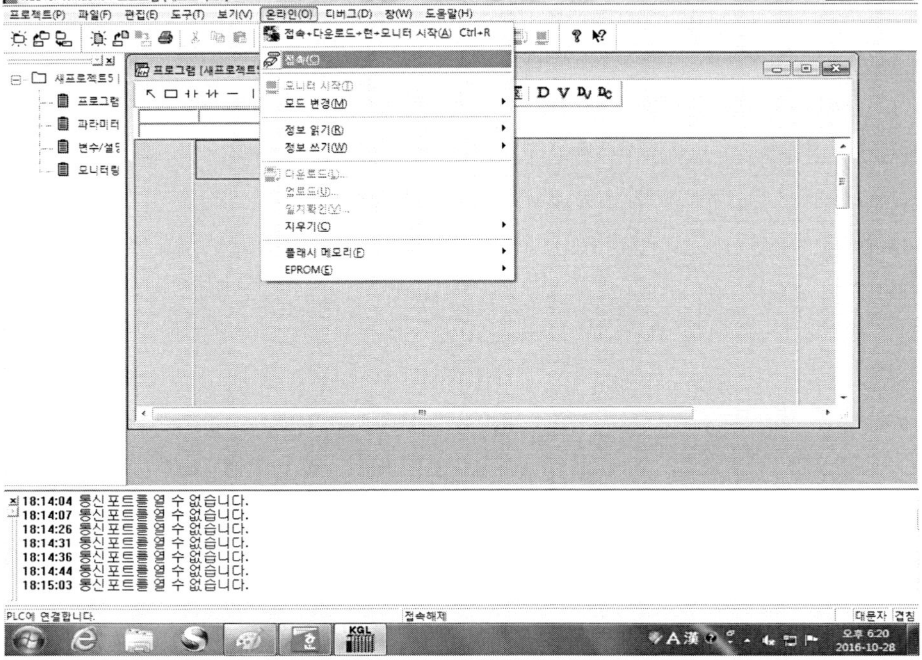

온라인에서 접속을 클릭하여 PLC와 컴퓨터의 통신상태를 확인한다. 만약 통신이 접속되지 않으면 아래와 같은 PLC 접촉 실패라는 화면이 된다. 만약 화면과 같이 접속이 실패하여 연결이 안될 경우 프로젝트의 옵션을 클릭한다. 화면과 같이 접속방식에서 RS-232C를 설정하고 통신포트를 COM1에서 COM4중에서 COM1을 설정한 후 확인을 클릭한다. 앞에서 실시한 온라인에서 접속을 클릭하여 PLC와 컴퓨터의 통신상태를 재확인한다.

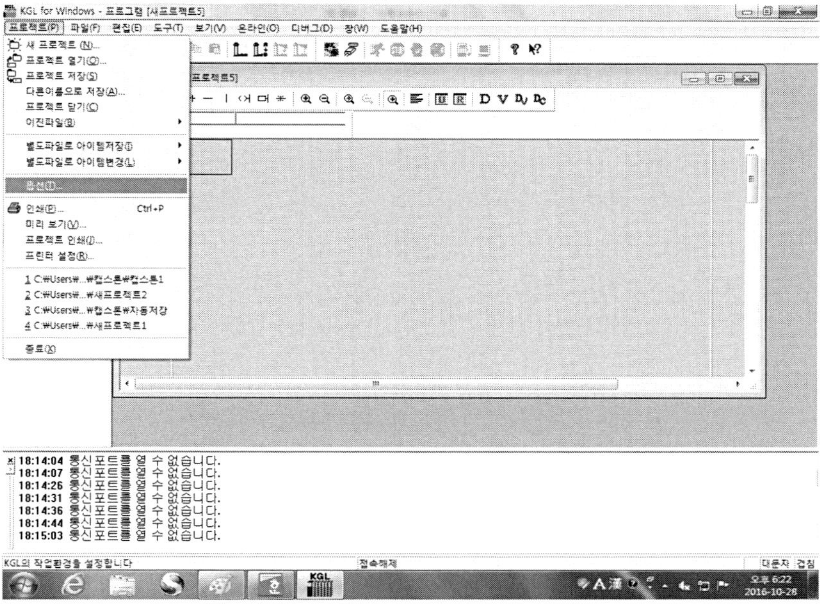

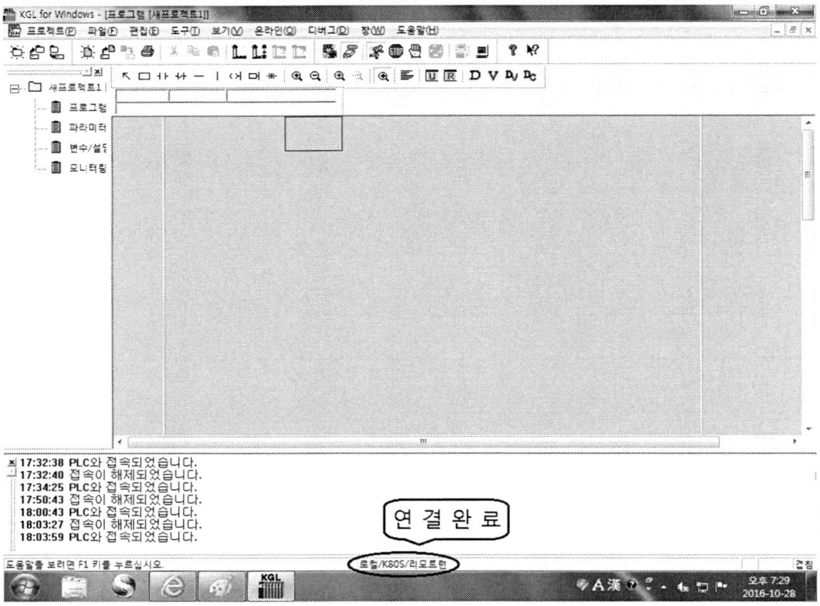

9.9.6 프로그램 작성

1) 기본프로그램

(a) 입력회로

스텝	명	령
0000	LOAD	P000
0001	OUT	P020

(b) AND 회로

스텝	명　　령	
0000	LOAD	P000
0001	AND NOT	P001
0002	AND	P002
0003	OUT	P020

(c) OR 회로

스 텝	명　　령	
0000	LOAD	P000
0001	OR	P001
0002	OR NOT	P002
0003	OR	P003
0004	OUT	P020

(d) 자기 유지 회로 (리세트 우선)

스 텝	명　　령	
0000	LOAD	P000
0001	OR	P020
0002	AND NOT	P002
0003	OUT	P020

(e) **자기 유지 회로 (세트 우선)**

스 텝	명 령
0000	LOAD P000
0001	LOAD P020
0002	AND NOT P001
0003	OR LOAD
0004	OUT P020

(f) **인터로크 회로**

스 텝	명 령
0000	LOAD P000
0001	OR P020
0002	AND NOT P021
0003	OUT P020
0004	LOAD P001
0005	OR P021
0006	AND NOT P020
0007	OUT P021

(g) 직·병렬 회로

스 텝	명 령	
0000	LOAD	P000
0001	AND NOT	P001
0002	OR	P002
0003	AND NOT	P003
0004	AND	P004
0005	OUT	P020

(h) 직·병렬 회로 (OR LOAD)

스 텝	명 령	
0000	LOAD	P000
0001	AND	P001
0002	LOAD	P002
0003	AND	P003
0004	OR LOAD	
0005	AND	P004
0006	OUT	P020

(i) 직·병렬 회로 1 (AND LOAD)

스 텝	명 령	
0000	LOAD	P000
0001	OR	P001
0002	LOAD	P002
0003	OR	P003
0004	AND LOAD	
0005	OUT	P020

(j) 직·병렬 회로 2 (AND LOAD, OR LOAD)

스 텝	명 령	
0000	LOAD	P000
0001	OR	P001
0002	LOAD	P002
0003	AND	P003
0004	LOAD NOT	P004
0005	AND	P005
0006	OR LOAD	
0007	AND LOAD	
0008	OUT	P020

(k) 직·병렬 회로 3 (AND LOAD, OR LOAD)

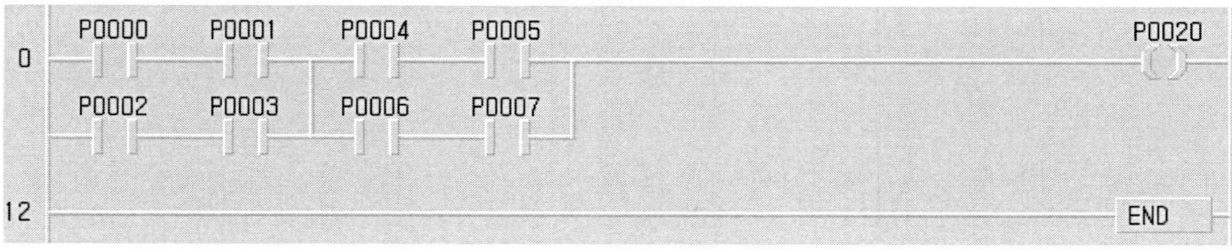

스 텝	명 령	
0000	LOAD	P000
0001	AND	P001
0002	LOAD	P002
0003	AND	P003
0004	OR LOAD	
0005	LOAD	P004
0006	AND	P005
0007	LOAD	P006
0008	AND	P007
0009	OR LOAD	
0010	AND LOAD	
0011	OUT	P020

(l) 복수 출력 회로 1

스 텝	명 령	
0000	LOAD	P000
0001	OUT	P020
0002	AND NOT	P001
0003	OUT	P021
0004	AND	P002
0005	OUT	P022

(m) 복수 출력 회로 2

↓

스 텝	명	령
0000	LOAD	P000
0001	OR	P001
0002	OUT	P021
0003	AND	P002
0004	OUT	P020

(n) 한시동작(on delay timer : TON)

스 텝	명	령
0000	LOAD	P001
0001	TON	T097
0002	〈DATA〉	02000
0004	LOAD	T097
0005	OUT	P025
0006	LOAD	P002
0007	RST	T097

동작은 P001이 ON한 후 20초 후에 타이머의 현재의 설정값이 같을 때 출력이 ON된다. 현재의 값이 설정값에 도달 전에는 입력 조건이 OFF하면 현재값은 "0"이 된다. P002가 ON되면 현재값은 "0"이 된다. 그림 9.16에 타임차트를 나타낸다.

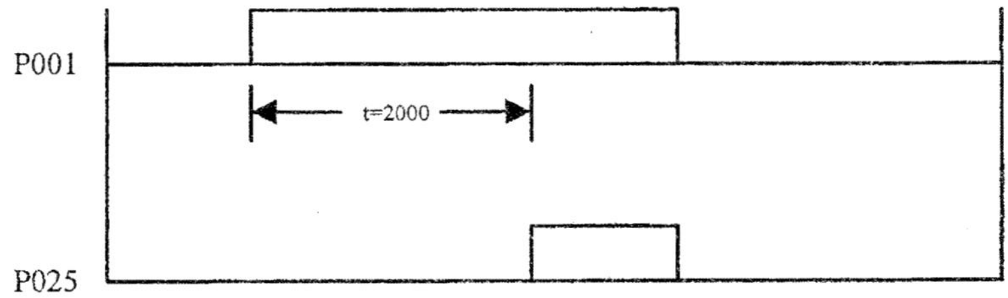

그림 9.16

(o) **한시복귀(off delay timer : TOFF)**

스 텝	명	령
0000	LOAD	P000
0001	TOFF	T000
0002	〈DATA〉	00500
0004	LOAD	T000
0005	OUT	P025
0006	LOAD	P002
0007	RST	T000

동작은 입력 P000접점이 ON하면 T000접점이 동시에 ON하고 출력 P025도 ON한다. 입력 P000가 OFF한 후 타이머는 감산을 시작 현재값이 "0"이 됨과 동시에 접점이 OFF된다. P002가 ON되면 현재값은 설정값이 된다. 타임 차트에 그림 9.17에 나타낸다.

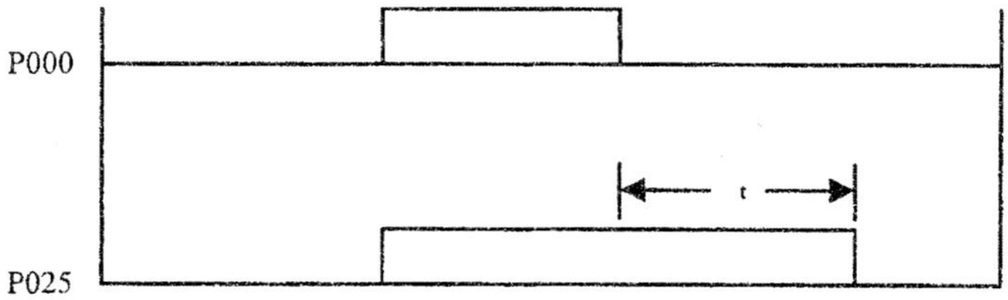

그림 9.17

(p) 업 카운터(up counter : CTU)

스 텝	명	령
0000	LOAD	P002
0001	LOAD	P003
0002	CTU	C010
0003	〈DATA〉	00010
0005	LOAD	C010
0006	OUT	P020

동작은 P002접점이 계산되어 현재값과 설정값이 같을 때 P020출력이 ON된다. P003접점이 ON하여 출력을 OFF시키며, 현재값은 "0"이 된다. 그림 9.18에 타임 차트를 나타낸다.

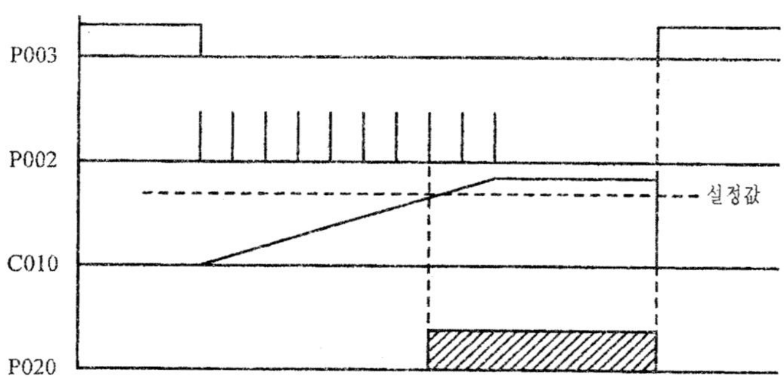

그림 9.18

(q) 다운 카운터 (down counter : CTD)

스 텝	명	령
0000	LOAD	P000
0001	LOAD	P001
0002	CTU	C000
0003	〈DATA〉	00015
0005	LOAD	C000
0006	OUT	P020

동작은 P000접점이 15회 ON하면 카운터 다운(count down)하여 현재값이 "0000"이 될 때 P020 출력이 ON된다. P001접점이 ON하면 출력을 OFF시키며 현재값은 "00015"가 된다. 플로 차트를 그림 9.19에 나타낸다.

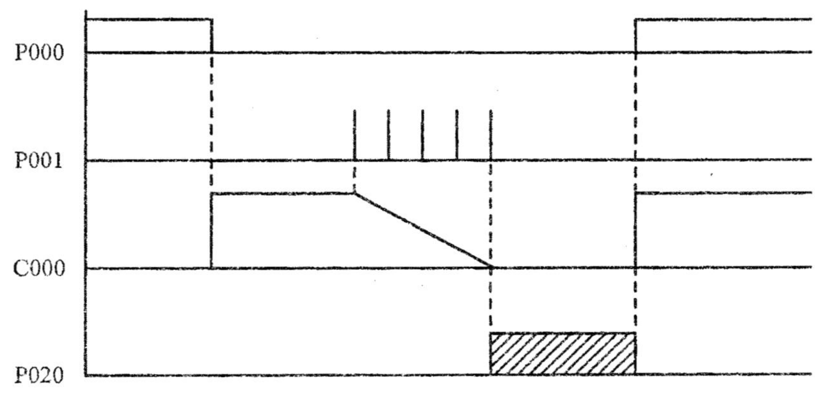

그림 9.19

(r) **업다운 카운터 (up-down counter : CTUD)**

스 텝	명	령
0000	LOAD	P000
0001	LOAD	P001
0002	LOAD	P002
0003	CTUD	C000
0004	〈DATA〉	00007
0006	LOAD	C000
0007	OUT	P020

동작은 P000접점이 카운터 업(count up)하여 현재값이 설정값과 같을 때 P020출력이 ON된다. P001접점이 카운터 다운(count down)한다. 리셋(reset) 조건이 만족되면 출력은 OFF되고 카운터 현재값은 "0"이 된다. 그림 9.20은 타임 차트이다.

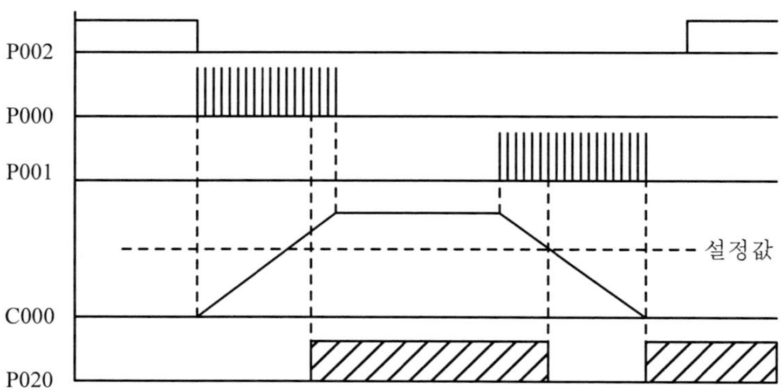

그림 9.20

(s) **링 카운터(ring counter : CTR)**

스 텝	명	령
0000	LOAD	P000
0001	LOAD	P001
0002	CTR	C005
0003	〈DATA〉	00010
0005	LOAD	C005
0006	OUT	P020

동작은 P000접점이 카운터 업(count up)하여 현재값과 설정값이 같을 때 P020출력이 ON된다. P001접점이 11회때 ON하면 P020출력이 OFF되면서 현재값은 0으로 리셋된다.

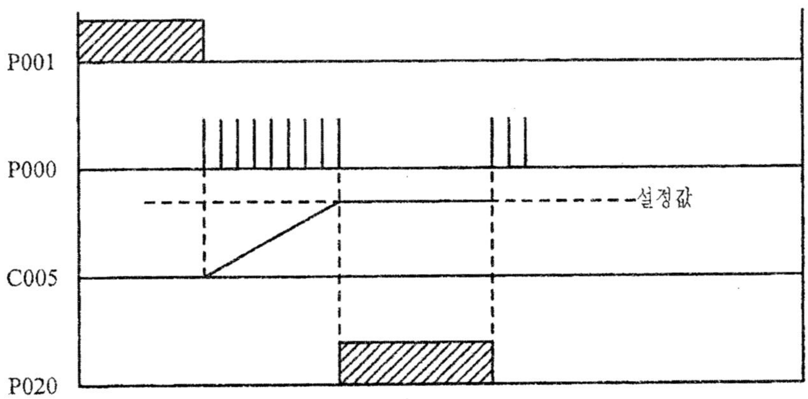

그림 9.21

9.9.7 PLC에 프로그램을 다운로드

프로그램을 작성 후 PLC에 프로그램을 다운로드하는 방법은 다음과 같다. 프로그램 작성이 완료되면 온라인을 선택하여 접속+다운로드+모니터시작을 클릭한 후 확인을 클릭.

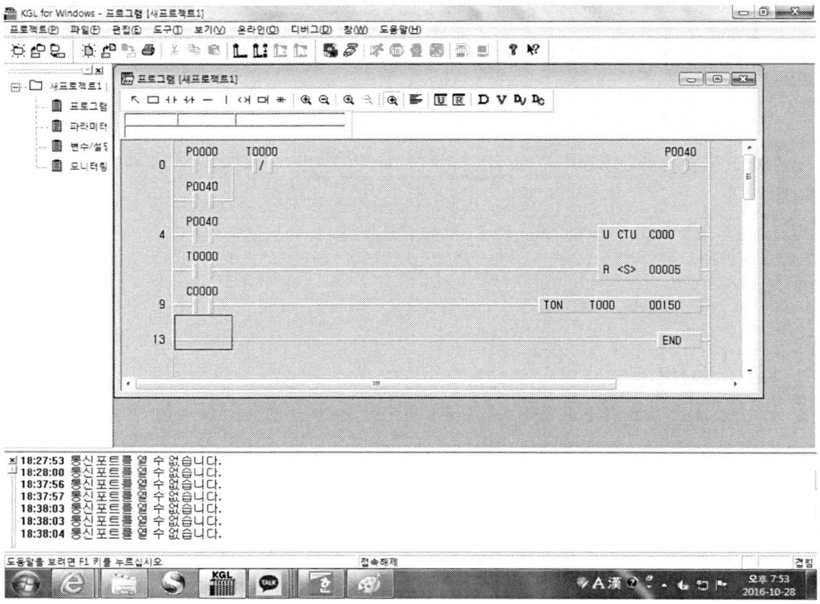

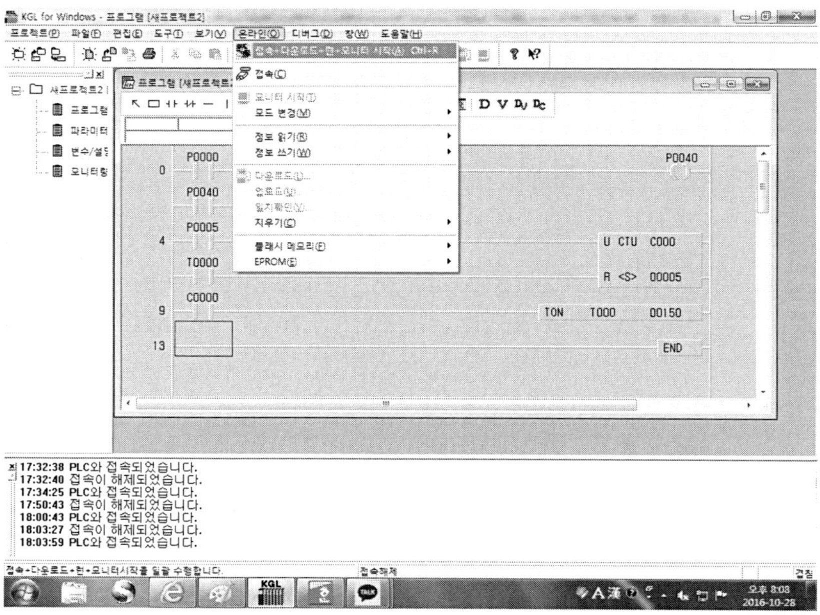

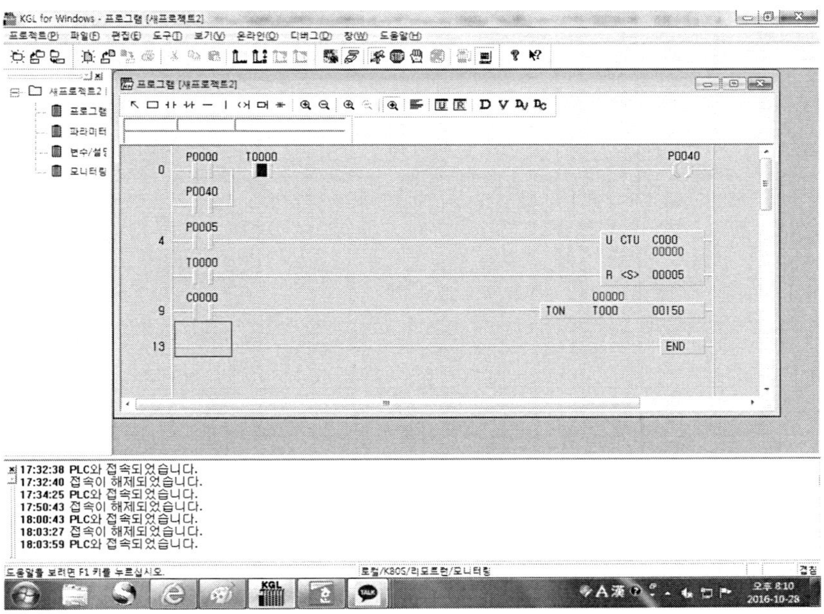

9.9.8 응용 프로그램

1. 스위치 P를 누르면 자기유지회로에 의해 모터는 회전한다. 외부의 근접센서로부터 10개를 카운터 하면 10초 후 모터는 정지한다.

입력		출력	
P0000	스위치	P0040	모터
P0003	외부 센서		

2. 외부 센서로부터 5번 카운터 하면 자기유지회로를 이용하여 모터는 회전을 시작, 그리고 10초 후 정지한다. 그리고 다시 외부센서가 3번 카운터 되면 모터는 회전을 하고 10초 후 정지한다.

입력		출력	
P0003	외부 센서	P0040	모터

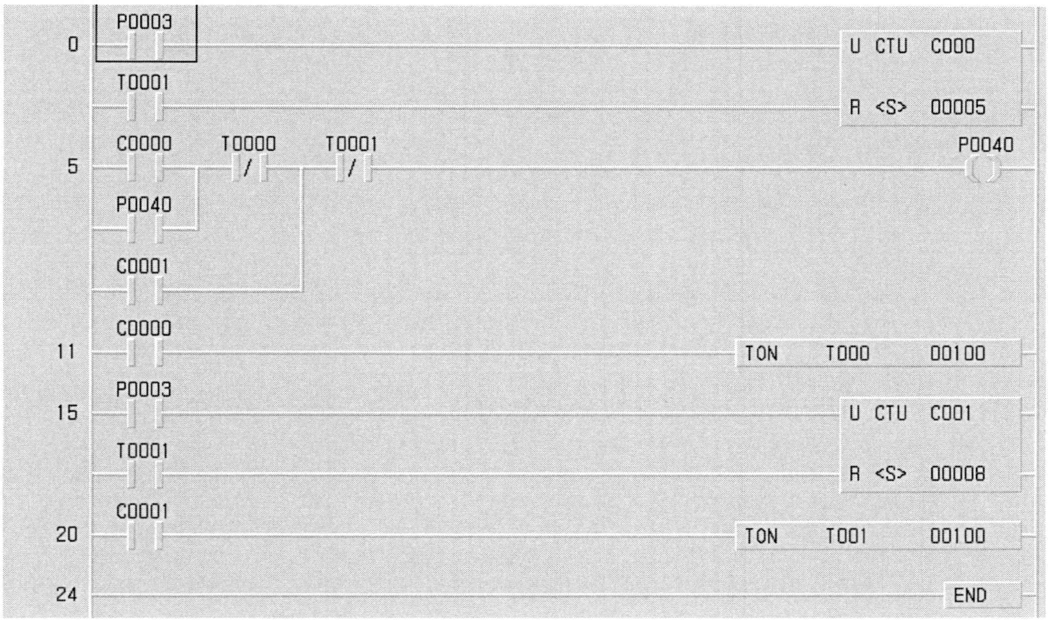

3. 스위치 P를 누르면 자기유지회로를 이용하여 에어실린더는 전진 후 복귀한다. 에어실린더에 부착되어 있는 센서를 이용하여 10초 후 모터는 회전을 시작한다. 그리고 다시 외부센서가 5번 카운터하면 모터는 10초 후 정지한다.

입력		출력	
P0000	스위치	P0040	모터
P0003	외부 센서	P0041	에어 실린더
P0005	실린더 근접 센서		

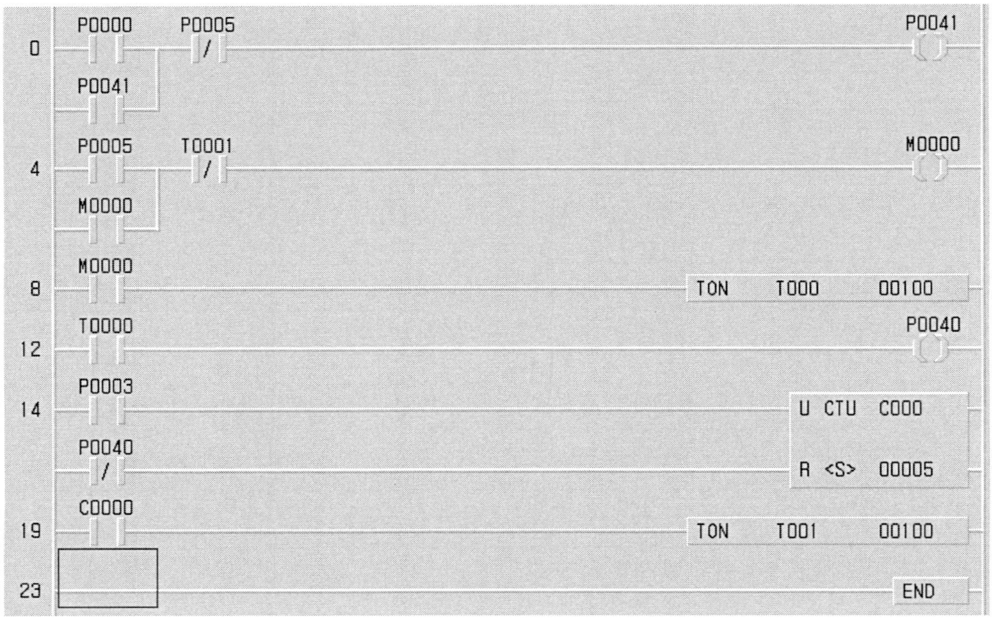

9.9.9 응용회로 예

• 모터의 정역회전 운전

그림 9.22에 모터의 정역회전 시스템도를 나타낸다. 동작은 푸쉬버튼 PB1을 누르면 모터는 시계방향으로 회전하고 푸쉬버튼 PB2를 누르면 모터는 시계 반대 방향으로 회전한다. 모터는 정지하지 않고 회전방향을 변경할 수 있고, 푸쉬버튼 PB0를 누르면 모터는 정지한다. 그림 9.23은 이 시스템의 프로그램이다.

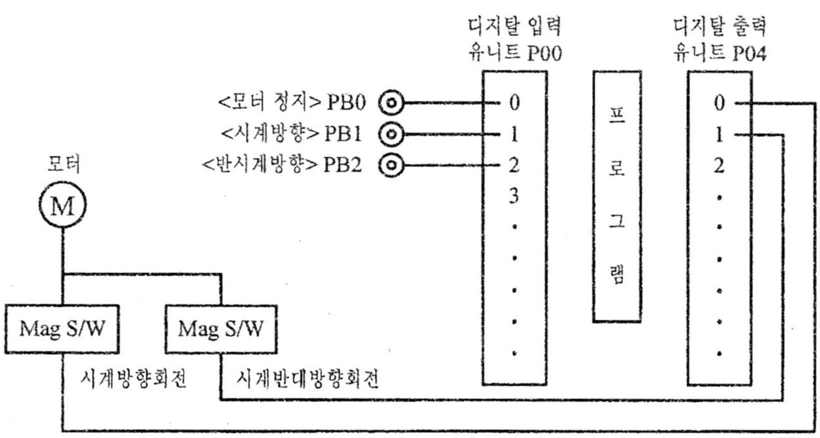

그림 9.22 모터의 정역회전 시스템

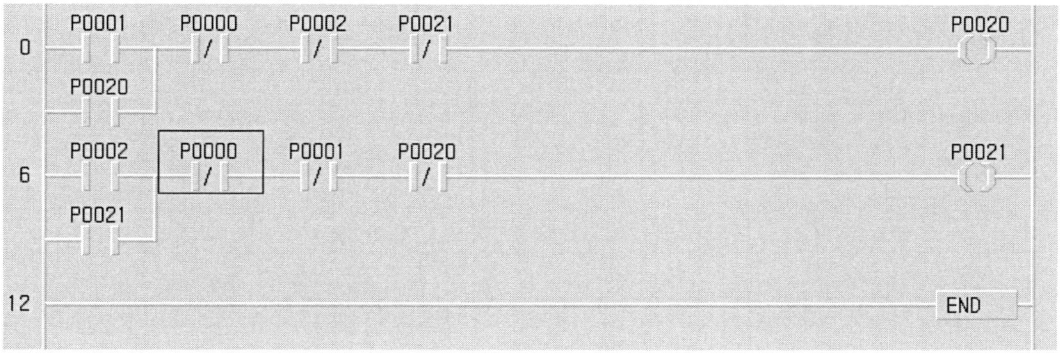

그림 9.23

스 텝	명 령	
0000	LOAD	P001
0001	OR	P020
0002	AND NOT	P000
0003	AND NOT	P002
0004	AND NOT	P021
0005	OUT	P020
0006	LOAD	P002
0007	OR	P021
0008	AND NOT	P000
0009	AND NOT	P001
0010	AND NOT	P020
0011	OUT	P021

9.10 MASTER-K 시리즈 사용법

9.10.1 연산처리

9.10.1.1 연산처리 방법

연산처리 방법의 플로차트를 그림 9.24에 나타낸다. 입력 리프레쉬(refresh)된 상태에서 프로그램 0000스텝부터 END 명령까지 순차적으로 연산을 하고 자기 진단 및 타이머, 카운터 처리와 출력 리프레쉬한 후 다시 입력 리프레쉬를 하고 0000스텝부터 같은 방법으로 연산을 하게 된다.

1) 입력 리프레쉬

프로그램을 실행하기 전에 입력 유니트(unit)에서 입력 데이터(data)를 읽어 데이터 메모리(data memory)의 입력(P)용 영역에 일괄 저장한다.

2) 출력 리프레쉬

END 명령을 실행한 후 데이터 메모리의 출력(P)용 영역에 있는 데이터를 일괄 출력 유니트에 출력한다.

3) 입·출력 직접 명령을 실행한 경우

명령에서 설정된 입·출력 카드에 대하여 프로그램 실행 중에 입·출력 리프레쉬를 실행한다.

4) 출력의 OUT명령을 실행한 경우

시퀀스 프로그램 연산 결과를 데이터 메모리의 출력용 영역(P)에 저장하고 END 명령 실행 후에 출력 접점을 리프레쉬한다.

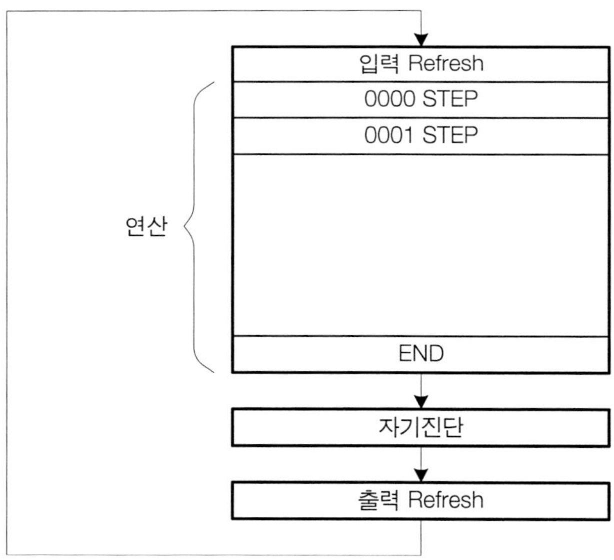

그림 9.24

9.10.1.2 입·출력 제어 방식

입출력유니트의 제어 방식은 간접적인 방식으로 프로그램의 0 스텝 실행전에 일괄하여 실행한다. 이에 대한 블록선도(block)는 그림 9.25와 같다.

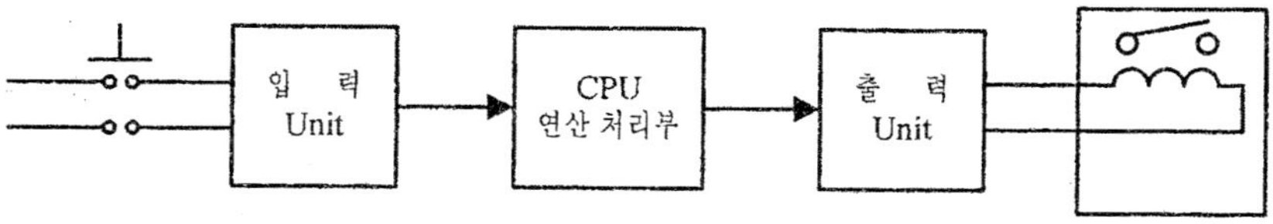

그림 9.25 입·출력 제어 방식

9.10.2 모드 설정

마스터-K(Master-K) 시리즈에는 그림 9.26과 같은 4가지 모드(mode)가 있다. 여기서 화살표는 모드간 방향 전환이 가능한 경로를 표시한다.

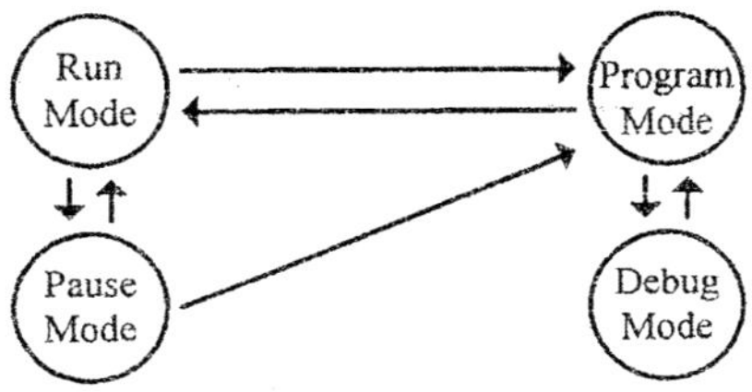

그림 9.26 마스터-K 시리즈의 모드

1) Run 모드

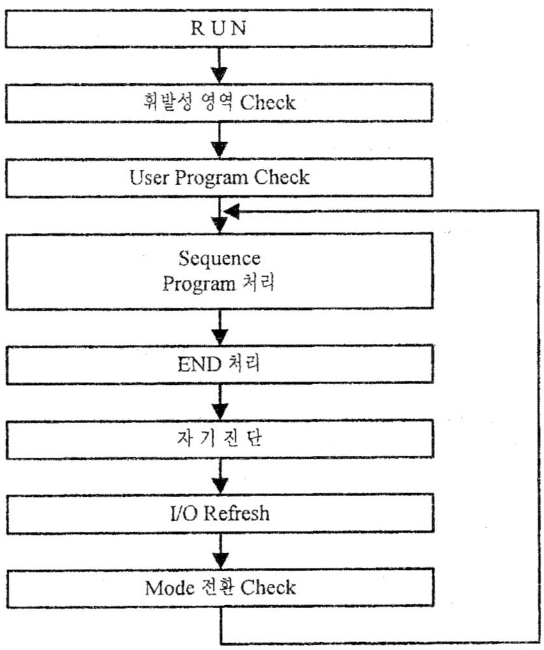

그림 9.27

2) Program 모드(PGM mode)

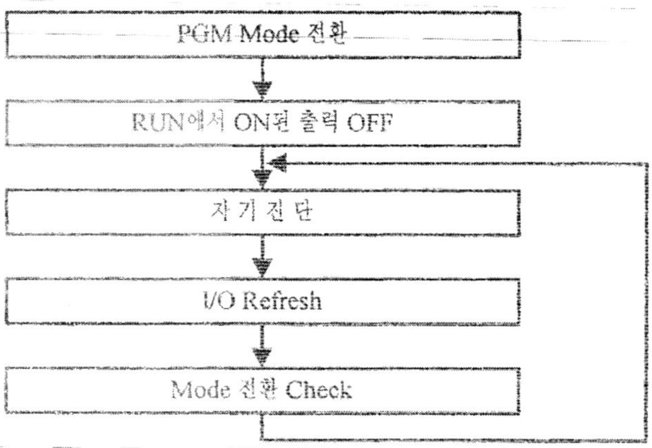

그림 9.28

3) Pause 모드

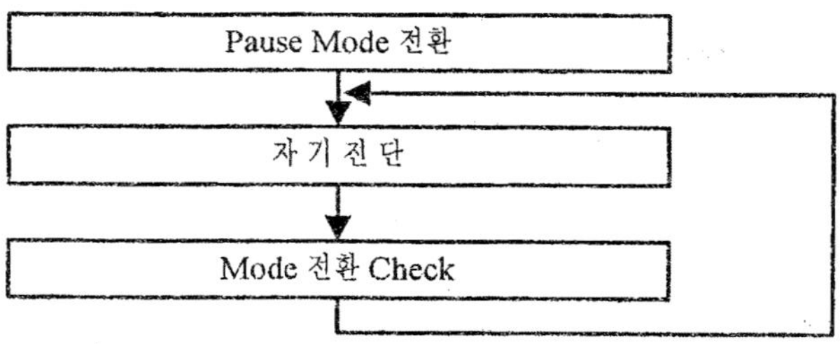

그림 9.29

4) Debug 모드

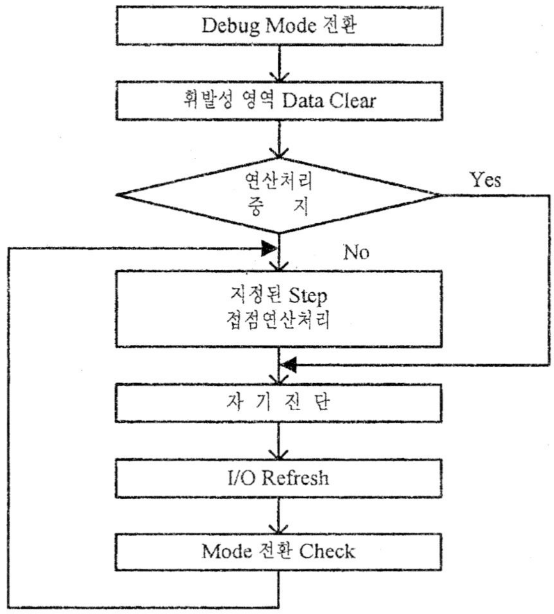

그림 9.30

5) Step Run 운전(Debug 모드에서 실행)

스텝 런(Step Run) 운전은 핸디 로더 또는 그래픽 로더로 지정할 수 있다. 디버그(debug)하기 위한 방법으로 크게 5가지 종류가 있다.

① 1스텝마다 브레이크 포인터(break point : BP) 설정

지정 스텝부터 한 명령어 처리를 실행한 다음에 중지한다.

② 접점 상태에 따른 BP 설정

명령 수행 결과 연산수(operand) M, P, L, K, F, T, C영역의 ON/OFF 상태가 일치한 경우에 실행을 중지한다.

③ 워드(word) 값에 따른 BP 설정

명령 수행 결과 연산수 M, P, L, K, F의 1워드(16bit) 내용, T/C의 현재값, D영역의 현재값, S영역의 현 상태와 일치한 경우에 실행을 중지한다.

④ 스텝 지정에 의한 BP 설정

1스캔마다 일정한 스텝에서 실행을 중지한다.

⑤ 스캔 회수에 의한 BP 설정

지정한 스캔 회수만큼 수행한 뒤 END 명령에서 실행을 중지한다. BP에 도달한 경우 다시 다른 종류의 BP설정이 가능하고 다른 접점 상태와 워드값 내용을 모니터(moniter)할 수 있다.

9.10.3 마스터-K 30H의 메모리 구성

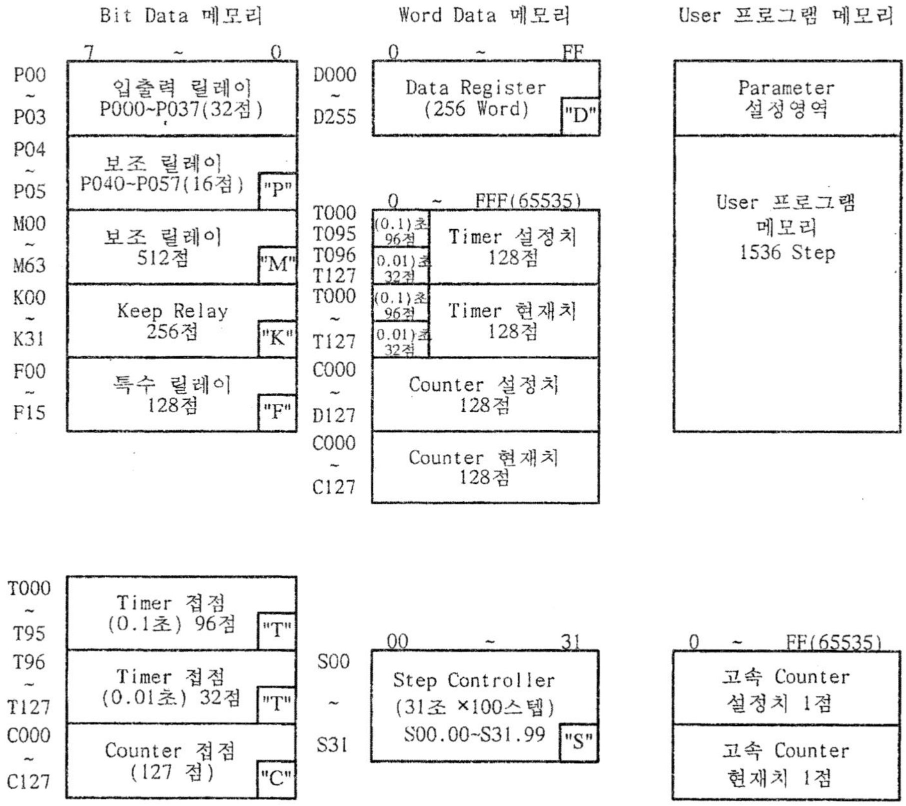

기본 불휘발성영역

K	T	C	D	S
K000~K317	100 msec T072~T095 10 msec T120~T127	C096~C127	D192~D255	S24~S31

그림 9.31

9.10.4 마스터-K 시리즈 데이터 메모리 영력

1) 입출력 P

입출력 P는 외부 기기와 대응되는 영역으로서 입력 기기로 사용되는 푸시버튼, 절환스위치, 리미트 스위치 등의 신호를 받아들이는 입력부와 출력기기로 사용되는 솔레노이드, 모터, 램프 등에 연산 결과를 전달하는 출력부가 해당되는 영역이다.

입력부 P에 대해서는 PLC 내부의 메모리에 입력 상태가 보존되므로 a, b접점이 사용이 가능하고 출력부 P에 대해서는 단지 a접점의 출력만이 가능하다.

입출력으로 사용되지 않는 P영역은 보조 릴레이 M과 동일하게 사용할 수 있다.

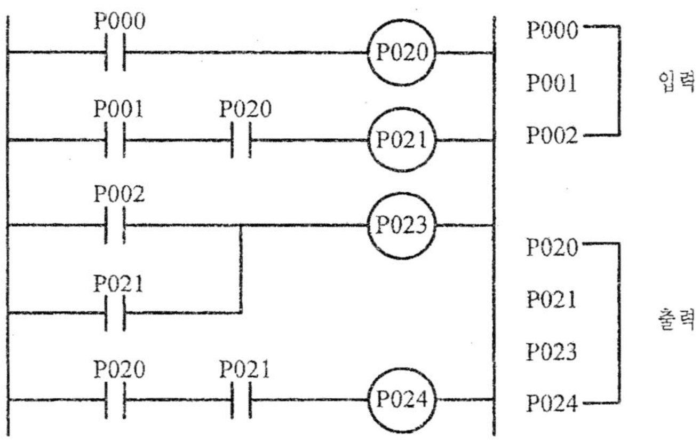

그림 9.32

그림 9.33과 같이 입출력 유니트의 각 단자 하나하나에 대해서 1:1로 대응되는 영역을 가지고 있어서, PLC가 연산중일 때는 입출력 유니트와는 관계없이 CPU 내부의 메모리(P영역) 상태를 가지고 연산을 하고, 연산이 끝난 후 출력 P상태를 출력 유니트에 일괄하고, 다음번 연산을 위하여 입력 유니트의 내용을 입력 P상태 저장 영역에 일괄한다.

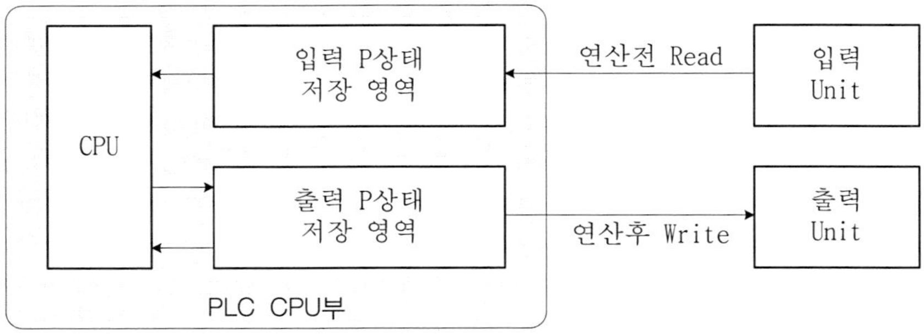

그림 9.33 P영역의 구현 방법

2) 보조 릴레이 M

PLC 내의 내부 릴레이로서 외부로 직접 출력이 불가능하나 입출력 P와 연결하여 외부 출력이 가능하다. 전원 ON시와 RUN 시작시에 전부 0으로 소거되고 a, b접점의 사용이 가능하다.

3) 킵 릴레이

보조 릴레이 M과 사용 용도는 동일하나 전원 ON나 RUN 시작시에는 그 전의 데이터를 보존하는 영역으로 a, b접점의 사용이 가능하다. 데이터를 소거할 경우에는 로더의 "Date clear" 기능으로 수행할 수 있다.

4) 타이머 T

기본주기 10msec, 100msec 두 종류가 있으며, 5조의 명령어(TON, TOFF, TMR, TMON, TRTG)에 따라 계수 방법이 다르다. 입력 조건이 성립되면 카운터를 시작하여 설정치 또는 0에 도달하면 접점 출력이 ON되고, 최대 설정값은 FFFFh(65535)까지 가능하며 10진 또는 16진으로 표시한다.

5) 카운터 C

입력 조건의 입상(rising edge)에서 카운트하며 리세트(reset)입력에서 카운터의 동작을 중지하고 현재값을 0으로 소거하거나 설정값으로 대치한다. 4종의 명령어(CTU, CTD, CTUD, CTR)에 따라 계수 방법이 다르고 최대값은 FFFFh(65535)까지 가능하며 10진 또는 16진으로 표시한다.

6) 데이터 레지스터 D

내부 데이터를 보관하는 곳으로 기본 16비트, 2배 32비트로 읽고 쓰기가 가능하고 32비트로 지정한 경우에는 지정한 경우에는 지정된 번호가 16비트, 지정한 번호 +1이 상위 16비트로 처리된다.

K10, K60H, K200H : 응용명령에서만 사용되는 것으로 1024워드가 내장되어 있으며 D1000 이상은 시스템에서 제어하는 영역으로, 사용할 때 주의를 요한다. ON시와 RUN 시작시에는 파라미터로 지정한 영역을 제외한 부분을 0으로 소거하고 디폴트(default) 불휘발성 영역은 D0768~D1023이다.

이상에서 설명하지 않는 간접 지정 데이터 레지스터#D, 링크 릴레이 L, 스텝 제어 릴레이 S, 특수 릴레이 M 등은 메이커에서 발행한 사용설명서를 참조하여 주기 바란다.

참고 문헌

1. 北村覺一外3人, 電氣工學概論, 日本電氣學會

2. 坂本康正, 基礎から學ぶ電子回路, 共立出版株式會社

3. 職業能力開發教材委員會, 電氣·電子, 松下電器工科短期大學校

4. 宮入庄太, 電氣基礎A, 實敎出版株式會社

5. 相田貞ぞう外3人, 基礎電子回路, 培風館

6. 相川孝作外2人, 最新電子工學概論, コロナ社

7. 田中謙一郎, 入門交流回路, 東京電機大學出版局

8. 大河內正陽, 電氣技術A, 實敎出版株式會社

9. LG산전, LG 프로그래머블 로직 컨트롤러 프로그래밍 기술자료

10. LG산전, LG 프로그래머블 로직 컨트롤러 GSIKGL 사용설명서

희랍문자 표시

이 름	대문자	소문자	상용되고 있는 표시 사항
Alpha (알파)	A	α	각도, 면적, 계수, 감쇠정수, 흡수율, 베이스 접지, 전류이득
Beta (베타)	B	β	각도, 플럭스 밀도, 위상정수, 이미터접지 정류게인
Gamma (감마)	Γ	γ	각도, 도전율, 비중
Delta (델타)	Δ	δ	밀도, 각도
Epsilon (입실론)	E	ε	자연대수의 밑수, 전계 강도
Zeta (제타)	Z	ζ	임피던스, 계수, 좌표
Eta (에타)	H	η	히스테리시스 계수, 능률, 표면 전하 밀도
Theta (세타)	Θ	θ	온도, 위상각, 시정수, 각도
Iota (아이오타)	I	ι	단위 벡터
Kappa (카파)	K	κ	유전계수, 서셉티빌리티
Lambda (람다)	Λ	λ	파장, 감쇠 정수
Mu (뮤우)	M	μ	마이크로-, 증폭률
Nu (뉴우)	N	ν	릴럭티비티, 주파수
Xi (크시)	Ξ	ξ	좌표
Omicron (오미크론)	O	o	-
Pi (파이)	Π	π	3.141592(원 둘레와 직경의 비)
Rho (로우)	P	ρ	저항성, 좌표
Sigma (시그마)	Σ	σ	합(대문자), 전기도전도, 누설계수, 표면전하밀도, 복소수 전파 정수
Tau (타우)	T	τ	시정수, 시간, 위상 변위 밀도, 전송률
Upsilon (윱실론)	Υ	υ	-
Phi (파이)	Φ	φ	자속, 각도, 스칼라 전위(대문자)
Chi(Ki) (카이)	X	χ	전기 서썹티빌리티, 각도
Psi (프시)	Ψ	ψ	유전속, 위상차, 좌표, 각도
Omega (오메가)	Ω	ω	각속도, 저항(Ω)(대문자), 입체각(대문자)

주) 대문자라고 표시한 것 이외는 모두 소문자를 사용한다.

연습문제 해답

제1장 직류회로

1. $I_1 = 1[\mathrm{A}]$, $I_2 = 1.5[\mathrm{A}]$, $I_3 = 2.5[\mathrm{A}]$
2. $I_1 = 3[\mathrm{mA}]$, $I_2 = 3[\mathrm{mA}]$, $I_3 = 0[\mathrm{mA}]$
3. $I = 1[\mathrm{A}]$
4. $I_1 = 0.1[\mathrm{A}]$, $I_2 = 0.05[\mathrm{A}]$, $I_3 = 0.05[\mathrm{A}]$
5. 합성저항 $= 733[\Omega]$, $I = 2.73[\mathrm{mA}]$
6. $\frac{1}{8}$
7. 1) 20[V], 2) 80[V], 3) 100[V]
8. $R' = 200[\Omega]$, $I_1 = 1[\mathrm{A}]$, $I_2 = 0.125[\mathrm{A}]$, $V_{cd} = 12.5[\mathrm{V}]$
9. $I = 10[\mathrm{A}]$, $R = 20[\Omega]$
10. 1) 5[A], 2) 500[W], 3) 6×10^5[J]
11. $J = 2.16 \times 10^7$[J], 6[kW·h]

제2장 전기와 자기

1. $F = 3.80 \times 10^{-7}[\mathrm{N}]$
2. $H \fallingdotseq 0.318$[A/m]
3. 1[N]
4. 46[mH]
5. 1.8[H]
6. 5[mH]
7. 1[V]
8. 24[V]

9. 1) 2[mC], 2) 1[mC], 3) 15[μF]
10. 8.33[μF], 30[V]
11. 합성저항 용량 : 13.3[μF], $C_1=200$[V], $C_2=10$[V], $C_3=100$[V]

제3장 교류회로

1. 3600[rpm]
2. $\frac{80}{61}+j\frac{35}{61}$
3. 314[V]
4. 50[Hz]=159[Ω, 60[Hz]=133[Ω]
5. 전류의 값 : 약 7.99[A], 위상차 : 약 37[°] 늦다
6. $Z=24+j32$, $\theta=53°13'$
7. $R=5[\Omega]$, $X_L \fallingdotseq 8.66[\Omega]$
8. 2652.6[Ω]
9. 50.3[Hz]
10. 800[W]
11. 0.9
12. 1) 4[A], 2) 0.8, 3) 320[W], 4) $X_C=15[\Omega]$

제4장 3상 교류

1. $\dot{I}_a=10=10\angle 0°$[A]

   $\dot{I}_b=-5-j8.66=10\angle -120°$[A]

   $\dot{I}_c=-5+j8.66=10\angle -240°$[A]
2. 115[V]
3. 5.77[A]
4. $I_p=23.1$[A]

   $I_l=23.1$[A]

   $P=8$[kW]
5. $I_p=40$[A]

$I_l = 69.3[\text{A}]$

$P = 14.4[\text{kW}]$

6. $P = 166[\text{kW}]$

$R = 34.6[\Omega]$

$X_L = 26.0[\Omega]$

7. $V_l = V_p, \quad I_l = \sqrt{3}\, I_p$

제5장 반도체 소자

2. n형 반도체
3. 전류가 흐르는 방향
4. 부(-)
5. $I_B = 50[\mu\text{A}], \quad \dfrac{I_C}{I_B} = 199$배

제6장 전원회로

1. 단파정류회로
2. 전파정류회로

3. (1) ○ (2) × (3) × (4) ○

제7장 증폭회로

1. $V_2 = \left(1 + \dfrac{Z_2}{Z_1}\right) V_1$
2. 60[dB]
3. 1[V]

4. 100
5. 26
6. $V_o = -\left(\frac{1}{2}V_1 + \frac{dV_2}{dt}\right)$
7. $-(V_1 + V_2 + V_3)$

제8장 시퀀스 회로

1. (1) 1 (2) 0 (3) 1
2. (1)

A	B	$\bar{B}$	$A+\bar{B}$
0	0	1	1
0	1	0	0
1	0	1	1
1	1	0	1

(2)

A	B	$\bar{A}$	$\bar{B}$	$\bar{A} \cdot \bar{B}$
0	0	1	1	1
0	1	1	0	0
1	0	0	1	0
1	1	0	0	0

3. (1)

A	B	A+B	$\overline{A+B}$	$\bar{A}$	$\bar{B}$	$\bar{A} \cdot \bar{B}$
0	0	0	1	1	1	1
0	1	1	0	1	0	0
1	0	1	0	0	1	0
1	1	1	0	0	0	0

(2)

A	B	A·B	$\overline{A \cdot B}$	$\bar{A}$	$\bar{B}$	$\bar{A}+\bar{B}$
0	0	0	1	1	1	1
0	1	0	1	1	0	1
1	0	0	1	0	1	1
1	1	1	0	0	0	0

4. (1) $Z = A \cdot \overline{B} \cdot C$

   (2) $Z = A \cdot B$

   (3) $Z = B$

   (4) $Z = 1$

5. (1) $Z = (A \cdot B) \cdot (C \cdot D)$

   (2) $Z = A + B + (C + D)$

6. $X = A \cdot \overline{B} + \overline{A} \cdot B$

7. (1) $Z = (A + B) \cdot C$ (2) $Z = A \cdot B + C \cdot D$

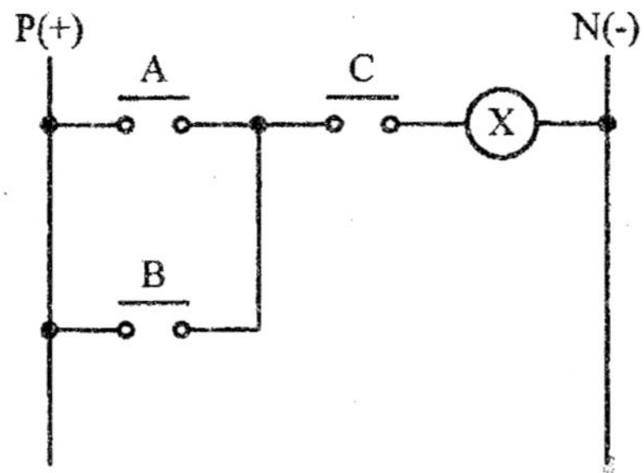

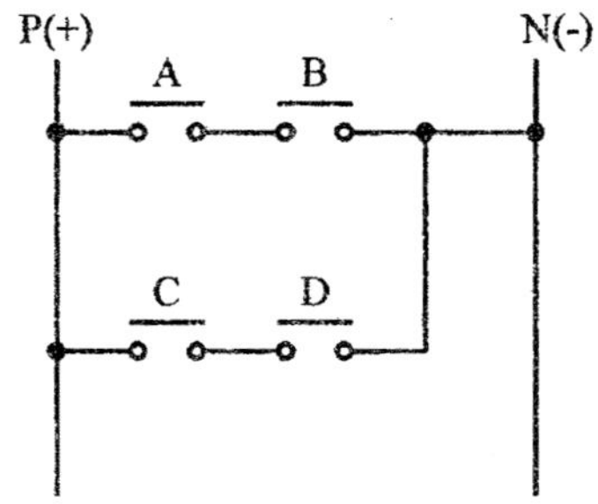

전기·전자에 필요한 간단한 수학공식

■ 지수법칙(M, N는 각각 정수이다)

(1) $M^m \times M^n = M^{m+n}$

(2) $\dfrac{M^m}{M^n} = M^{m-n}$

(3) $(M^m)^n = M^{mn}$

(4) $M^{p/q} = \sqrt[q]{M^p} = (\sqrt[q]{M})^p,\ \sqrt[q]{\sqrt[p]{M}} = \sqrt[pq]{M}$ (p, q는 양의 정수)

(5) $(MN)^n = M^n N^n,\ \sqrt{MN} = \sqrt{M} \cdot \sqrt{N},\ \sqrt{\dfrac{M}{N}} = \dfrac{\sqrt{M}}{\sqrt{N}}$

■ 대수(첨자를 c로 한다)

(1) $\log_c 1 = 0$

(2) $\log_c c = 1$

(3) $\log_c \alpha > \log_c \beta \quad (\alpha > \beta > 0)$

(4) $\log_c (\xi\eta) = \log_c \xi + \log_c \eta$

(5) $\log_c \dfrac{\xi}{\eta} = \log_c \xi - \log_c \eta$

(6) $\log_c \xi^n = n \log_c \xi$

(7) $\dfrac{\log_c \xi}{\log_c \eta} = \log_\eta \xi$

(8) $\log_\eta \xi \times \log_\xi \eta = 1$

■ 인수분해

(1) $(A+B)^2 = A^2 + 2AB + B^2$

(2) $(A-B)^2 = A^2 - 2AB + B^2$

(3) $(A+B)^3 = A^3 + 3A^2B + 3AB^2 + B^3$

(4) $(A-B)^3 = A^3 - 3A^2B + 3AB^2 - B^3$

(5) $(A+B)^n = {}_n\mathrm{C}_0 A^n + {}_n\mathrm{C}_1 A^{n-1}B + {}_n\mathrm{C}_2 A^{n-2}B^2 + \cdots \cdots$

$+ {}_n\mathrm{C}_r A^{n-1}B^r + \cdots \cdots + {}_n\mathrm{C}_n B^n$ (이항정리, n은 양의 정수)

(6) $A^2 - B^2 = (A+B)(A-B)$

(7) $A^3+B^3=(A+B)(A^2-AB+B^2)$

(8) $A^3-B^3=(A-B)(A^2+AB+B^2)$

(9) $A^4+B^4=(A^2+\sqrt{2}AB+B^2)(A^2-\sqrt{2}AB+B^2)$

(10) $A^n-B^n=(A-B)(A^{n-1}+A^{n-2}B+A^{n-3}B^2+\cdots\cdots+B^{n-1})$
(n은 양의 정수)

(11) $A^n-B^n=(A+B)(A^{n-1}-A^{n-2}B+A^{n-3}B^2-\cdots\cdots-B^{n-1})$
(n은 짝수)

(12) $A^n+B^n=(A+B)(A^{n-1}-A^{n-2}B+A^{n-3}B^2-\cdots\cdots+B^{n-1})$
(n은 홀수)

(13) $(Ax+B)(Cx+D)=ACx^2+(AD+BC)x+BD$

(14) $(A+B+C)^2=A^2+B^2+C^2+2BC+2CA+2AB$

(15) $(x+A)(x+B)(x+C)=x^3+(A+B+C)x^2$
$+(BC+CA+AB)x+ABC$

(16) $(A+B+C)(A^2+B^2+C^2-AB-BC-CA)$
$=A^3+B^3+C^3-3ABC$

(17) $(A+B+C)^3-(A^3+B^3+C^3)=3(A+B)(B+C)(C+A)$

(18) $(A^2+B^2+C^2)(x^2+y^2+c^2)-(Ax+By+Cz)^2$
$=(Bz-Cy)^2+(Cx-Az)^2+(Ay-Bx)^2$

(19) $A^2(B+C)+B^2(C+A)+C^2(A+B)+2ABC$
$=(B+C)(C+A)(A+B)$

(20) $(A^3+B^3+C^3-3ABC)(x^3+y^3+z^3-3xyz)=\alpha^3+\beta^3+\gamma^2-3\alpha\beta\gamma$
단, $\alpha=Ax+By+Cz$, $\beta=Ay+Bz+Cx$, $\gamma=Az+Bx+Cy$

(21) $(A^2+AB+B^2)(A^2-AB+B^2)=A^4+A^2B^2+B^4$

(22) $(A-B)^3+(B-C)^3+(C-A)^3=3(A-B)(B-C)(C-A)$

(23) $A^2(B-C)+B^2(C-A)+C^2(A-B)$
$=-(B-C)(C-A)(A-B)$

■ 2차방정식

2차방정식 $Ax^2+Bx+C=0$ $(A\neq 0)$의 근은

$$x=\frac{-B\pm\sqrt{B^2-4AC}}{2A}$$

(1) $Ax^2+Bx+C=0$ $(A\neq 0)$ 2개의 근을 x_1, x_2로 하면

$$Ax^2+Bx+C=A(x-x_1)(x-x_2)$$

$$=A\{x^2-(x_1+x_2)x+x_1x_2\}$$

(2) $D = B^2 - 4AC$를 2차방정식 $Ax^2 + Bx + C = 0\ (A \neq 0)$의 반별식이라 한다. 2차방정식 $Ax^2 + Bx + C = 0\ (A \neq 0)$은

$D > 0$이면 2개의 상이하는 실근을 가지고

$D = 0$이면 실수의 중근(2개가 같은 근)을 가지고

$D < 0$이면 2개의 공약한 복수근을 가진다.

(3) 2차방정식 $Ax^2 + Bx + C = 0\ \ (A \neq 0)$의 2개의 근을 x_1, x_2로 하면

$$x_1 + x_2 = -\frac{B}{A}\ \text{(2근의 합)},\quad x_1 x_2 = \frac{C}{A}\ \text{(2근의 곱)}$$

의 관계가 성립한다.

■ 고차방정식(3차 이상)

(1) 3차방정식 $x^3 + Ax^2 + Bx + C = 0$에서 $x = y - \frac{A}{3}$로 놓으면,

$$y^3 + \xi y + \eta = 0$$

을 얻는다. 단,

$$\xi = B - \frac{A^2}{3},\quad \eta = \frac{2}{27}A^3 - \frac{1}{3}AB + C$$

이다.

(2) 뉴튼(Nowton)법

방정식 $g(x) = 0$의 한 개의 근사값 x_1를 시찰에 의해 구할 수가 있으면 다시 정밀한 근 x_2는

$$x_2 = x_1 - \frac{g(x)}{g'(x_1)}$$

으로 얻어진다. 이 계산조작을 몇회나 되풀이함으로써 정밀한 근을 구할 수가 있다.

(3) 연립 1차방정식의 해법

2원의 경우 $\begin{cases} A_1 x + B_1 y = C_1 \\ A_2 x + B_2 y = C_2 \end{cases}$

$$x = \frac{1}{\Delta}\begin{vmatrix} C_1 & B_1 \\ C_2 & B_2 \end{vmatrix},\quad y = \frac{1}{\Delta}\begin{vmatrix} A_1 & C_1 \\ A_2 & C_2 \end{vmatrix},\quad \Delta = \begin{vmatrix} A_1 & B_1 \\ A_2 & B_2 \end{vmatrix}$$

3원의 경우 $\begin{cases} A_1 x + B_1 y + C_1 z = D_1 \\ A_2 x + B_2 y + C_2 z = D_2 \\ A_3 x + B_3 y + C_3 z = D_3 \end{cases}$

$$x = \frac{1}{\Delta}\begin{vmatrix} D_1 & B_1 & C_1 \\ D_2 & B_2 & C_2 \\ D_3 & B_3 & C_3 \end{vmatrix}, \quad y = \frac{1}{\Delta}\begin{vmatrix} A_1 & D_1 & C_1 \\ A_2 & D_2 & C_2 \\ A_3 & D_3 & C_3 \end{vmatrix}, \quad z = \frac{1}{\Delta}\begin{vmatrix} A_1 & B_1 & D_1 \\ A_2 & B_2 & D_2 \\ A_3 & B_3 & D_3 \end{vmatrix}$$

$$\Delta = \begin{vmatrix} A_1 & B_1 & C_1 \\ A_2 & B_2 & C_2 \\ A_3 & B_3 & C_3 \end{vmatrix}$$

(4) 행렬식

$$\begin{vmatrix} A_1 & B_1 \\ A_2 & B_2 \end{vmatrix} = A_1B_2 - B_1A_2$$

$$\begin{vmatrix} A_1 & B_1 & C_1 \\ A_2 & B_2 & C_2 \\ A_3 & B_3 & C_3 \end{vmatrix} = A_1B_2C_3 + B_1C_2A_3 + C_1B_3A_2 - C_1B_2A_3 - B_1A_2C_3 - A_1B_3C_2$$

(5) 연립 2차방정식

$$\begin{cases} x+y = A \\ xy = B \end{cases}$$

x, y는 $t^2 - At + B = 0$의 두 근이다.

$$\begin{cases} x^3+y^3 = A \\ x+y = B \end{cases}$$

$x^3+y^3 = (x+y)^3 - 3(x+y)xy$이 되므로 $x+y = B$인 것을 고려하면

$$\begin{cases} B^3 - 3Bxy = A \\ x+y = B \end{cases}$$

이 된다. 이것은 풀면 된다.

■ 복소수

(1) 한 개의 실수와 한 개의 허수를 결합시킨 것이 복소수이다.

$$z = x + iy$$

x가 실수부, y가 허수부이다. 위에 표시한 z에 대하여

$$\bar{z} = x - iy$$

를 z의 공액복소수라 한다. 또

$$|z| = \sqrt{x^2+y^2} = \sqrt{(\text{실수부})^2+(\text{허수부})^2} = \sqrt{z \cdot \bar{z}}$$

를 복소수의 절대치라 정의한다.

$$\arg z = \tan^{-1}\frac{y}{x}$$

를 복소수 z의 편각이라 한다.

(2) $z = x+iy = Re^{i\theta} = R(\cos\theta + j\sin\theta)$

위의 식에서

$$R = |z| = \sqrt{x^2+y^2}, \quad \theta = \arg z = \arg(x+jy)$$

(3) 두 개의 복소수 $z = x+iy$, $c = a+jb$에 대하여

합은 $z+c = (x+a)+j(y+b)$

곱은 $z \cdot c = (x+jy)(a+jb) = (xa-yb)+j(xb+ya)$

나눗셈은 $\dfrac{c}{z} = \dfrac{xa+yb}{x^2+y^2}+j\dfrac{xb-ya}{x^2+y^2}$

역수는 $\dfrac{1}{z} = \dfrac{1}{x+iy} = \dfrac{x}{x^2+y^2}-j\dfrac{y}{x^2+y^2}$

$$|z+c| \leqq |z|+|c|$$

$$|z \cdot c| = |z| \cdot |c|, \quad \arg(z \cdot c) = \arg z + \arg c$$

$$\left|\frac{c}{z}\right| = \frac{|c|}{|z|}, \quad \arg\left(\frac{c}{z}\right) = \arg c - \arg z \quad (z \neq 0)$$

(4) 도 · 모아볼의 정리

$$(e^{j\theta})^m = e^{jm\theta} = (\cos\theta + j\sin\theta)^m = \cos m\theta + j\sin m\theta$$

■ 3각함수

(1) $R = \sqrt{x^2+y^2}$

$$\sin\phi = \frac{y}{R}, \quad \cos\phi = \frac{x}{R}, \quad \tan\phi = \frac{y}{x}$$

$$\cot\phi = \frac{x}{y}, \quad \sec\phi = \frac{R}{x}, \quad \mathrm{cosec}\phi = \frac{R}{y}$$

(2) 기본식

$$\sin\phi\,\mathrm{cosec}\,\phi = \cos\phi\sec\phi = \tan\phi\cot\phi = 1$$

$$\tan\phi = \frac{\sin\phi}{\cos\phi},\quad \cot\phi = \frac{\cos\phi}{\sin\phi}$$

$$\sin^2\phi + \cos^2\phi = 1,\quad 1+\tan^2\phi = \sec^2\phi,\quad 1+\cot^2\phi = \mathrm{cosec}^2\phi$$

$$\sin(-\phi) = -\sin\phi,\quad \cos(-\phi) = \cos\phi,\quad \tan(-\phi) = -\tan\phi$$

$$\sin(\phi+2m\pi) = \sin\phi,\quad \cos(\phi+2m\pi) = \cos\phi,\quad \tan(\phi+2m\pi) = \tan\phi$$

$$(m = 1,\ 2,\ 3,\ \cdots)$$

$$\sin\left(\frac{\pi}{2}-\phi\right) = \cos\phi,\quad \cos\left(\frac{\pi}{2}-\phi\right) = \sin\phi,\quad \tan\left(\frac{\pi}{2}-\phi\right) = \cot\phi$$

$$\sin(\pi-\phi) = \sin\phi,\quad \cos(\pi-\phi) = -\cos\phi,\quad \tan(\pi-\phi) = -\tan\phi$$

$$\sin\left(\phi+\frac{\pi}{2}\right) = \cos\phi,\quad \cos\left(\phi+\frac{\pi}{2}\right) = -\sin\phi,\quad \tan\left(\phi+\frac{\pi}{2}\right) = -\cot\phi$$

$$\sin(\phi+\pi) = -\sin\phi,\quad \cos(\phi+\pi) = -\cos\phi,\quad \tan(\phi+\pi) = \tan\phi$$

(3) 가법정리

$$\sin(\alpha\pm\beta) = \sin\alpha\cos\beta \pm \cos\alpha\sin\beta$$

$$\cos(\alpha\pm\beta) = \cos\alpha\cos\beta \mp \sin\alpha\sin\beta$$

$$\tan(\alpha\pm\beta) = \frac{\tan\alpha\pm\tan\beta}{1\mp\tan\alpha\tan\beta},\quad \cot(\alpha\pm\beta) = \frac{\cot\alpha\cot\beta\mp 1}{\cot\beta\pm\cot\alpha}$$

(4) 합과 곱

$$\sin\alpha+\sin\beta = 2\sin\frac{\alpha+\beta}{2}\cos\frac{\alpha-\beta}{2}$$

$$\cos\alpha+\cos\beta = 2\cos\frac{\alpha+\beta}{2}\cos\frac{\alpha-\beta}{2}$$

$$\sin\alpha-\sin\beta = 2\cos\frac{\alpha+\beta}{2}\sin\frac{\alpha-\beta}{2}$$

$$\cos\alpha-\cos\beta = -2\cos\frac{\alpha+\beta}{2}\sin\frac{\alpha-\beta}{2}$$

$$\sin\alpha\sin\beta = -\frac{1}{2}\{\cos(\alpha+\beta)-\cos(\alpha-\beta)\}$$

$$\cos\alpha\cos\beta = -\frac{1}{2}\{\cos(\alpha+\beta)+\cos(\alpha-\beta)\}$$

$$\sin\alpha\cos\beta = -\frac{1}{2}\{\sin(\alpha+\beta)+\sin(\alpha-\beta)\}$$

$$\cos\alpha\sin\beta = \frac{1}{2}\{\sin(\alpha+\beta)-\sin(\alpha-\beta)\}$$

(5) 2각의 합, 차

$$\sin(\alpha+\beta)\sin(\alpha-\beta) = \sin^2\alpha - \sin^2\beta = \cos^2\beta - \cos^2\alpha$$
$$\cos(\alpha+\beta)\cos(\alpha-\beta) = \cos^2\alpha - \sin^2\beta = \cos^2\beta - \sin^2\alpha$$
$$\sin(\alpha+\beta)\cos(\alpha-\beta) = \sin\alpha\cos\alpha + \sin\beta\cos\beta$$
$$\cos(\alpha+\beta)\sin(\alpha-\beta) = \sin\alpha\cos\alpha - \sin\beta\cos\beta$$

(6) 배각

$$\sin 2\alpha = 2\sin\alpha\cos\alpha$$
$$\cos 2\alpha = \cos^2\alpha - \sin^2\alpha = 2\cos^2\alpha - 1 = 1 - 2\sin^2\alpha$$
$$\tan 2\alpha = \frac{2\tan\alpha}{1-\tan^2\alpha}$$
$$\sin 3\alpha = 3\sin\alpha - 4\sin^3\alpha$$
$$\cos 3\alpha = 4\cos^3\alpha - 3\cos\alpha$$
$$\tan 3\alpha = \frac{3\tan\alpha - \tan^3\alpha}{1-3\tan^2\alpha}$$

(7) 반각

$$\sin\frac{\alpha}{2} = \pm\sqrt{\frac{1-\cos\alpha}{2}},\quad \cos\frac{\alpha}{2} = \pm\sqrt{\frac{1+\cos\alpha}{2}},\quad \tan\frac{\alpha}{2} = \pm\sqrt{\frac{1-\cos\alpha}{1+\cos\alpha}}$$

$$\sin\alpha = \frac{2\tan\frac{\alpha}{2}}{1+\tan^2\frac{\alpha}{2}},\quad \cos\alpha = \frac{1-\tan^2\frac{\alpha}{2}}{1+\tan^2\frac{\alpha}{2}},\quad \tan\alpha = \frac{2\tan\frac{\alpha}{2}}{1-\tan^2\frac{\alpha}{2}}$$

■ 벡터해석

(1) 단위벡터

그림 1의 $\vec{i}$를 x방향의 단위벡터, $\vec{j}$를 y방향의 단위벡터, $\vec{k}$를 z방향의 단위벡터라 한다.

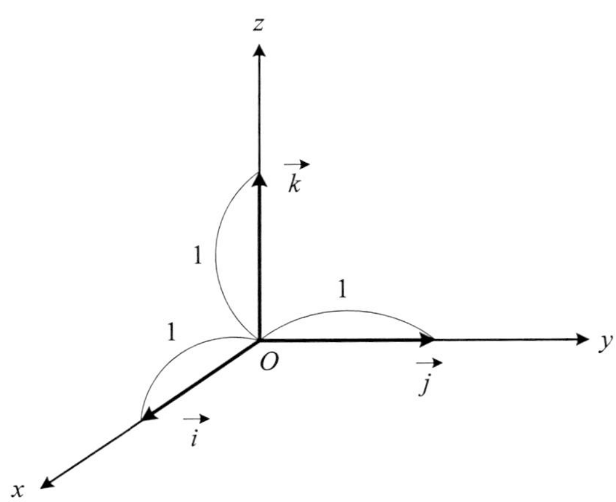

그림 1

(2) 방향여현

좌표의 원점을 시발점으로 하는 벡터 $\vec{A}$와 x축이 이루는 각을 α, $\vec{A}$와 y축이 이루는 각을 β, $\vec{A}$와 z축이 이루는 각을 γ로 하면

$$|\vec{A}|\cos\alpha = A_x, \quad |\vec{A}|\cos\beta = A_y, \quad |\vec{A}|\cos\gamma = A_z$$

이며, 이 경우 $\cos\alpha$, $\cos\beta$, $\cos\gamma$를 각각 벡터 $\vec{A}$의 x방향, y방향, z방향의 방향여현이라 하고

$$l_x = \cos\alpha, \quad m_y = \cos\beta, \quad n_z = \cos\gamma$$

로 한다.

$$l_x^2 + m_y^2 + n_z^2 = 1$$

또

$$A = |\vec{A}| = \sqrt{A_x^2 + A_y^2 + A_z^2}$$

(3) 벡터의 합, 차

$$\vec{A} = A_x\vec{i} + A_y\vec{j} + A_z\vec{k}$$

$\vec{A} + \vec{B} + \vec{C}$이면

$$C_x = A_x + B_x, \quad C_y = A_y + B_y, \quad C_x = A_z + B_z$$

$\vec{A} - \vec{B} = \vec{C}$이면

$$C_x = A_x - B_x, \quad C_y = A_y - B_y, \quad C_z = A_z - B_z$$

(4) 벡터의 내적(스칼라적)

$$\vec{A} \cdot \vec{B} = AB\cos\phi (\phi\text{는 } \vec{A}, \vec{B}\text{의 이루는 각})$$

(5) 벡터의 외적(벡터적)

$$|\vec{A} \times \vec{B}| = |\vec{C}| = |\vec{A}||\vec{B}|\sin\phi = AB\sin\phi \ (\phi\text{는 } \vec{A}, \vec{B}\text{의 이루는 각도})$$

$$\begin{aligned}
\vec{C} = \vec{A} \times \vec{B} &= (A_yB_z - A_zB_y)\vec{i} + (A_zB_x - A_xB_z)\vec{j} + (A_xB_y - A_yB_x)\vec{k} \\
&= \begin{vmatrix} A_y & A_z \\ B_y & B_x \end{vmatrix}\vec{i} + \begin{vmatrix} A_z & A_x \\ B_z & B_x \end{vmatrix}\vec{j} + \begin{vmatrix} A_x & A_y \\ B_x & B_y \end{vmatrix}\vec{k} \\
&= \begin{vmatrix} \vec{i} & \vec{j} & \vec{k} \\ A_x & A_y & A_z \\ B_x & B_y & B_z \end{vmatrix}
\end{aligned}$$

$\vec{i}$, $\vec{j}$, $\vec{k}$에 대하여

$$\vec{i}\times\vec{i} = \vec{j}\times\vec{j} = \vec{k}\times\vec{k} = 0$$
$$\vec{i}\times\vec{j} = \vec{k},\quad \vec{j}\times\vec{k} = \vec{i},\quad \vec{k}\times\vec{i} = \vec{j}$$
$$\vec{j}\times\vec{i} = -\vec{k},\quad \vec{k}\times\vec{j} = -\vec{i},\quad \vec{i}\times\vec{k} = -\vec{j}$$

(6) 벡터 3중적

$$\vec{A}\times(\vec{B}\times\vec{C}) = \vec{B}(\vec{A}\cdot\vec{C}) - \vec{C}(\vec{A}\cdot\vec{B})$$

(7) 구배 · 발산 · 회전

$$\vec{A} = -\mathrm{grad}\phi = -\left(\vec{i}\frac{\partial\phi}{\partial x} + \vec{j}\frac{\partial\phi}{\partial y} + \vec{k}\frac{\partial\phi}{\partial z}\right)$$

$$\nabla = \vec{i}\frac{\partial}{\partial x} + \vec{j}\frac{\partial}{\partial y} + \vec{k}\frac{\partial}{\partial z}$$

$$\nabla\cdot\vec{A} = div\vec{A} = \frac{\partial A_x}{\partial x} + \frac{\partial A_y}{\partial y} + \frac{\partial A_z}{\partial z}$$

$$\nabla\cdot(\vec{A}+\vec{B}) = \nabla\cdot\vec{A} + \nabla\cdot\vec{B}$$

$$\nabla\cdot(\phi\vec{A}) = (\nabla\phi)\cdot\vec{A} + \phi(\nabla\cdot\vec{A})$$

$$\nabla\times\vec{A} = rot\vec{A} = curl\vec{A} = \left(\frac{\partial A_z}{\partial y} - \frac{\partial A_y}{\partial z}\right)\vec{i} + \left(\frac{\partial A_x}{\partial z} - \frac{\partial A_z}{\partial x}\right)\vec{i} + \left(\frac{\partial A_y}{\partial x} - \frac{\partial A_x}{\partial y}\right)\vec{k}$$

$$= \begin{vmatrix} \vec{i} & \vec{j} & \vec{k} \\ \frac{\partial}{\partial x} & \frac{\partial}{\partial y} & \frac{\partial}{\partial z} \\ A_x & A_y & A_z \end{vmatrix}$$

$$\nabla\times(\vec{A}+\vec{B}) = \nabla\times\vec{A} + \nabla\times\vec{B}$$

$$\nabla\times(\phi\vec{A}) = (\nabla\phi)\times\vec{A} + \phi(\nabla\times\vec{A})$$

■ 미분 · 적분

$$(uv)' = u'v + uv'$$

$$(x^n)' = nx^{n-1}$$

$$(u \pm v)' = u' \pm v'$$

$$(\sin x)' = \cos x$$

$$(\cos x)' = -\sin x$$

$$(\tan x)' = \sec^2 x$$

$$(\cot x)' = -\mathrm{cosec}^2 x$$

$$(\sec x)' = \sec x \tan x$$

$$(\mathrm{cosec} x)' = -\cot x\,\mathrm{cosec} x$$

$$(a^x)' = a^x \log_e a$$

$$(\log_a x)' = \frac{1}{x}\log_a e$$

$$(\log x)' = \frac{1}{x}$$

$$(\sin^{-1}x)' = \frac{1}{\sqrt{1-x^2}}$$

$$(\cos^{-1}x)' = -\frac{1}{\sqrt{1-x^2}}$$

$$(\tan^{-1}x)' = \frac{1}{1+x^2}$$

$$(\cot^{-1}x)' = -\frac{1}{1+x^2}$$

$$(\sec^{-1}x)' = \frac{1}{x\sqrt{x^2-1}}$$

$$(\mathrm{cosec}^{-1}x)' = -\frac{1}{x\sqrt{x^2-1}}$$

$$(x^x)' = x^x(1+\log_e x)$$

$$\int x^n dx = \frac{x^{n+1}}{n+1}+c \quad (n \neq -1)$$ (c는 정수, 이하 같음)

$$\int \frac{dx}{x} = \log_e x + c$$

$$\int e^x dx = e^x + c$$

$$\int e^{ax} dx = \frac{1}{a}e^{ax} + c$$

$$\int a^x dx = \frac{a^x}{\log_e a} + c$$

$$\int \frac{dx}{\sqrt{a^2-x^2}} = \sin^{-1}\frac{x}{a} + c$$

$$\int \frac{dx}{\sqrt{x^2 \pm a^2}} \log_e(x+\sqrt{x^2 \pm a^2}) + c$$

$$\int \frac{dx}{a^2+x^2} = \frac{1}{a}\tan^{-1}\frac{x}{a} + a$$

$$\int \frac{dx}{a^2+x^2} = \frac{1}{2a}\log_e\frac{a+x}{a-x} + c$$

$$\int \sin x dx = -\cos x + c$$

$$\int \cos x dx = \sin x + c$$

$$\int \sin ax dx = -\frac{\cos ax}{a} + c$$

$$\int \cos ax dx = \frac{\sin ax}{a} + c$$

$$\int \tan x dx = \log_e \cos x + c$$

$$\int \cot x dx = \log_e \sin x + c$$

$$\int \frac{dx}{\sin x} = \log_e \tan \frac{x}{2} + c$$

$$\int \frac{dx}{\cos x} = \log_e \tan\left(\frac{x}{2} + \frac{\pi}{4}\right) + c$$

$$\int \frac{dx}{\sin^2 x} = -\cot x + c$$

$$\int \frac{dx}{\cos^2 x} = \tan x + c$$

$$\int \sin^{-1} x dx = x \sin^{-1} x + \sqrt{1 - x^2} + c$$

$$\int \cos^{-1} x dx = x \cos^{-1} x - \sqrt{1 - x^2} + c$$

$$e^x = 1 + \frac{x}{1!} + \frac{x^2}{2!} + \frac{x^3}{3!} + \cdots$$

$$(1+x)^n = 1 + n\pi + \frac{n(n-1)}{2} x^2 + \frac{n(n-1)(n-2)}{3!} x^3 + \cdots \quad (x^2 < 1)$$

$$\log_e(1+x) = x - \frac{x^2}{2} + \frac{x^3}{3} - \cdots \quad (-1 < x \leq 1)$$

$$\log_e x = (x-1) - \frac{(x-1)^2}{2} + \frac{(x-1)^3}{3} - \cdots$$

$$\sin x = x - \frac{x^3}{3!} + \frac{x^5}{5!} - \cdots$$

$$\cos x = 1 - \frac{x^2}{2!} + \frac{x^4}{4!} - \cdots$$

$$\tan x = x + \frac{x^3}{3} + \frac{2}{15} x^5 + \frac{17}{315} x^7 + \frac{62}{2835} x^9 + \cdots \quad \left(x^2 < \frac{\pi^2}{4}\right)$$

$$\sin^{-1} x = x + \frac{1}{2} \cdot \frac{x^3}{3} + \frac{1 \cdot 3}{2 \cdot 4} \cdot \frac{x^5}{5} + \frac{1 \cdot 3 \cdot 5}{2 \cdot 4 \cdot 6} \cdot \frac{x^7}{7} + \cdots$$

$$\tan^{-1} x = x - \frac{x^3}{3} + \frac{x^5}{5} - \frac{x^7}{7} + \cdots$$

$$\sinh x = x + \frac{x^3}{3!} + \frac{x^5}{5!} + \cdots$$

$$\cosh x = 1 + \frac{x^2}{2!} + \frac{x^4}{4!} + \cdots$$

$$\tanh x = x - \frac{1}{3}x^3 + \frac{2}{15}x^5 - \cdots$$

■ 미분방정식

(1) 변수분리형 미분방정식

$\frac{dy}{dx} - by = 0$ (b는 정수)의 일반풀이는 $y = ce^{bx}$

$\frac{dy}{dx} = g(x)$의 일반풀이는 $y = \int g(x)dx + c$

$\frac{dy}{dx} = \frac{d(x)}{f(y)}$의 일반풀이는 $\int f(y)dy = \int g(x)dx + c$

$\frac{dy}{dx} = g(y)$의 일반풀이는 $x = \int \frac{dy}{g(y)} + c$

(2) 1계선형상 미분방정식

$\frac{dy}{dx} + p(x)y = q(x)$의 일반풀이는

$$y = e^{-\int p(x)dx}\left\{\int q(x)e^{\int p(x)dx}dx + c\right\}$$

(3) 2계상 미분방정식

$\frac{d^2y}{dx^2} = g(y)$의 일반풀이는 $y = \int dx \int g(x)dx + Cx + D$

$\frac{d^2y}{dx^2} = g(y)$의 일반풀이는 $x = \pm \int \frac{dy}{\sqrt{C + 2\int g(y)dy}} + D$

$\frac{d^2y}{dx^2} + m^2y = 0$ (m은 정수)의 일반풀이는

$$y = C\sin mx + D\cos mx$$

$\frac{d^2y}{dx^2} + m^2y = b$ (b, m은 정수)의 일반풀이는

$$y = C\sin mx + D\cos mx + \frac{b}{m^2}$$

$\frac{d^2y}{dx^2} + m^2y = g(x)$ $(m \neq 0)$의 일반풀이는

$$y = \frac{1}{m}\left\{\sin mx \int g(x)\cos mx dx - \cos mx \int g(x)\sin mx dx\right\} + C\sin mx + D\cos mx$$

$\dfrac{d^2y}{dx^2} - m^2y = 0$ (m은 정수)의 일반형은 $y = Ce^{mx} + De^{-mx}$

(4) 정수계수의 2계선형 미분방정식

$\dfrac{d^2y}{dx^2} + A\dfrac{dy}{dx} + B = 0$ (A, B는 정수)의 일반풀이는 보조방정식 $t^2 + At + B = 0$의 근의 성질에 의해

(a) $A^2 - 4B > 0$이면 보조방정식의 2근을 t_1, t_2로 하면

$$y = ce^{t_1x} + De^{t_2x}$$

(b) $A^2 - 4B < 0$이면 보조방정식의 2근을 $t_1 \pm jt_2$로 하면

$$y = (C\sin t_2x + D\cos t_2x)e^{t_1x}$$

또는

$$y = Ce^{t_1x}\sin(t_2x + D)$$

■ 행렬

$(A) = \begin{pmatrix} a_{11} & a_{12} & a_{13} \\ a_{21} & a_{22} & a_{23} \\ a_{31} & a_{32} & a_{33} \end{pmatrix}$ 3행(가로의 열) 3열(세로의 열)의 매트릭스

$(A) + (B) = (C)$이면 $c_{jk} = a_{jk} + b_{jk}$

$(A) - (B) = (C)$이면 $c_{jk} = a_{jk} - b_{jk}$

$$k(A) = (A)k = k\begin{pmatrix} a_{11} & a_{12} & \cdots & a_{1n} \\ a_{21} & a_{22} & \cdots & a_{2n} \\ \cdots & \cdots & \cdots & \cdots \\ a_{n1} & a_{n2} & \cdots & a_{nn} \end{pmatrix} = \begin{pmatrix} ka_{11} & ka_{12} & \cdots & ka_{1n} \\ ka_{21} & ka_{22} & \cdots & ka_{2n} \\ \cdots & \cdots & \cdots & \cdots \\ ka_{n1} & ka_{n2} & \cdots & ka_{nn} \end{pmatrix}$$

$$(A) = \begin{pmatrix} a_{11} & a_{12} & a_{13} \\ a_{21} & a_{22} & a_{23} \\ a_{31} & a_{32} & a_{33} \end{pmatrix}, \quad (B) = \begin{pmatrix} b_{11} & b_{12} & b_{13} \\ b_{21} & b_{22} & b_{23} \\ b_{31} & b_{32} & b_{33} \end{pmatrix}$$

일 때

$$(A)\cdot(B) = \begin{pmatrix} a_{11} & a_{12} & a_{13} \\ a_{21} & a_{22} & a_{23} \\ a_{31} & a_{32} & a_{33} \end{pmatrix}\begin{pmatrix} b_{11} & b_{12} & b_{13} \\ b_{21} & b_{22} & b_{23} \\ b_{31} & b_{32} & b_{33} \end{pmatrix}$$

$$= \begin{pmatrix} a_{11}b_{11} + a_{12}b_{21} + a_{13}b_{31} & a_{11}b_{12} + a_{12}b_{22} + a_{13}b_{32} & a_{11}b_{13} + a_{12}b_{23} + a_{13}b_{33} \\ a_{21}b_{11} + a_{22}b_{21} + a_{23}b_{31} & a_{21}b_{12} + a_{22}b_{22} + a_{23}b_{32} & a_{21}b_{13} + a_{22}b_{23} + a_{23}b_{33} \\ a_{31}b_{11} + a_{32}b_{21} + a_{33}b_{31} & a_{31}b_{12} + a_{32}b_{22} + a_{33}b_{32} & a_{31}b_{13} + a_{32}b_{23} + a_{33}b_{33} \end{pmatrix}$$

$(A)\cdot\dfrac{1}{(B)} = (A)\cdot(B)^{-1}$는

$$(B)^{-1} = \frac{1}{\Delta}\begin{pmatrix} |B|_{11} & |B|_{21} & |B|_{31} \\ |B|_{12} & |B|_{22} & |B|_{32} \\ |B|_{13} & |B|_{23} & |B|_{33} \end{pmatrix}$$

여기에서

$$(A)\cdot\frac{1}{(B)} = (A)\cdot(B)^{-1} = \begin{pmatrix} a_{11} & a_{12} & a_{13} \\ a_{21} & a_{22} & a_{23} \\ a_{31} & a_{32} & a_{33} \end{pmatrix}\frac{1}{\Delta}\begin{pmatrix} |B|_{11} & |B|_{21} & |B|_{31} \\ |B|_{12} & |B|_{22} & |B|_{32} \\ |B|_{13} & |B|_{23} & |B|_{33} \end{pmatrix}$$

$$= \frac{1}{\Delta}\begin{pmatrix} a_{11}|B|_{11}+a_{12}|B|_{12}+a_{13}|B|_{13} & a_{11}|B|_{21}+a_{12}|B|_{22}+a_{13}|B|_{23} & a_{11}|B|_{31}+a_{12}|B|_{32}+a_{13}|B|_{33} \\ a_{21}|B|_{11}+a_{22}|B|_{12}+a_{23}|B|_{13} & a_{21}|B|_{21}+a_{22}|B|_{22}+a_{23}|B|_{23} & a_{21}|B|_{31}+a_{22}|B|_{32}+a_{23}|B|_{33} \\ a_{31}|B|_{11}+a_{32}|B|_{12}+a_{13}|B|_{13} & a_{31}|B|_{21}+a_{32}|B|_{22}+a_{33}|B|_{23} & a_{31}|B|_{31}+a_{32}|B|_{32}+a_{33}|B|_{33} \end{pmatrix}$$

여기에서

$$\Delta = \begin{vmatrix} b_{11} & b_{12} & b_{13} \\ b_{21} & b_{22} & b_{23} \\ b_{31} & b_{32} & b_{33} \end{vmatrix}$$

$$= b_{11}(b_{22}b_{33}-b_{32}b_{23}) - b_{12}(b_{21}b_{33}-b_{31}b_{23}) + b_{13}(b_{21}b_{32}-b_{31}b_{22})$$

또

$$|B|_{11} = (-1)^{1+1}\begin{vmatrix} b_{22} & b_{23} \\ b_{32} & b_{33} \end{vmatrix} = \begin{vmatrix} b_{22} & b_{23} \\ b_{32} & b_{33} \end{vmatrix} = b_{22}b_{33}-b_{32}b_{23}$$

$$|B|_{12} = (-1)^{1+2}\begin{vmatrix} b_{21} & b_{23} \\ b_{31} & b_{33} \end{vmatrix} = -\begin{vmatrix} b_{21} & b_{23} \\ b_{31} & b_{33} \end{vmatrix} = -b_{21}b_{33}-b_{31}b_{23}$$

$$|B|_{13} = (-1)^{1+3}\begin{vmatrix} b_{21} & b_{22} \\ b_{31} & b_{32} \end{vmatrix} = \begin{vmatrix} b_{21} & b_{22} \\ b_{31} & b_{32} \end{vmatrix} = b_{21}b_{32}-b_{22}b_{31}$$

$$|B|_{21} = (-1)^{2+1}\begin{vmatrix} b_{12} & b_{13} \\ b_{32} & b_{33} \end{vmatrix} = -\begin{vmatrix} b_{12} & b_{13} \\ b_{32} & b_{33} \end{vmatrix} = -b_{12}b_{33}+b_{32}b_{13}$$

$$|B|_{22} = (-1)^{2+2}\begin{vmatrix} b_{11} & b_{13} \\ b_{31} & b_{33} \end{vmatrix} = \begin{vmatrix} b_{11} & b_{13} \\ b_{31} & b_{33} \end{vmatrix} = b_{11}b_{33}-b_{13}b_{31}$$

$$|B|_{23} = (-1)^{2+3}\begin{vmatrix} b_{11} & b_{12} \\ b_{31} & b_{32} \end{vmatrix} = -\begin{vmatrix} b_{11} & b_{12} \\ b_{31} & b_{32} \end{vmatrix} = -b_{11}b_{32}+b_{31}b_{12}$$

$$|B|_{31} = (-1)^{3+1}\begin{vmatrix} b_{12} & b_{13} \\ b_{22} & b_{23} \end{vmatrix} = \begin{vmatrix} b_{12} & b_{13} \\ b_{22} & b_{23} \end{vmatrix} = b_{12}b_{23}-b_{22}b_{13}$$

$$|B|_{32} = (-1)^{3+2}\begin{vmatrix} b_{11} & b_{13} \\ b_{21} & b_{23} \end{vmatrix} = -\begin{vmatrix} b_{11} & b_{13} \\ b_{21} & b_{23} \end{vmatrix} = -b_{11}b_{23}+b_{21}b_{13}$$

$$|B|_{33} = (-1)^{3+3}\begin{vmatrix} b_{11} & b_{12} \\ b_{21} & b_{22} \end{vmatrix} = \begin{vmatrix} b_{11} & b_{12} \\ b_{21} & b_{22} \end{vmatrix} = b_{11}b_{22}-b_{12}b_{21}$$

■ **행렬식**

$$\begin{vmatrix} a & b \\ c & d \end{vmatrix} = ad - bc$$

$$\begin{vmatrix} a & b & c \\ d & e & f \\ g & h & i \end{vmatrix} = aei + bfg + cdh - ceg - bdi - afh$$

행과 열을 교환해도 그 값은 불변

$$\begin{vmatrix} a & b \\ c & d \end{vmatrix} = \begin{vmatrix} a & c \\ c & d \end{vmatrix}$$

행렬식이 있는 1행 또는 1열의 요소의 공통인수는 일괄해낼 수 있다.

$$\begin{vmatrix} a & b \\ kc & kd \end{vmatrix} = k\begin{vmatrix} a & b \\ c & d \end{vmatrix}$$

행렬식의 어떤 1행 또는 1열의 각 요소를 다른 행 또는 열의 대응하는 가해도(또는 빼도) 행렬식의 값은 바뀌지 않는다.

$$\begin{vmatrix} a & b+a \\ c & d+c \end{vmatrix} = \begin{vmatrix} a & b \\ c & d \end{vmatrix}$$

클라멜의 방법

$$\begin{cases} a_1x + b_1y = c_1 \\ a_2x + b_2y = c_2 \end{cases}$$

이면

$$x = \frac{1}{\Delta}\begin{vmatrix} c_1 & b_1 \\ c_2 & b_2 \end{vmatrix}, \quad y = \frac{1}{\Delta}\begin{vmatrix} a_1 & c_1 \\ a_2 & c_2 \end{vmatrix}, \quad \Delta = \begin{vmatrix} a_1 & b_1 \\ a_2 & b_2 \end{vmatrix}$$

$$\begin{cases} a_1x + b_1y + c_1z = d_1 \\ a_2x + b_2y + c_2z = d_2 \\ a_3x + b_3y + c_3z = d_3 \end{cases}$$

이면

$$x = \frac{1}{\Delta}\begin{vmatrix} d_1 & b_1 & c_1 \\ d_2 & b_2 & c_2 \\ d_3 & b_3 & c_3 \end{vmatrix}, \quad y = \frac{1}{\Delta}\begin{vmatrix} a_1 & d_1 & c_1 \\ a_2 & d_2 & c_2 \\ a_3 & d_3 & c_3 \end{vmatrix}$$

$$z = \frac{1}{\Delta}\begin{vmatrix} a_1 & b_1 & d_1 \\ a_2 & b_2 & d_2 \\ a_3 & b_3 & d_3 \end{vmatrix}, \quad \Delta = \begin{vmatrix} a_1 & b_1 & c_1 \\ a_2 & b_2 & c_2 \\ a_3 & b_3 & c_3 \end{vmatrix}$$

찾아보기
INDEX

(아)

(자)

(차)

저자 약력

공학박사 **진 상 호 (陳相浩)**

☐ 일본 Fukuoka공업대학교 공학부 전자기계공학과 졸업
☐ 일본 Saga대학교 대학원 생산기계공학전공 졸업
☐ 일본 Saga대학교 대학원 시스템생산과학전공 졸업
☐ 주식회사 대철(자동화기계 설계 · 개발연구, '76.2.~'85.2.)
☐ 한국코아(주) (기술고문, '95.5~'98.1)
☐ Saga대학교 (생산기계공학과, 전임강사, '94.4.~'95.3.)
☐ 두원공과대학교 (기계공학과, 교수, '95.3.~현재)
☐ 연구분야 : 자동화시스템, 로봇제어, 메카트로닉스, 제어이론

저자와의
협의에 의해
인지 생략

Mechatronics를 위한
기초 전기전자공학

7판 5쇄 2025년 3월 17일

저 자 진상호
발행인 송광헌
발행처 도서출판 복두(더)
주 소 서울특별시 영등포구 경인로 82길 3-4
센터플러스 807호
(우) 07371
전 화 02-2164-2580
FAX 02-2164-2584
등 록 1993. 11. 22. 제 10-902 호

정가 :
ISBN : 979-11-590

한국과학기술출판협회 회원사

저자 약력

공학박사 **진 상 호 (陳相浩)**

- □ 일본 Fukuoka공업대학교 공학부 전자기계공학과 졸업
- □ 일본 Saga대학교 대학원 생산기계공학전공 졸업
- □ 일본 Saga대학교 대학원 시스템생산과학전공 졸업
- □ 주식회사 대철(자동화기계 설계·개발연구, '76.2.~'85.2.)
- □ 한국코아(주) (기술고문, '95.5~'98.1)
- □ Saga대학교 (생산기계공학과, 전임강사, '94.4.~'95.3.)
- □ 두원공과대학교 (기계공학과, 교수, '95.3.~현재)
- □ 연구분야 : 자동화시스템, 로봇제어, 메카트로닉스, 제어이론

저자와의
협의에 의해
인지 생략

Mechatronics를 위한

기초 전기전자공학

7판 5쇄 2025년 3월 17일

저 자	진상호
발행인	송광헌
발행처	도서출판 복두(더)
주 소	서울특별시 영등포구 경인로 82길 3-4 센터플러스 807호 (우) 07371
전 화	02-2164-2580
FAX	02-2164-2584
등 록	1993. 11. 22. 제 10-902 호

정가 : 19,000원

ISBN : 979-11-5906-486-9 93560

한국과학기술출판협회 회원사